この1冊で決める!!

【甲種】
危険物取扱者
テキスト&問題集

SHINSEI LICENSE MANUAL

新星出版社

凡例

本書では、法令等に関し、原則として以下のように略している。

法………消防法
政令……危険物の規制に関する政令
規則……危険物の規制に関する規則
告示……危険物の規制に関する技術上の基準の細目を定める告示

本書の特長

1

本書は、甲種危険物取扱者試験の「合格点」をとるために、必要な知識を簡潔に整理してまとめています。練習問題、科目ごとのPART、模擬試験に分かれており、より効率的に学習できるように構成されています。

2

練習問題には関連するページ数を記しています。問題を解きながら、重要な事項や関連知識を学ぶことができます。解けなかった問題や関連するところは、重点的に学習するようにしましょう。

3

PART1、PART2では、必要と思われる個所に「覚えよう！」「メモ」「注意」などで重要なことを解説しています。各項目の最後には「要点整理」として必要な知識を簡潔にまとめてあります。

4

PART3では、危険物第1類から第6類までの物品について、試験に必要な項目を1品目1ページで詳細に掲載しています。試験に出題されるだけでなく、最新の危険物データリストとしても活用できます。

5

巻末に1回分の模擬試験問題を掲載しています。本試験と同様の解答用紙（マーク・カード式）がついています。これで試験に慣れておきましょう。自分の実力を計るとともに、詳細な解説でよく復習しておきましょう。

危険物取扱者（甲種）受験ガイド

●すべての危険物を取り扱うことができる甲種

危険物取扱者は国家資格です。化学工場、ガソリンスタンド、石油タンク、タンクローリーなどの施設において、一定量以上の危険物を貯蔵したり、取り扱ったりする場合には、必ず危険物取扱者を配置しておかなければなりません。

取り扱うことのできる危険物の種類や業務の内容によって、甲種、乙種、丙種と分かれています。そのなかで、甲種取得者は、すべての危険物を取り扱うことができます。

免状の種類		取扱いのできる危険物
甲種		全種類の危険物
乙種	第１類	塩素酸塩類、過塩素酸塩類、無機過酸化物、亜塩素酸塩類、臭素酸塩類、硝酸塩類、よう素酸塩類、過マンガン酸塩類、重クロム酸塩類などの酸化性固体
	第２類	硫化りん、赤りん、硫黄、鉄粉、金属粉、マグネシウム、引火性固体などの可燃性固体
	第３類	カリウム、ナトリウム、アルキルアルミニウム、アルキルリチウム、黄りんなどの自然発火性物質及び禁水性物質
	第４類	ガソリン、アルコール類、灯油、軽油、重油、動植物油類などの引火性液体
	第５類	有機過酸化物、硝酸エステル類、ニトロ化合物、アゾ化合物、ヒドロキシルアミンなどの自己反応性物質
	第６類	過塩素酸、過酸化水素、硝酸、ハロゲン間化合物などの酸化性液体
丙種		ガソリン、灯油、軽油、重油など

●甲種危険物取扱者の業務

甲種危険物取扱者は全種類の危険物について、取り扱いと定期点検、保安の監督ができます。また、甲種（乙種）危険物取扱者が立ち会えば、危険物取扱者免状を有していない一般の人も、取り扱いと定期点検を行うことができるようになります。

●試験の実施と受験案内・願書などの入手

危険物取扱者の試験は、（一財）消防試験研究センター（以下試験センター）が行っており、各道府県支部及び東京都の場合は中央試験センターで行われます。

実施する試験の種類、日時などについては、試験センターの各支部等へお問い合わせください。各道府県支部及び中央試験センターは、（一財）消防試験研究センターのホームページで確認することができます。

受験案内・願書等は、試験センターの各支部や消防署などで入手することができます。

（一財）消防試験研究センター
ホームページ　https://www.shoubo-shiken.or.jp
受験案内・願書の入手先
各道府県：試験センター各道府県支部及び関係機関・各消防本部
東京都　：試験センター本部・中央試験センター・都内の各消防署

●資格取得までのプロセス

甲種危険物取扱者の試験は、各都道府県ごとにおおむね年 2 回から 4 回行われていますが、回数の多いところでは年 10 回、少ないところでは 1 回と違いがあります。受験の申込み受付期間は試験日の 1 ヵ月半前から 1 ヵ月という場合が多いようですが、都道府県によって異なる場合がありますので、必ず試験センターのホームページなどでご確認ください。

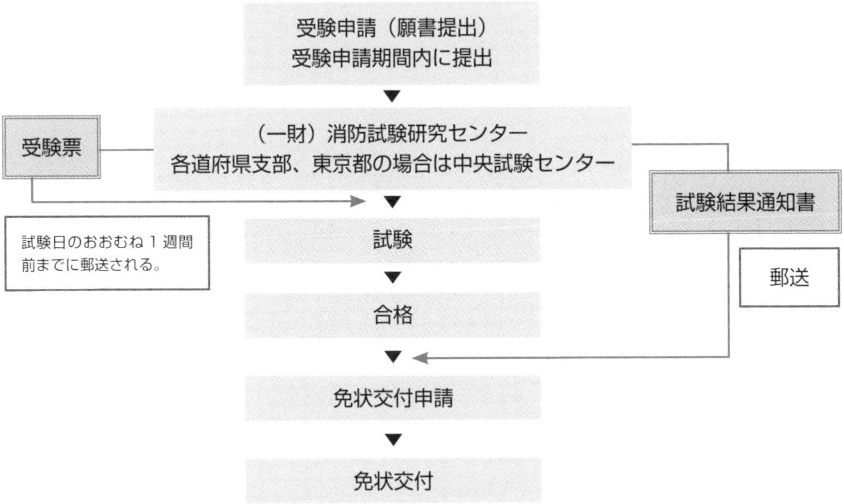

都道府県によって詳細は異なりますが、試験後、約 1 ～ 3 ヵ月後に合格者が公示され、試験結果通知書が合否にかかわらず送付されます。合格者には同時に免状交付申請書が送付されます。

●受験手数料

6,600 円

●試験の方法

マーク・カードを使う筆記試験
（実技試験はありません。）
5 肢択一式
試験時間：2 時間 30 分
合格基準：試験科目ごとの成績がそれぞれ 60%以上の者

●試験科目と問題数

試験科目	問題数
危険物に関する法令	15 問
物理学及び化学	10 問
危険物の性質並びにその火災予防及び消火の方法	20 問
計	45 問

●受験資格

甲種危険物取扱者試験の受験資格は、以下のようになっています。

対象者	大学等及び資格詳細	証明書類
〔1〕 大学等において化学に関する学科等を修めて卒業した者	大学、短期大学、高等専門学校、専修学校 高等学校の専攻科、中等教育学校の専攻科 防衛大学校、職業能力開発総合大学校、職業能力開発大学校、職業能力開発短期大学校、外国に所在する大学等	卒業証明書 または 卒業証書 （学科等の名称が明記されているもの）
〔2〕 大学等において化学に関する授業科目を15単位以上修得した者	大学、短期大学、高等専門学校（高等専門学校にあっては専門科目に限る）、大学院、専修学校 大学、短期大学、高等専門学校の専攻科 防衛大学校、防衛医科大学校、水産大学校、海上保安大学校、気象大学校、職業能力開発総合大学校、職業能力開発大学校、職業能力開発短期大学校、外国に所在する大学等	単位修得証明書 または 成績証明書 （修得単位が明記されているもの）
〔3〕 乙種危険物取扱者免状を有する者	乙種危険物取扱者免状の交付を受けた後、危険物製造所等における危険物取扱いの実務経験が2年以上の者	乙種危険物取扱者免状及び 乙種危険物取扱実務経験証明書
	次の4種類以上の乙種危険物取扱者免状の交付を受けている者 ○第1類または第6類　○第2類または第4類 ○第3類　○第5類	乙種危険物取扱者免状
〔4〕 修士・博士の学位を有する者	修士、博士の学位を授与された者で、化学に関する事項を専攻したもの（外国の同学位も含む。）	学位記等 （専攻等の名称が明記されているもの）

［備考］

*〔1〕の高等学校及び中等教育学校の専攻科については修業年限が2年以上のものに限る。
*〔1〕、〔2〕の専修学校については、修業年限2年以上、総授業時数1700時間以上の専門課程に限り認められ、証明書類として表の書類のほか次のいずれかの書面が必要になる。（ただし、表の証明書類に次の内容が記載されている場合は不要。）
  ・専門士または高度専門士の称号が付与されていることを証明する書面またはその写し
  ・専修学校の専門課程の修業年限が2年以上で、かつ、課程の修了に要する総授業時数が1700時間以上であることを証明する書面
*〔2〕の大学、短期大学、高等専門学校、大学院等における修得単位は、卒業、在学中、中途退学または通信教育等にかかわりなく算定することができる。放送大学も同様に算定できる。
*〔3〕の「乙種危険物取扱実務経験証明書」は、事業主等の証明書であること。
*旧大学、旧専門学校、高等師範学校、実業学校教員養成所等の卒業者及び単位修得者、専門学校卒業程度検定試験合格者も受験資格を有する場合がある。詳細は試験センターに問い合わせること。
*過去に甲種危険物取扱者試験の受験申請をしたことのある人は、その時の受験票または試験結果通知書を提出することにより受験資格の証明書に代えることができる。

CONTENTS

練習問題

PART 1 危険物に関する法令

SECTION 1 危険物規制

CONTENTS

SECTION 2　製造所等の基準

SECTION 3　危険物に関するその他の基準

PART 2 基礎的な物理学及び基礎的な化学

SECTION 1 基礎的な物理学

SECTION 2 基礎的な化学

CONTENTS

SECTION 3　燃焼及び消火に関する基礎的な理論

PART 3　危険物の性質並びにその火災予防及び消火の方法

巻末・模擬試験問題

※本書に記載している内容・情報は、編集時点で最新のものです。
変更される場合がありますので、その際はご了承ください。

練習問題

※各問題に付してあるページ（→ p. ○○）は、参考になる記述が掲載されているページを表します。

練習問題

① 危険物に関する法令

危険物に関する法令の基礎知識

▶問題 1　危険物の規制について、誤っているものはどれか。　→ p.50 ～ 51

（1）航空機、船舶による危険物の貯蔵又は取扱いは、消防法の適用を受けないが、鉄道による危険物の貯蔵又は取扱いは、消防法の適用を受ける。

（2）指定数量未満の危険物については、各市町村の火災予防条例において、その貯蔵又は取扱いに関する技術上の基準が定められている。

（3）危険物の運搬については、指定数量に関係なく、運搬方法や容器等について消防法令で規定されている。

（4）製造所等を設置しようとする者は、その位置、構造及び設備を政令で定める技術上の基準に適合させ、市町村長の許可を受けなければならない。

（5）指定数量以上の危険物を 10 日以内の期間に限って、仮に貯蔵するときには、消防長又は消防署長の承認を受けなければならない。

危険物の分類と性質

▶問題 2　消防法別表に定められている危険物について、誤っているものはどれか。
→ p.52 ～ 53

（1）アルコール類は第四類に分類される。

（2）カリウムは第一類に分類される。

（3）ナトリウムは第三類に分類される。

（4）マグネシウムは第二類に分類される。

（5）ニトロ化合物は第五類に分類される。

▶問題 3　消防法に定められている危険物について、誤っているものはどれか。
→ p.52 ～ 53

（1）第一類危険物は、酸化性固体で、そのもの自体は燃焼しないが、他の物質を酸化させる性質がある。

（2）第二類危険物は、可燃性固体で、火炎によって着火しやすい性質又は比較的低温で引火しやすい性質がある。

（3）第三類危険物は、自然発火性物質と禁水性物質で、空気にさらされると自然発火する性質又は水と接触すると発火したり可燃性ガスを発生させる性質がある。

（4）第五類危険物は、引火性液体で、比較的低い温度で引火しやすい性質がある。

（5）第六類危険物は、酸化性液体で、そのもの自体は燃焼しないが、他の可燃物の燃焼を促進する性質がある。

指定数量

▶問題 4　危険物の指定数量について、誤っているものはどれか。→ p.56 ～ 58

（1）第一類危険物のうち、第 1 種酸化性固体の指定数量は、300kg である。

（2）危険物の指定数量とは、その危険性を勘案して政令で定める数量と規定されている。

（3）指定数量未満の危険物の貯蔵及び取扱いについては、それぞれの市町村の火災予防条例で貯蔵及び取扱いの技術上の基準が定められている。

（4）第四類危険物の第 1 石油類のうち非水溶性液体の性質を示す危険物の指定数量は 200L であり、水溶性液体の性質を示す危険物の指定数量は 400L である。

（5）危険物の指定数量の倍数は、同一の製造所等で指定数量を上回る危険物を貯蔵し、又は取扱う場合に算定する数値で、貯蔵し、又は取扱う危険物の量をその危険物の指定数量で割って求める。

製造所等の区分

問題 5　製造所の区分について、誤っているものはどれか。　→ p.59 ～ 60

（1）屋内の場所において危険物を貯蔵し、又は取扱う施設は、屋内貯蔵所である。
（2）屋内タンク貯蔵所は、屋内にあるタンクにおいて危険物を貯蔵し、又は取扱う施設である。
（3）第一種販売取扱所は、店舗において危険物を容器入りのままで販売するための施設で、指定数量の倍数が 15 以下の施設である。
（4）第二種販売取扱所で取扱うことのできる危険物の指定数量の倍数は、15 を超え 40 以下である。
（5）屋外貯蔵所において貯蔵し、又は取扱うことができる第四類の危険物のうち、第 1 石油類にはガソリンが含まれる。

各種申請・届出手続き

問題 6　製造所等にかかわる各種申請について、誤っているものはどれか。

→ p.61 ～ 62

（1）製造所等を設置する場合は、市町村長等に設置の許可申請をしなければならない。
（2）製造所の変更工事を行う場合には、変更工事に係わる部分以外の一部を仮に使用する場合、市町村長等に承認の申請をしなければならない。
（3）2,000kL の屋外タンク貯蔵所において、完成検査前に市町村長等に基礎・地盤検査の申請をした。
（4）10,000kL 以上の特定移送取扱所においては、保安検査を受けようとする場合には、市町村長等に定期保安検査の申請をしなければならない。
（5）法令に指定された製造所等においては、作成した予防規程を変更する場合には、消防長又は消防署長の許可申請をしなければならない。

練習問題

解答と解説

解答 1（1）航空機、船舶だけでなく、鉄道又は軌道による危険物の貯蔵、取扱い又は運搬についても、消防法の規定の適用を受けない。

解答 2（2）カリウムは第三類に分類され、自然発火性物質及び禁水性物質である。

解答 3（4）第五類危険物は、自己反応性物質で、固体又は液体であって、比較的低い温度で多量の熱を発生する性質又は爆発的に反応が進行する性質がある。引火性液体は、第四類危険物である。

解答 4（1）第一類危険物のうちの第 1 種酸化性固体の指定数量は、50kg である。第 2 種酸化性固体は 300kg、第 3 種酸化性固体は 1,000kg である。

解答 5（5）屋外貯蔵所において貯蔵し、又は取扱うことができる第四類の危険物のうち、第 1 石油類は引火点が 0℃以上のものに限られ、ガソリン（引火点－40℃以下）は含まれない。

解答 6（5）法令に指定された製造所等においては、予防規程を作成又は変更する場合には、市町村長等の認可の申請をしなければならない。

練習問題

▶問題 7　製造所等にかかわる各種届出について、誤っているものはどれか。

→ p.61 ～ 62

（1）製造所等の譲渡があったときは、譲受人は許可を受けた者の地位を継承するが、遅滞なく市町村長等に届け出なければならない。

（2）貯蔵所の位置、構造、設備を変更せず、貯蔵する危険物の指定数量の倍数を変更する場合は、変更しようとする10日前までに市町村長等へ届け出なければならない。

（3）製造所等の用途を廃止した場合、当該施設の所有者、管理者又は占有者は遅滞なく市町村長等に届け出なければならない。

（4）取扱所の管理者は、危険物保安統括管理者を選任した場合及び解任した場合には、市町村長等へ遅滞なく届け出なければならない。

（5）製造所の所有者は、危険物保安監督者を定めなければならないが、市町村長等へ選任の届出は必要ない。

製造所等の設置・変更の許可

▶問題 8　製造所等の設置（変更）の許可について、誤っているものはどれか。

→ p.63 ～ 64

（1）危険物の製造所を設置しようとする者は、消防本部及び消防署を設置している市町村の区域においては、その区域を管轄する市町村長に申請し、許可を受けなければならない。

（2）消防本部及び消防署を設置していない市町村の区域において、危険物の貯蔵所の位置を変更しようとする者は、その区域を管轄する都道府県知事の許可を受けなければならない。

（3）製造所の構造を変更する場合には、市町村長等の許可を得た後でなければ工事に着手してはならない。

（4）貯蔵所の構造を変更する場合、設置と同様に市町村長等の許可を得なければならない。

（5）取扱所の位置を変更する場合、変更許可の申請をすればいつでも変更の工事に着工できる。

▶問題 9　製造所等の完成検査・仮使用について、誤っているものはどれか。

→ p.63 ～ 64

（1）第四類危険物の屋外タンク貯蔵所を設置する場合は、完成検査前検査を受ける必要はない。

（2）屋内貯蔵所を設置した場合は、完成検査を受けなければならない。

（3）地下タンクを有する給油所を設置する場合の手続きは、許可申請→許可書交付→工事開始→完成検査前検査→工事完了→完成検査申請→完成検査→完成検査済証交付→使用開始となる。

（4）仮使用とは、製造所等を変更する場合に、変更工事に係わる部分以外の部分の全部又は一部を市町村長等の承認を受けて完成検査前に仮に使用することをいう。

（5）2つ以上の都道府県の区域にまたがって移送取扱所を設置する場合には、総務大臣に申請し、許可を受ける。

危険物取扱者制度

▶問題 10　危険物取扱者免状について、誤っているものはどれか。　→ p.65

（1）乙種危険物取扱者（第四類）は、アルコール類の取扱いはできるが、特殊引火物の取扱いはできない。

（2）甲種又は乙種の危険物取扱者が危険物取扱作業の立会いをする場合は、作業に従事する者が危険物の貯蔵又は取扱いの技術上の基準を遵守するよう監督しなければならない。

（3）乙種危険物取扱者は、免状に指定された類の危険物取扱作業及び立会いができる。

（4）危険物取扱者免状には、甲種危険物取扱者免状、乙種危険物取扱者免状及び丙種危険物取扱者免状の３種類がある。

（5）丙種危険物取扱者が取扱うことができるのは、第四類危険物のうちのガソリン、灯油、軽油等に限られる。

▶問題 11　危険物取扱者免状、保安講習について、正しいものはどれか。

→ p.66 ～ 67

（1）免状の交付を受ける場合は、申請書に試験に合格したことを証明する書類を添えて、本人の在住する都道府県に申請する。

（2）免状の汚損又は破損により再交付申請する場合は、申請書だけを提出すればよい。

（3）免状を亡失して再交付を受けた者が、亡失した免状を発見した場合は、15日以内に再交付を受けた都道府県知事に発見した免状を提出しなければならない。

（4）新たに危険物取扱作業に従事することとなった者は、従事することとなった日から１年以内に保安に関する講習を受けなければならない。

（5）危険物取扱者の免状を持っている者で、製造所等において危険物の取扱作業に従事している者は、前回講習を受けた日以後における最初の４月１日から２年以内に、保安に関する講習を受けなければならない。

練習問題

▶▶ 解答と解説 ◀◀

解答 7 （5）特定の製造所等の所有者、管理者又は占有者は危険物保安監督者を定めた場合は市町村長等に遅滞なく届け出なければならないが、これを解任したときも同様である。

解答 8 （5）製造所等を変更する場合、申請をしていても許可がおりる前に工事に着工すれば、無許可で変更したことになる。

解答 9 （1）第四類危険物は液体である。液体の危険物を貯蔵するタンクを設置又は変更する場合は、完成検査を受ける前に完成検査前検査を受けなければならない。

解答 10 （1）乙種危険物取扱者（第四類）が貯蔵し、又は取扱うことのできる危険物の種類は、第四類である特殊引火物、第１石油類、アルコール類、第２石油類、第３石油類、第４石油類及び動植物油類である。

解答 11 （4）

（1）×免状の交付は試験を行った場所を管轄する都道府県知事に申請する。

（2）×申請書に汚損又は破損した免状を添えて提出しなければならない。

（3）× 15 日ではなく、10 日以内に免状を提出しなければならない。

（5）×製造所、貯蔵所又は取扱所において危険物の取扱作業に従事している危険物取扱者は、前回講習を受けた日以後における最初の４月１日から３年以内ごとに都道府県知事等が行う危険物取扱作業の保安に関する講習を受けなければならない。

練習問題

危険物保安監督者等

▶問題 12　危険物保安統括管理者、危険物保安監督者について、誤っているものはどれか。　→ p.68 ～ 71

（1）危険物保安統括管理者は、事業所全体における危険物の保安業務を統括管理する者で、危険物取扱者でない者から選任することができる。

（2）敷地内に複数の製造所等を有し、第四類危険物を指定数量の 3,000 倍以上取扱う場合には、危険物保安統括管理者を選任し、遅滞なく市町村長等へ届け出なければならない。

（3）政令で定める製造所等の所有者等は、甲種危険物取扱者で 6 ヶ月以上危険物取扱いの実務経験を有する者のうちから、危険物保安監督者を選任しなければならない。

（4）危険物保安監督者を選任したときは、遅滞なく市町村長等に届け出なければならない。

（5）第四類のみの危険物を取扱う製造所は、取扱う危険物の指定数量の倍数に関係なく、危険物保安監督者を選任しなければならない。

▶問題 13　危険物保安監督者、危険物施設保安員について、誤っているものはどれか。　→ p.70 ～ 72

（1）危険物施設保安員を置く施設では、危険物保安監督者は、危険物施設保安員へ必要な指示を行う。

（2）指定数量の 20 倍以下の第四類以外の危険物を貯蔵又は取扱う屋内貯蔵所には、危険物保安監督者を選任する必要がない。

（3）取扱う危険物の類や指定数量の倍数にかかわらず屋外タンク貯蔵所は、危険物保安監督者を選任しなければならない。

（4）危険物施設保安員は、選任されるにあたって危険物取扱者の資格は必要としない。

（5）危険物施設保安員は、施設の維持のため定期点検及び臨時点検を実施しなければならない。

予防規程・自衛消防組織

▶問題 14　予防規程・自衛消防組織について、誤っているものはどれか。　→ p.73 ～ 76

（1）製造所等の所有者は、予防規程を定めたとき又は変更したときは、市町村長等の認可を受けることが義務付けられている。

（2）指定数量の倍数が 10 倍以上の危険物を取扱う製造所では、予防規程を定めなければならない。

（3）指定数量が 24 万倍以上 48 万倍未満である第四類危険物を取扱う製造所においては、人員数 15、化学消防自動車の台数 3 台の自衛消防組織を設置しなければならない。

（4）第四類危険物を指定数量の 3,000 倍以上取扱う移送取扱所は、自衛消防組織を設置しなければならない。

（5）火災その他の災害のための相互応援に関する協定を締結している事業所は、複数の事業を 1 つの事業とみなし、協定を締結している複数の事業所内の製造所等の取扱う第四類危険物の最大数量をその事業所の最大数量として自衛消防組織を編成できる。

定期点検・保安検査

▶問題 15　定期点検・保安検査について、正しいものはどれか。　→ p.77 ～ 79

（1）政令で定める製造所等の所有者等は、2 年に 1 回以上定期点検を実施しなければならない。

（2）定期点検は、製造所等の位置、構造、設備に関する技術上の基準に適合しているか否かについて行う。

（3）定期点検は危険物施設保安員が行わなければならない。ただし、危険物施設保安員が立会えば危険物施設保安員以外の者でも行える。

（4）定期点検を実施した場合は、記録を作成し 1 年間保存しなければならない。

（5）配管の延長が 5km を超える移送取扱所は、原則として 1 年に 1 回定期保安検査を受けなければならない。

製造所等の保安距離と保有空地

▶問題 16　製造所等の保安距離と保有空地について、誤っているものはどれか。

→ p.80 ～ 82

（1）製造所、屋内貯蔵所、屋外タンク貯蔵所、屋外貯蔵所、一般取扱所には、火災や爆発等の影響が及ぶことを防ぐために、付近の住宅、学校、病院などの保安対象物から保安距離を保つことが必要とされている。

（2）学校、病院、劇場その他多数の人が収容される施設に必要となる保安距離は 30 m以上である。

（3）7,000 ボルトを超え、35,000 ボルト以下の特別高圧架空電線に必要

（問題次ページに続く）

▶▶ 解答と解説 ◀◀

解答 12（3）政令で定める製造所等の所有者等は、甲種又は乙種危険物取扱者で 6 ヶ月以上危険物取扱いの実務経験を有する者のうちから、危険物保安監督者を選任しなければならない。丙種危険物取扱者は、危険物保安監督者になる資格は有しない。

解答 13（2）指定数量の 30 倍以下の第四類以外の危険物を貯蔵又は取扱う屋内貯蔵所には、危険物保安監督者を選任する必要がある。一方、引火点が 40℃以上の第四類危険物を指定数量の 30 倍以下で貯蔵又は取扱う屋内貯蔵所では、危険物保安監督者を選任する必要がない。

解答 14（4）移送取扱所は、第四類危険物を指定数量以上取扱う場合、自衛消防組織を設置しなければならない。また、第四類危険物を指定数量の 3,000 倍以上取扱う製造所、同じく第四類危険物を指定数量の 3,000 倍以上取扱う一般取扱所も自衛消防組織を設置しなければならない。

解答 15（2）

（1）×　1 年に 1 回以上の定期点検を実施することが定められている。

（3）×　定期点検は、危険物取扱者又は危険物施設保安員が行わなければならず、危険物取扱者の立会があれば危険物取扱者以外の者でも行える。

（4）×　定期点検記録の保存年数は 3 年間である。

（5）×　年に 1 回の定期保安検査が必要なのは配管の延長が 15km を超える移送取扱所である。

解答 16（3）7,000 ボルトを超え、35,000 ボルト以下の特別高圧架空電線に必要となる保安距離は、水平距離 3 m以上である。35,000 ボルトを超える特別高圧架空電線の場合には、水平距離 5 m以上の保安距離が必要となる。

となる保安距離は、水平距離 5 m以上である。

（4）保有空地は、危険物を取扱う建築物やその他の工作物の周囲に設ける空地で、消火活動や延焼防止の観点から、いかなるものも置くことができない。

（5）屋内タンク貯蔵所、地下タンク貯蔵所、給油取扱所、販売取扱所に、保有空地は必要ない。

製造所の基準

▶問題 17　製造所の基準について、誤っているものはどれか。 →p.83～85

（1）製造所は、学校、病院及び保護施設から 30m 以上の保安距離を確保しなければならない。

（2）取扱う危険物の指定数量の倍数が 10 を超える製造所は、空地の幅が 3m 以上の保有空地を確保しなければならない。

（3）製造所の建築物には地階を設けてはならない。

（4）製造所の建築物の窓及び出入口には、防火設備を設けるとともに、床は危険物が浸透しない構造とし、傾斜をつけなければならない。

（5）指定数量の 10 倍以上の危険物を取扱う製造所には、避雷設備を設けなければならない。

屋内貯蔵所の基準

▶問題 18　屋内貯蔵所の基準について、誤っているものはどれか。 →p.86～88

（1）指定数量の倍数が 200 を超える屋内貯蔵所で、建築物の壁、柱及び床が耐火構造以外の場合は、保有空地を 15m 以上確保しなければならない。

（2）屋内貯蔵所の貯蔵倉庫の床面積は、2,000m² 以下とする。

（3）屋内貯蔵所の屋根は不燃材料で造るとともに金属板等でふき、天井を設けてはならない。

（4）屋内貯蔵所で液状の危険物を貯蔵する貯蔵倉庫は、適当な傾斜をつけるとともに、貯留設備を設ける必要がある。

（5）屋内貯蔵所で引火点が 70℃未満の危険物を貯蔵する貯蔵倉庫には、滞留した可燃性蒸気を屋根上に排出する設備を設けなければならない。

屋外タンク貯蔵所の基準

▶問題 19　屋外タンク貯蔵所の基準について、誤っているものはどれか。

→p.81、89～95

（1）屋外タンク貯蔵所は、重要文化財や史跡から 50m 以上の保安距離を確保しなければならない。

（2）屋外タンク貯蔵所の敷地内距離とは、タンクの側板から敷地境界線までの間に確保しなければならない距離である。

（3）屋外タンク貯蔵所の圧力タンクには通気管を設けなければならない。

（4）屋外タンク貯蔵所で液体の危険物の屋外貯蔵タンクには、危険物の量を自動的に表示する装置を設けなければならない。

（5）屋外タンク貯蔵所のタンクに設ける防油堤は、鉄筋コンクリート又は土で造る。

屋内タンク貯蔵所の基準

▶問題 20　屋内タンク貯蔵所の基準について、誤っているものはどれか。

→p.96～99

（1）屋内タンク貯蔵所は、保安距離及び保有空地は法令上必要とされない。

（2）屋内タンク貯蔵所でタンクと専用室

の壁との間は、0.5m 以上としなければならない。
（3）屋内タンク貯蔵所の貯蔵タンクの容量は、指定数量の 50 倍以下としなければならない。
（4）液状の危険物を貯蔵する屋内貯蔵タンク専用室の出入口の敷居の高さは 0.2m 以上とする。
（5）屋内貯蔵タンクのタンク専用室の窓及び出入口には、防火設備を設けなければならない。

地下タンク貯蔵所の基準

▶問題 21　地下タンク貯蔵所の基準について、正しいものはどれか。

→ p.100 ～ 105

（1）地下タンク貯蔵所は、病院や学校から 30m 以上の保安距離を確保しなければならない。
（2）地下貯蔵タンクの頂部は、1m 以上地盤面から下になければならない。
（3）地下タンク貯蔵所でタンクを 2 つ以上隣接してタンク室に設置する場合は、タンク相互間に 0.1m 以上の間隔を保たなければならない。
（4）二重殻タンク以外の地下貯蔵タンク又はその周囲には、危険物の漏れを検知する設備などを設けなければならない。
（5）地下貯蔵タンクの圧力タンクには、通気管を設けなければならない。

▶▶ 解答と解説 ◀◀

解答 17（2）　指定数量の倍数が 10 を超える製造所は、空地の幅が 5 m 以上の保有空地を確保しなければならない。指定数量の倍数が 10 以下の製造所では、3 m 以上の保有空地が必要である。保有空地は消防活動や延焼防止のための空地で、どのような物品であっても置くことはできない。

解答 18（2）　屋内貯蔵所の貯蔵倉庫は、独立した専用の建築物とし、床面積は 1,000m^2 以下とする。また、地盤面から軒までの高さが 6 m 未満の平屋建てで、床は地盤面以上としなければならない。

解答 19（3）　通気管を設けなければならないタンクは、圧力タンク以外のタンクである。圧力タンクには安全装置を設ける。また、屋外貯蔵タンクは、内圧が異常に高くなった場合、内部のガス等を上部に放出できる構造とする。

解答 20（3）　屋内貯蔵タンクの容量は、指定数量の 40 倍以下とする。ただし、第 4 石油類及び動植物油類以外の第四類危険物については、最大容量を 2 万 L 以下としなければならない。また、同一のタンク専用室に 2 つ以上のタンクがある場合の最大容量は合算した量とする。

解答 21（4）

（1）　×　保安距離及び保有空地は法令上必要とされない。
（2）　×　1 m 以上ではなく、0.6m 以上地盤面から下になければならない。
（3）　×　タンク相互間は 1m 以上の間隔を保つようにしなければならない。
（5）　×　圧力タンクには安全装置を、圧力タンク以外のタンクには通気管を設けなければならない。

練習問題

簡易タンク貯蔵所・移動タンク貯蔵所の基準

▶問題 22　簡易タンク貯蔵所・移動タンク貯蔵所の基準について、誤っているものはどれか。
→p.106～111

（1）簡易タンク貯蔵所は、重要文化財や史跡等から 50m 以上の保安距離を確保しなければならない。
（2）簡易貯蔵タンクの 1 基の容量は、600L 以下とし、1 つの簡易タンク貯蔵所に簡易タンクは 3 基までしか設置できない。
（3）移動タンク貯蔵所で車両を常置する場所は、屋外の場合は防火上安全な場所とし、屋内の場合は耐火構造で造った建築物の 1 階とする。
（4）移動タンク貯蔵所の貯蔵タンクの容量は 3 万 L 以下としなければならない。
（5）ガソリン、ベンゼン等静電気による災害が発生するおそれのある液体の危険物の移動貯蔵タンクには接地導線を設ける。

屋外貯蔵所の基準

▶問題 23　屋外貯蔵所の基準について、誤っているものはどれか。
→p.112～114

（1）屋外貯蔵所では、同一敷地外にある住居から 10m 以上の保安距離を確保しなければならない。
（2）指定数量の倍数が 20 を超え 50 以下の危険物を取扱う屋外貯蔵所は、さく等の周囲に 10m 以上の保有空地を確保しなければならない。
（3）屋外貯蔵所で塊状の硫黄を容器に収納せず囲いの内側に貯蔵する場合は、囲いの高さは 1.5m 以下としなければならない。
（4）屋外貯蔵所で貯蔵場所に架台を設ける場合は、架台の高さを 6m 未満にする必要がある。
（5）屋外貯蔵所で貯蔵できる危険物は、第四類の危険物のうち第 1 石油類、アルコール類、第 2 石油類、第 3 石油類、第 4 石油類及び動植物油類に限られる。

給油取扱所の基準

▶問題 24　給油取扱所に関する記述のうち、誤っているものはどれか。
→p.115～119

（1）600L 以下の簡易タンクを設けることができるのは防火地域及び準防火地域以外にある給油取扱所に限られる。
（2）給油取扱所には、給油取扱所の所有者が居住する住居を設置することができる。
（3）地下に設けることのできる廃油タンクの容量は 4,000L 以下である。
（4）給油取扱所には、保安距離及び保有空地は必要ない。
（5）給油取扱所の周囲に設ける防火用の塀は、高さが 2m 以上で耐火構造又は不燃材料でなければならない。

▶問題 25　給油取扱所の固定注油設備・固定給油設備について、誤っているものはどれか。
→p.115～119

（1）灯油もしくは軽油を容器に詰替えるための固定注油設備を設ける場合には、注油空地を設けなければならない。
（2）給油空地は、間口 10 m以上、奥行き 6 m以上で、自動車等がはみ出さずに給油を受けることができる広さとする。
（3）固定式の固定注油設備で、最大注油ホースの全長が 4 mのものは、道路境界線から４m以上距離を保つ必要がある。

（４）固定給油設備又は固定注油設備に設ける給油ホース又は注油ホースは、全長 5m 以下で先端に弁を設けなければならない。

（５）固定給油設備のポンプ機器の給油ホースの先端における最大吐出量は、ガソリン、メタノール又はメタノールを含有するものの場合、毎分 50L 以下としなければならない。

問題 26　給油取扱所の耐火・防火に関する記述について、誤っているものはどれか。 → p.120 ～ 123

（１）屋内給油取扱所とは、屋内に設置した給油取扱所で、かつ、キャノピー等の面積が、給油取扱所の敷地面積から建築物の事務所等にあたる部分の１階の床面積を除いた面積の 1/3 を超えるものをいう。

（２）事務所等の窓や出入口にガラスを用いる場合には、網入りガラスとしなければならないが、一定の措置を講じた場合には、網入りガラスとしないこともできる。

（３）屋内給油取扱所は、病院、福祉施設等を有する建築物に設置することはできない。

（４）建築物の屋内給油取扱所として使用する部分の壁、柱、床、はり及び屋根は、耐火構造（上階がない場合を除く。）にしなければならない。

（５）屋内給油取扱所として使用する部分の１階の二方には、壁を設けてはならない（一定の措置を講じた場合を除く）。

解答と解説

解答 22（1）　簡易タンク貯蔵所は、保安距離について法令上規制はない。ただし、簡易貯蔵タンクを屋外に設ける場合は、簡易貯蔵タンクの周囲に１m以上の空地を確保しなければならない。

解答 23（5）　屋外貯蔵所に貯蔵できる危険物は、第二類のうち硫黄、硫黄のみを含有するもの又は引火性固体と、第四類のうち第１石油類（引火点が０℃以上のもの、ガソリンを除く）、アルコール類、第２石油類、第３石油類、第４石油類及び動植物油類に限られる。

解答 24（3）　給油取扱所の地下に設けることのできる廃油タンクの容量は 10,000L 以下である。

解答 25（3）　固定式の固定注油設備の場合、道路境界線から保たなければならない距離は、最大注油ホースの全長が 3m 以下であれば 4m 以上、3m を超え 4m 以下であれば 5m 以上、4m を超え 5m 以下の場合は 6m 以上である。

解答 26（2）　屋内給油取扱所の事務所等の窓や出入口にガラスを用いる場合は、必ず網入りガラスとしなければならない。また、給油取扱所として使用する部分の窓及び出入口には、防火設備を設けなければならない。

練習問題

▶**問題 27**　顧客が自ら給油等を行う給油取扱所の基準について、誤っているものはどれか。 → p.121 ～ 123

（1）第３種固定式粉末消火設備を設置しなければならない。
（2）顧客用固定給油設備の給油ホースの先端部には、手動開閉装置のついた給油ノズルを設ける。
（3）顧客用固定注油設備の注油ノズルは、容器が満量になったときに危険物の注入を自動的に停止する構造とする。
（4）顧客の給油や詰替え作業を監視し、制御し、顧客に必要な指示を行うための制御卓を設置する。
（5）レギュラーガソリンの顧客用固定給油設備の給油ホースには、赤色の彩色を施す。

販売取扱所の基準

▶**問題 28**　販売取扱所の基準について、誤っているものはどれか。 → p.124 ～ 125

（1）第一種販売取扱所が取扱うことができるのは、指定数量の倍数が 15 以下の危険物である。
（2）販売取扱所は１階に設けなければならない。
（3）危険物の配合室の出入口には、随時開けることができる自動閉鎖の特定防火設備を設ける。
（4）販売取扱所に設ける危険物を配合する室の床面積は、6m^2 以上 10m^2 以下とし、壁で区画する。
（5）建築物の第二種販売取扱所に使用する部分は、壁、柱、床及びはりを耐火構造又は不燃材料で造ればよい。

移送取扱所、一般取扱所の基準

▶**問題 29**　移送取扱所、一般取扱所の基準について誤っているものはどれか。
→ p.126 ～ 128

（1）移送取扱所とは、危険物の移送の取扱いを行う取扱所であり、船舶から陸上に危険物を受入れる施設は移送取扱所に該当する。
（2）移送取扱所は、都道府県地域防災計画又は市町村地域防災計画において定められている震災時のための避難空地には設置できない。
（3）移送取扱所の移送配管を市街地以外の道路の下に埋設する場合には、配管の外面と路面の距離は 1.8 m を超えるものとする。
（4）特定移送取扱所とは、配管延長が 15km を超えるもの、又は配管にかかる最大常用圧力が 0.95MPa 以上で配管の長さが７km 以上のものをいう。
（5）一般取扱所とは、給油取扱所、販売取扱所、移送取扱所以外の取扱所であり、指定数量以上の危険物を取扱う施設である。

標識・掲示板の基準

▶**問題 30**　標識・掲示板の基準について述べたもののうち、誤っているものはどれか。 → p.129 ～ 132

（1）製造所等（移動タンク貯蔵所を除く。）に設ける標識のサイズは、幅 0.3m 以上、長さ 0.6m 以上であればよい。
（2）給油取扱所には、地が黄赤色の板に黒色の文字で「給油中エンジン停止」と表示した掲示板を設けなければならない。
（3）製造所には、危険物の類、品名、貯蔵又は取扱い最大数量及び指定数量の倍数を表示した防火に関する掲示板を設けなければならない。
（4）引火点が 21℃未満の危険物を取扱う屋外タンク貯蔵所のポンプ設備には、「屋外貯蔵タンクポンプ設備」と表示した標識を設けなければならない。

（5）「火気厳禁」の掲示板は、地は赤色、文字は白色とし、第四類危険物を取扱う給油取扱所には設けなければならない。

消火・警報・避難設備

▶問題 31 次の消火・警報設備に関する記述のうち、誤っているものはどれか。

→ p.133 ～ 142

（1）消火設備の種類は、政令により第一種から第五種までに区分され、各消火設備の適応性については、危険物の種類、電気設備等の対象物の区分に応じて定められている。

（2）消火設備の所要単位とは、製造所等に対して消火能力を定めるときの基準となる単位であり、建築物等の構造、規模、又は危険物の量により定められる。

（3）消火設備の能力単位とは、所要単位に対応する消火設備の消火能力の基準単位であり、第一類の危険物に対して、消火専用水バケツ（容量 8L）1 個の能力単位は 1.0 である。

（4）屋内消火栓設備は、各階ごとに階の各部分からホース接続口までが 25m 以下、屋外消火栓設備は、防護対象物の各部分からホース接続口までが 40m 以下になるよう設置する。

（5）警報設備は、指定数量の 10 倍以上の危険物を貯蔵し、又は取扱う製造所等に設置しなければならない。

▶▶ 解答と解説 ◀◀

解答 27（1） 顧客が自ら給油等を行う給油取扱所には、第 3 種固定式泡消火設備を設置しなければならない。

解答 28（5） 第二種販売取扱所とは、店舗において指定数量の倍数が 15 を超え 40 以下の危険物を販売する取扱所であり、政令第 18 条第 2 項により、壁、柱、床及びはりを耐火構造としなければならない。なお、天井を設ける場合には不燃材料で造らなければならない。

解答 29（3） 移送取扱所の移送配管を市街地以外の道路下に埋設する場合には、配管の外面と路面との距離は、1.5 m を超えるようにしなければならない。一方、市街地の道路下に埋設する場合には、配管の外面と路面との距離を 1.8 m を超えるようにしなければならない。

解答 30（4） 引火点が 21℃ 未満の危険物を取扱うポンプ設備には、政令第 18 条第 2 項により、「屋外貯蔵タンクポンプ設備」、危険物の類、品名及び危険物の性状に応じた注意事項を記載した掲示板を設けなければならない。

解答 31（3） 消火設備の能力単位は、所要単位に対応する消火設備の消火能力の基準単位であり、設置する能力単位は、建築物等の所要単位及び危険物の所要単位を満足することが必要である。水バケツは、第 5 種消火設備に該当し、消火専用水バケツ（容量 8L）は、第一類（アルカリ金属の過酸化物を除く。）の危険物に対して、3 個にて 1.0 の能力単位である。

練習問題

▶問題 32　著しく消火が困難な区分に関する記述のうち、誤っているものはどれか。

→ p.135、142

（1）製造所及び一般取扱所のうち、延面積が 500m^2 以上の施設は、著しく消火が困難な区分に該当する。

（2）給油取扱所のうち、顧客に自ら給油等をさせるものは、著しく消火困難な区分に該当する。

（3）著しく消火が困難と認められる製造所については、第 1 種、第 2 種又は第 3 種の消火設備のうちのどれか 1 種類と、第 4 種及び第 5 種の消火設備が必要である。

（4）給油取扱所の 2 階部分を店舗等の用途に供する場合には、著しく消火が困難な区分に該当し、火災時の避難をわかりやすくするために、誘導灯を設置しなければならない。

（5）屋内貯蔵所のうち、軒高が 6 m 以上の平屋建てのものは、著しく消火が困難な製造所等に該当する。

貯蔵又は取扱いの共通基準

▶問題 33　危険物の貯蔵又は取扱いの共通について、誤っているものはどれか。

→ p.143 ～ 145

（1）第四類危険物は、屋内貯蔵所において、危険物以外の可燃性固体類と相互に 1m 以上の間隔をおけば、同時に貯蔵できる。

（2）製造所等で、第二類危険物を貯蔵し、又は取扱う場合には、酸化剤との接触や混合を避けなければならない。

（3）製造所等で、マグネシウムを貯蔵し、又は取扱う場合には、水や酸との接触を避ける。

（4）製造所等では、貯蔵し、又は取扱う危険物の類別や数量に関係なく、危険物のくず、かす等は 1 日に 1 回以上、その危険物の性質に応じた安全な場所で廃棄する。

（5）第一類危険物のうち、アルカリ金属の過酸化物とその含有品を除くものと、第六類危険物は、類ごとに取りまとめて貯蔵し、かつ、相互に 1 m 以上の間隔をおけば、同一の貯蔵所において同時に貯蔵できる。

▶問題 34　移動タンク貯蔵所における取扱いの基準について、誤っているものはどれか。

→ p.146 ～ 150

（1）移動タンク貯蔵所には、完成検査済証を備え付けておかなければならない。

（2）移動タンク貯蔵所には、定期点検記録、譲渡・引渡しの届出書及び品名・数量又は指定数量の倍数の変更の届出書についても備え付けておく必要がある。

（3）積載式移動タンク貯蔵所において、第四類の危険物を移動貯蔵タンクから危険物の貯蔵タンクに注入する際には、注入ホースは緊結しなければならない。

（4）ガソリンを貯蔵していた移動貯蔵タンクに灯油を注入するときは、注入速度を 1m/ 秒以下にするなど静電気等による災害防止のための措置が必要である。

（5）ガソリンを移動貯蔵タンクの上部から注入するときは、注入管を用いるとともに、その先端がタンクの底部に着いたものでなければならない。

運搬及び移送の基準

問題 35　危険物を収納する運搬容器について、誤っているものはどれか。

→ p.151 ～ 155

（1）運搬に使用する容器は、危険物の運搬に支障がなければ材質の定めはない。
（2）運搬容器は、原則として、落下、気密、内圧及び積重ねの各試験において、一定の基準に適合する性能を有しなければならない。
（3）運搬容器は、温度変化等により危険物が漏れないように、危険物を密封して収納する。
（4）液体の危険物を、内容積が 98％の収納率で、かつ 55℃において漏れないように運搬容器に収納した。
（5）危険物を収納した同種類の運搬容器を 3m の高さに積重ねた。

問題 36　危険物の運搬の基準について、誤っているものはどれか。

→ p.151 ～ 156

（1）危険物の運搬に関する基準は、指定数量未満の危険物についても適用される。
（2）運搬容器及び包装の外部に、危険物の品名と数量を表示すれば、収納する危険物に応じた注意事項を表示しなくてもよい。
（3）第四類危険物を、第二類及び第三類の危険物と同一車両に混載して運搬してもよい。
（4）指定数量以上の危険物を運搬する車両には、前側にも後ろ側にも危険物を表す標識を掲げなければならない。
（5）指定数量未満の危険物の運搬の場合は、消火設備を備え付けなくてよい。

練習問題

解答と解説

解答 32（1）製造所、取扱所、貯蔵所に対しては、施設の規模や形態、危険物の種類、指定数量の倍数から消火の困難性が区分されている。消火の困難性に応じて、消火設備の設置区分が定められている。製造所、一般取扱所は延面積 $1,000m^2$ 以上が著しく消火困難な施設に該当する。

解答 33（5）類ごとに取りまとめて貯蔵し、かつ、相互に 1 m以上の間隔をおくことにより、同一の貯蔵所において同時に貯蔵できる類の組み合わせは決まっている。第一類危険物のうち、アルカリ金属の過酸化物とその含有品を除くものと同時に貯蔵できるのは、第五類危険物である。

解答 34（3）積載式移動タンク貯蔵所において、危険物を貯蔵し、又は取扱うタンクに液体の危険物を注入する際は、注入口に注入ホースを緊結しなければならない。ただし、引火点が 40℃以上の第四類危険物を注入する場合には、緊結しなくてもよい。

解答 35（1）運搬に使用する容器の材質は、鋼板、アルミニウム板、ブリキ板、ガラス等と定められている。

解答 36（2）運搬容器及び包装の外部には、危険物の品名、危険等級及び化学名、危険物の数量、収納する危険物に応じた注意事項を表示しなければならない。

練習問題

▶問題 37　危険物の移送の基準について、誤っているものはどれか。

→p.156～157

（1）危険物を移送するタンクローリーには、危険物取扱者を乗車させる。
（2）危険物の移送が長距離のときは、複数名の運転要員を確保する。
（3）危険物の移送中に移動タンク貯蔵所から漏油があり災害発生のおそれがあったが、災害発生に至らなかったので消防機関に通報しなかった。
（4）危険等級Ⅰに区分される危険物を移送するので、移送経路等を記載した書面を関係消防機関に届け出た。
（5）指定数量を異にする２種類の危険物を同時に積載して運搬する場合、それぞれの危険物の数量をその指定数量で割った商を合計した値が１以上であれば、指定数量以上の危険物を運搬しているとみなされる。

行政命令等

▶問題 38　製造所等における措置命令について、誤っているものはどれか。

→p.158～161

（1）製造所等において危険物の貯蔵又は取扱いが技術上の基準に違反しているときには、市町村長等は措置命令として、危険物施設の基準の維持を命ずることができる。
（2）製造所等において危険物の流出その他の事故が発生し、所有者等が応急措置を講じていないときには、市町村長等は応急措置の実施を命ずることができる。
（3）製造所等の所有者、管理者又は占有者が危険物保安統括管理者を定めないときには、市町村長等は期間を定めて施設の使用停止を命ずることができる。
（4）製造所等の所有者、管理者又は占有者は、製造所等の位置、構造又は設備を無許可で変更したときには、設置許可の取消しを受けることがある。
（5）市町村長は、火災防止のために必要な場合には、指定数量以上の危険物を貯蔵し、又は取扱っている場所に、警察官を立ち入らせ、検査し、関係者に質問させることができる。

▶問題 39　製造所における措置命令について、誤っているものはどれか。

→p.158～162

（1）市町村長等は、危険物保安統括管理者及び危険物保安監督者の解任命令を出すことができる。
（2）政令で定める屋外タンク貯蔵所の保安の検査を受けないときは、危険物保安監督者が措置命令として解任命令を受けることがある。
（3）市町村長等は、災害の発生防止のために緊急の必要があると認めるときは、製造所等の所有者等に対し、期間を定めずに、製造所等の使用を一時停止するよう命じることができる。
（4）警察官は、火災予防のため、走行中の移動タンク貯蔵所を停車させ、乗車している危険物取扱者に対し、危険物取扱者免状の提示を求めることができる。
（5）危険物の流出が発生したことを発見した者は、直ちに、消防署等の関係機関に通報しなければならない。

❷ 基礎的な物理学及び基礎的な化学

物質の状態変化

▶問題 40　物質の状態変化について、誤っているものはどれか。

→p.164～165、168

（1）物質は、物質の比熱及び置かれている周囲の温度の違いにより、固体、液体、気体状態をそれぞれ呈する。

（2）物質の状態変化のうち、固体から液体になる変化を融解といい、液体から固体になる変化を凝固という。

（3）物質の状態変化のうち、固体から気体になる変化を昇華という。

（4）気体の状態においては、物質を構成している粒子の熱運動のエネルギーが大きく、分子間の力や電気的な引力に打ち勝っているため、粒子は空間を自由に飛び回っている。

（5）空気中に放置すると空気中の水分を吸収してやがて溶けてくる性質を潮解性という。

▶問題 41　蒸発と蒸発熱について、誤っているものはどれか。　→p.166～167

（1）一定の圧力のもとで液体を加熱するとやがて液体の表面から蒸発が始まる。このときの温度を沸点という。

（2）沸点は、気圧が低い場所では、より低くなるので、同じ液体でも、高い山の山頂における沸点は、地上よりも低い。

（3）密閉された室内で気体を蒸発させたとき、ある程度まで進むと、見かけ上では蒸発が止まった状態になる。この状態を飽和状態といい、このときの蒸気の示す圧力を飽和蒸気圧という。

（4）液体１ｇの物質が蒸発するのに必要となる熱エネルギーを蒸発熱という。

（5）水は蒸発熱が非常に大きいため冷却効果が大きく、消火剤として有効な性質を持っている。

▶▶ 解答と解説 ◀◀

解答 37（3）危険物を移送する者は、移動タンク貯蔵所からの漏油等災害発生のおそれのある場合は、応急措置を講じるとともに最寄りの消防機関等に通報しなければならない。

解答 38（5）危険物の貯蔵又は取扱いに伴う火災防止のために必要な場合に、市町村長が、危険物を貯蔵又は取扱っている場所に、立ち入らせ検査し、質問させるのは、警察官ではなく消防事務に従事する職員である。

解答 39（2）政令で定める屋外タンク貯蔵所の保安の検査を受けないときは、製造所等の所有者、管理者又は占有者が、市町村長等から措置命令として、設置許可の取消し又は期間を定めて施設の使用停止命令を受ける。

解答 40（1）物質は、物質がおかれている温度や圧力によって、固体、液体、気体状態をそれぞれ呈する。温度、圧力、容積などは、その瞬間における物質の状態を決定するため、状態量と呼ぶ。

解答 41（1）液体の表面から蒸発が始まってから、さらに熱を加え続けると、液体の内部からも蒸発が始まる。これを沸騰といい、沸騰の始まるときの温度を沸点という。

練習問題

密度・比重・圧力

▶問題 42　密度・比重・圧力について、誤っているものはどれか。　→ p.170 ～ 171

（1）液体と固体の比重は、物質の密度と、1気圧4℃の純水の密度との比であり、単位はない。

（2）気体の比重は、標準状態における気体の重さと空気1Lの重さとの比で表されるもので、単位はない。

（3）圧力は単位面積に働く力のことで、Pa（パスカル）という単位で表される。

（4）1Pa（パスカル）は、$1m^2$に1N（ニュートン）の力が働く場合の圧力を意味しており、加えられた力の大きさを断面積で割って求めることができる。

（5）液体や気体に圧力を加えると力が加わった方向にしか伝わらないが、固体に圧力を加えるとすべての方向にその圧力と同じ大きさの圧力が伝わる。

気体の性質

▶問題 43　気体の性質について、誤っているものはどれか。　→ p.172 ～ 175

（1）気体を一定の温度以下に冷却して強く圧縮すると液化する。この現象は、ある一定の温度以下にならないと起こらず、この温度のことを臨界温度という。

（2）温度を一定に保ち、気体に圧力をかけた場合、その体積は圧力に反比例して変化する。

（3）一定質量の気体にかかる圧力を一定に保ちながら温度を変化させると、気体の体積は、温度に正比例して変化する。

（4）混合気体の圧力（全圧）は、含まれている気体それぞれの圧力（分圧）の和に等しく、分圧は、各成分気体の物質量の割合に反比例する。

（5）標準状態（0℃ 1気圧）においては、1 mol の気体の体積は、すべて 22.4L である。

温度と湿度

▶問題 44　温度と湿度について、誤っているものはどれか。　→ p.176 ～ 177

（1）理論上はこれよりも低い温度は存在しないという絶対零度を基準とした温度の尺度を絶対温度という。

（2）一定の温度の空気に含むことのできる水蒸気量には限界がある。その限界量を飽和水蒸気量という。

（3）1気圧で$1m^3$あたりに含まれる空気中の水蒸気量を相対湿度と呼んでいる。

（4）火災が発生しやすいかどうかは、過去数日間の湿度を考慮して求める実効湿度をもとに判断し、乾燥注意報が出されている。

（5）0℃は、絶対温度では、273 K である。

熱量と比熱

▶問題 45　熱量と比熱について、誤っているものはどれか。　→ p.178 ～ 179

（1）温度の異なる2つの物体を接触させると、温度の高い物質から温度の低い物質へと熱エネルギーが移動し、2つの物体の温度が同じになり、熱の移動がなくなった状態になる。この状態を熱平衡という。

（2）物体の種類や量に関係なく、温度を1℃上げるのに必要な熱量をその物体の熱容量といい、質量1gの物質の熱容量を比熱という。

（3）水の比熱は約 4.186（J／g･℃）で、他の物質に比べると非常に比熱が小さい物質である。

（4）同じ質量であれば、比熱が大きい物質ほど、熱容量が大きく、温まりにくく冷めにくい。

（5）気体の比熱には、定圧モル比熱と定積モル比熱があり、同じ物質でもその値は異なる。

熱の移動と熱膨張

▶問題 46　熱の移動に関する記述のうち、誤っているものはどれか。

→ p.180 ～ 181

（1）熱の移動の仕方には、伝導、対流、放射（ふく射）の３つがある。

（2）伝導とは、熱が物質中を次々に伝わっていく現象である。

（3）対流とは、温度差によって気体や液体が移動して熱が伝わる現象である。

（4）放射とは、熱せられた物体が放射熱を出して他の物体に熱を与えることをいう。

（5）太陽熱は、伝導によって地球に伝えられている。

▶問題 47　物質の熱膨張について、誤っているものはどれか。　→ p.181 ～ 182

（1）物体は、温度が高くなることでその体積が増えるが、この現象を熱膨張という。

（2）固体の膨張には、線膨張と体膨張の２つがある。

（3）液体の場合、真の膨張を考えるには容器の膨張を加算してはいけない。

（4）気体の体膨張率は、液体の体膨張率に比べ著しく大きい。

（5）気体を外部との間で熱を遮断した状態で圧縮（断熱圧縮）した場合、外部から力がはたらき内部の熱エネルギーが増加するため、内部の温度が上がる。

▶▶ 解答と解説 ◀◀

解答 42（5） 液体や気体に圧力を加えるとすべての方向にその圧力と同じ大きさの圧力が伝わるが、固体の場合は、加えられた力の方向にだけしか伝わらない。この原理をパスカルの原理という。

解答 43（4） 混合気体の圧力（全圧）は、含まれている気体それぞれの圧力（分圧）の和に等しく、分圧は、各成分気体の物質量の割合に比例する。これをドルトンの法則という。反比例ではない。

解答 44（3） 相対湿度は、空気中に含まれる水蒸気量とその温度の飽和水蒸気量の比を％で表したものである。日常生活で用いられる湿度は、この相対湿度である。1 気圧 1 m^3 あたりに含まれる空気中の水蒸気量は絶対湿度という。

解答 45（3） 水の比熱は約 4.186（J / g･℃）で、他の物質と比べると非常に大きい。例えば、エタノール（20℃）は 2.37（J / g･℃）、鉄は 0.44（J / g･℃）である。

解答 46（5） 太陽熱は放射熱によってのみ伝わる。このため、太陽の光があたる場所とあたらない場所とでは、温度が極端に違ってくることがある。

解答 47（3） 液体は容器に入っているので、容器の膨張も考慮する必要がある。液体の容器に対する相対的膨張を見かけの膨張といい、見かけの膨張と容器の膨張を加算したものを真の膨張という。

練習問題

電気・静電気

▶問題 48　電気と静電気について、誤っているものはどれか。　→ p.183 ～ 187

（1）静電気は、電気的に絶縁された 2 つの異なる物質が摩擦して離れるときに、片方に正（+）の電荷が、他方に負（−）の電荷が帯電することで発生する。

（2）製造所等のうち、引火点 40℃以下の危険物を貯蔵し、又は取扱う場所に電気設備を設置しなければならない場合には、電気設備を防爆構造としなければならない。

（3）静電気の発生を少なくする方法に、室内の湿度を約 75%以上に保つことがある。

（4）静電気の蓄積を生じないようにする方法に、接地を行うことがある。

（5）静電気の発生を少なくする方法として、接触する 2 つの物質を選択することは、抑制効果である。

物質の変化・物質の種類

▶問題 49　物質の変化・物質の種類について、誤っているものはどれか。

→ p.188 ～ 191

（1）氷が溶けて水になったり、ドライアイスが常温常圧で炭酸ガスになることは物理変化である。

（2）鉄くぎを空気中に放置しておくとさびたり、水を電気分解すると酸素と水素になるという変化は、化学変化である。

（3）亜鉛に塩酸を加えると、塩化亜鉛と水素になる変化は、分解という化学変化である。

（4）単体とは、1 種類の元素からなる純物質のことであり、酸素や鉄などがある。

（5）異性体とは、分子式が同じであっても性質が異なり、分子内の構造が異なる物質のことである。

元素・原子・イオン・分子

▶問題 50　元素・原子・イオン・分子について、誤っているものはどれか。

→ p.192 ～ 200

（1）物質を構成している基本的成分を元素といい、原子とは物質を構成する最小の粒子のことである。

（2）分子とは、物質の特性を持っている最小の単位をいい、原子が共有結合してできている。

（3）分子に含まれている原子の種類と数がわかるように表した式を分子式という。

（4）イオンとは電気を帯びた原子又は原子団のことで、電子を受け取ると陽イオン、電子を失うと陰イオンとなる。

（5）同位体とは、原子番号が同じでありながら、中性子の数が異なっている原子のことで、質量が異なる。

▶問題 51　元素について、誤っているものはどれか。　→ p.192 ～ 195

（1）元素は物質を構成する基本的成分である。

（2）元素の周期表とは、性質の似た元素が横の同じ行に並ぶように配列した表である。

（3）水素を除く 1 族元素をアルカリ金属、2 族の元素をアルカリ土類金属という。

（4）金属元素の原子は、一般に陽イオンになりやすく、非金属元素の原子は一般に陰イオンになりやすい。

（5）1 族、2 族及び 12 族から 18 族の元素を典型元素という。

原子量・分子量・物質量

▶問題 52 原子量・分子量・物質量について、誤っているものはどれか。

→ p.201 ～ 202

（1）原子量は、炭素を 12 としたときの相対質量で表されたもので、同位体の存在は考慮せずに使われている概数である。

（2）分子量は、分子の中に含まれている元素の原子量の和である。

（3）物質量は、原子、分子、イオンなどの粒子の量(数)を単位である mol(モル) を用いて表す。1 mol の中には、原子、分子、イオンなどの粒子が、6.02×10^{23}（個）含まれている。

（4）イオン結合の物質やイオンに含まれる原子量の総和を式量という。

（5）1 mol あたりの物質の質量は、原子量、分子量、式量に g をつけたものである。

化学の基本法則と化学反応式

▶問題 53 化学の基本法則・化学反応式について、誤っているものはどれか。

→ p.203 ～ 206

（1）「物質間に化学変化が起こる場合、その化学変化の前後における物質の総和は一定である」という法則は、質量保存の法則である。

（2）「ある 1 つの化合物の中で化合している元素の質量の比は一定である」という法則は、定比例の法則である。

（3）「同じ 2 つの元素が化合して、2 種類以上の化合物をつくるとき、一方の元素の一定質量と化合する他の元素の質量の比は、簡単な整数の比になる」という法則は、倍数比例の法則である。

（4）「すべての気体は同温同圧のもとで、同体積中に同数の分子を含む」という法則は、アボガドロの法則である。

（5）元素記号を組み合わせて物質の構造を示す式を化学式といい、分子式、組成式及び示性式の 3 種類がある。

▶▶ 解答と解説 ◀◀

解答 48（3）これは静電気の蓄積を生じないようにする方法である。

解答 49（3）亜鉛に塩酸を加えたときに、塩化亜鉛と水素になるという化学変化は、置換である。置換は、化合物を構成している原子または原子団が、他の原子または原子団で置き換わる変化である。ここでは、塩酸を構成していた水素が亜鉛と置き換わって塩化亜鉛になっている。

解答 50（4）電子は〔－〕を帯びているので、受け取ると陰イオン、失うと陽イオンになる。

解答 51（2）元素の周期表とは、元素を原子番号の順に並べ性質の似た元素が同じ縦列に並ぶように配列された表をいう。周期表の縦の列を「族」といい、周期表の横の行を「周期」という。同じ族に属する元素を同族元素という。

解答 52（1）同位体については、その存在する比率と、それぞれの同位体の相対質量から平均値を求めて原子量の概数として用いられている。

解答 53（5）化学式とは、元素記号を組み合わせて物質の構造を示す式のことで、分子式、組成式、示性式及び構造式の 4 種類がある。

練習問題

熱化学・反応の速さと化学平衡

▶問題 54　熱化学・反応の速さと化学平衡について、誤っているものはどれか。

→ p.207 ～ 211

（1）化学変化は、反応する場合に熱を発生したり吸収したりする。この出入りする熱量を反応熱という。

（2）「反応物質と生成物質が同じであれば、その過程が違っていても、全過程における反応熱の量は変わらない」という法則は、ヘスの法則である。

（3）分子の共有結合を切断する場合にはエネルギーが放出され、共有結合をする場合にはエネルギーが吸収される。

（4）化学反応の速度は、圧力が高くなるほど、また、温度が高くなるほど速くなる。

（5）化学平衡とは、可逆反応が進行している場合に、外見的には反応が進行していない状態をいう。

溶液と濃度

▶問題 55　溶液と濃度について、誤っているものはどれか。 → p.212 ～ 214

（1）100 gの溶媒に溶けることのできる物質（固体）の最大量をその物質の溶解度といい、溶解度は温度が高くなるほど大きくなる。

（2）溶媒に溶解度まで溶質が溶けている溶液を飽和溶液という。

（3）気体の溶解度は、溶媒である液体に溶解することのできる最大の気体の量を標準状態の体積に換算したもので表す。

（4）一定の温度において気体の溶解度は、圧力に反比例する。これをヘンリーの法則という。

（5）溶液の沸点は、純溶媒のよりも高くなる。この現象を沸点上昇という。

酸と塩基・中和

▶問題 56　酸と塩基・中和に関する記述のうち、正しいものはどれか。

→ p.215 ～ 218

（1）酸とは、水に溶けると電離して水素イオンH^+を生ずる物質で、赤色リトマスを青変させる。

（2）酸の価数とは、1 分子の酸が水に溶けるとき生ずることのできる水素イオンの数であり、硝酸 HNO_3 は 3 価の酸である。

（3）アンモニア NH_3 は強塩基で、水酸化ナトリウム NaOH は弱塩基である。

（4）酸と塩基が反応して中和しているとき、酸から生じる〔H^+〕の物質量と塩基から生じる〔OH^-〕の物質量は等しい。

（5）pH（水素イオン指数）6 の水溶液は、弱いアルカリ性である。

酸化と還元・有機化合物

▶問題 57　酸化と還元、有機化合物について、誤っているものはどれか。

→ p.219 ～ 223

（1）物質が酸素と化合することを酸化といい、木炭が燃焼して二酸化炭素になる反応は酸化である。

（2）酸化物が酸素を失うことを還元といい、二酸化炭素が赤熱した炭素に触れて、一酸化炭素になる反応は還元である。

（3）一般に酸化と還元は同時には起こらない。

（4）有機化合物の性質は、含まれている官能基によって決まるので、同じ官能基を含む有機物は、似た性質を持っている。

（5）有機化合物の特性は、炭素を主体としているため一般に可燃性で、水に溶けにくいが有機溶剤によく溶ける。

燃焼

▶問題 58　燃焼について、誤っているものはどれか。　→ p.224 ～ 226

（1）燃焼の三要素とは、可燃性物質、酸素供給体及び熱源のことである。
（2）一般に熱と光の発生を伴う酸化反応を燃焼という。鉄がさびるのは酸化反応であるが燃焼ではない。
（3）プロパンガスや都市ガスなどの気体の燃焼は定常燃焼である。
（4）灯油や軽油等の可燃性液体の燃焼は、液体の表面から発生する蒸気が空気と混合して燃焼する蒸発燃焼である。
（5）紙、木材、石炭等が加熱され、その際発生する可燃性ガスが燃焼することを表面燃焼という。

引火点・燃焼点・発火点

▶問題 59　引火点・燃焼点・発火点について、誤っているものはどれか。
→ p.227 ～ 229

（1）可燃性液体が引火する危険性があるのは、可燃性液体の温度がその引火点より高いときである。
（2）セルロイドが自然発火するのは、酸化熱によるものである。
（3）発火点とは、空気中で可燃性物質を加熱した場合に、これに火炎あるいは火花等を近づけなくとも発火し、燃焼を開始する最低の温度をいう。
（4）発火点が 200℃の可燃性液体は、液温が 200℃に達すると発火する。
（5）燃焼点とは、可燃性物質が 1 秒程度の小さな点火炎によって、5 秒以上の継続した燃焼を始めるときの可燃性物質の温度をいう。

練習問題

▶▶ 解答と解説 ◀◀

解答 54（3）分子の共有結合を切断する場合にはエネルギーを必要とするため吸熱反応である。また、共有結合をする場合にはエネルギーが放出されるため、発熱反応である。

解答 55（4）一定の温度において一定量の溶媒に溶ける気体の質量は、圧力に比例する。これをヘンリーの法則という。

解答 56（4）
（1）×酸は青色リトマスを赤変させる。
（2）×硝酸 HNO_3 は 1 価の酸である。
（3）×アンモニアは弱塩基で、水酸化ナトリウムは強塩基である。
（5）× pH7 が中性であり、pH6 は弱い酸性である。

解答 57（3）一般にある物質が酸化されると、同時に他の物質は還元されているから、酸化と還元は同時に起こるといえる。

解答 58（5）表面燃焼とは、可燃性固体がその表面で、熱分解も起こさず、また蒸発もしないで高温を保ちながら酸素と反応して燃焼することで、木炭やコークスなどの燃焼が表面燃焼である。紙、木材や石炭は分解燃焼である。

解答 59（2）セルロイドが自然発火するのは、分解熱が蓄積されることによる。酸化熱の蓄積により発火するのは、乾性油や石炭などである。

練習問題

爆発

▶問題 60　燃焼範囲（爆発範囲）と物質の危険性について、誤っているものはどれか。　→ p.230 ～ 232

（1）可燃性液体の燃焼範囲が広いものほど、また、燃焼下限値が小さいものほど引火の危険が大きくなる。

（2）ガソリンの燃焼範囲は 1.4 ～ 7.6% であるが、これはガソリンと空気の混合気体の中の酸素の濃度を表している。

（3）灯油は、燃焼範囲が 1.1 ～ 6.0%であるので、灯油 1.1L と空気 98.9L の混合気体は点火すると燃焼する。

（4）蒸気圧と燃焼速度は、どちらも大きい物質ほど危険性が高い。

（5）電気伝導度、沸点、比熱は、いずれも小さい物質ほど危険性が高い。

消火理論

▶問題 61　消火理論について、誤っているものはどれか。　→ p.231 ～ 235

（1）可燃性蒸気と空気の混合気の濃度を燃焼下限値以下にすれば、消火できる。

（2）爆発を用いて油田火災を消火するのは、爆風により可燃性蒸気を吹き飛ばす方法であり、これは除去消火法の例である。

（3）ハロゲン化物には、窒息作用のほか抑制作用がある。

（4）冷却消火法とは、燃焼の一要素である熱源から熱を奪い、燃焼物を引火点以下にして消火する方法である。

（5）水を消火剤として用いる方法は、蒸発熱、比熱が大きいという長所から、電気火災に効果が高い。

消火設備

▶問題 62　消火薬剤と適応する火災について、誤っているものはどれか。
→ p.237 ～ 239

（1）水消火器の消火薬剤には、水と界面活性剤等を添加したものがあり、普通火災に適応するが、霧状で放射する場合には電気火災にも適応する。

（2）化学泡消火器は、二酸化炭素を含む多量の泡の冷却作用及び窒息作用により消火するもので、普通火災に適応するが、油火災には適応しない。

（3）二酸化炭素を放射する消火器は、放射されると二酸化炭素による窒息作用と冷却作用により油火災と電気火災に適応する。

（4）ハロゲン化物を放射する消火器は、いずれも薬剤の窒息作用と抑制作用により油火災に適応し、また、電気火災にも適応する。

（5）炭酸水素ナトリウムの消火薬剤は、普通火災に対しては適応がないが、油火災及び電気火災に適応する。

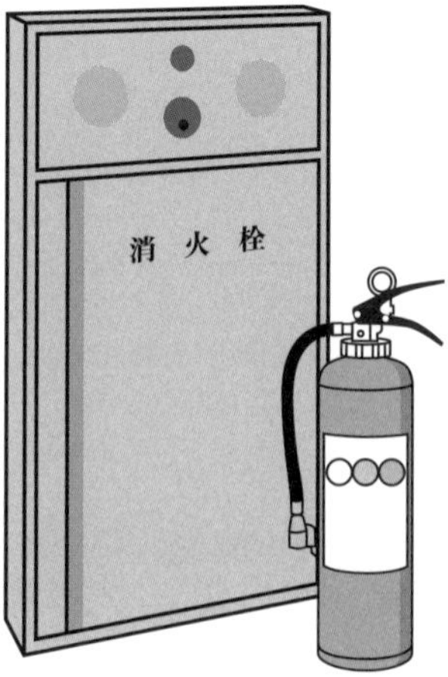

▶問題 63　消火薬剤の成分と消火器の設置場所について、誤っているものはどれか。

→ p.237 ～ 240

（1）酸・アルカリ消火器は、放射された薬剤が pH5.5 以下の酸性とならないように規制されている。

（2）化学泡消火器の消火薬剤は、外筒用薬剤の炭酸水素ナトリウム、内筒用薬剤の硫酸アルミニウムからなる。

（3）粉末（K）（Ku）消火器の消火薬剤は、炭酸水素カリウムを主成分としたもの及び炭酸水素カリウムと臭素を成分としたものの２種類がある。

（4）消火器具は、通行や避難に支障がなく、使用する際に持ち出しやすい場所で、かつ、床面からの高さが 1.5 m以下の箇所に設置する。

（5）消火器具は、危険物を貯蔵し、又は取扱う場所の各部分から歩行距離 20 m以下に設置する。

③ 危険物の性質並びにその火災予防及び消火の方法

危険物の類ごとの共通する性状等

▶問題 64　危険物の類ごとの共通する性状として、誤っているものはどれか。

→ p.244、277、289、303、346

（1）第一類危険物は酸化性の液体であり、可燃物と混合し熱等によって分解することにより、極めて激しい燃焼を起こさせる危険性がある。

（2）第二類危険物は、火炎により着火しやすく、また比較的低温で引火しやすい固体である。

（3）第三類危険物は、空気にさらされることにより引火する危険性を有する物質である。

（4）第四類危険物は、引火性が強い液体である。

（5）第五類危険物は、加熱分解等により多量の熱を発生し、又は爆発的に反応が進行する自己反応性物質である。

▶▶ 解答と解説 ◀◀

解答 60　（2）燃焼範囲 1.4 ～ 7.6％は、ガソリンと空気の混合気体の中の、ガソリン蒸気の濃度を表す。

解答 61　（5）水を消火剤として用いる方法は、蒸発熱、比熱が大きいほか、安価で容易に手に入るという長所に対して、電気火災に対しては感電の危険や、油類の火災には用いられない短所がある。

解答 62　（2）放射された泡は、冷却及び窒息作用により普通火災に適応し、また、油面を閉塞する窒息作用により油火災にも適応する。

解答 63　（3）粉末（K）（Ku）消火器の消火薬剤は、炭酸水素カリウムを主成分としたもの及び炭酸水素カリウムと尿素の反応生成物を成分としたものの２種類がある。

解答 64　（1）第一類危険物は、酸化性の固体であり、そのもの自体は燃焼しないが、他の物質を強く酸化させる性質を有する固体であり、可燃物と混合したとき加熱、衝撃、摩擦によって分解し、発火・爆発を起こさせる。

練習問題

第一類危険物の共通する性状等

▶問題 65　第一類危険物の共通する性状等について、誤っているものはどれか。

→ p.244

（1）第一類危険物は、一般に加熱、衝撃、摩擦などにより爆発する危険性がある。

（2）第一類危険物で潮解性を有するものは、紙等にしみこむため乾燥した場合は爆発の危険性がある。

（3）第一類危険物の共通する火災予防の方法として、潮解しやすいものは乾燥に注意し、密閉して冷暗所に貯蔵すること等がある。

（4）第一類危険物の共通する火災予防の方法として、取扱いにあたっては可燃物、有機物その他酸化されやすい物質との接触を避けることなどがある。

（5）第一類危険物の消火にあたっては、酸化性物質の分解を抑制することが必要であるため、すべて窒息消火が有効である。

第一類危険物の性状等

▶問題 66　第一類危険物である塩素酸カリウム、塩素酸ナトリウムの性状等について、誤っているものはどれか。

→ p.245 ～ 246

（1）塩素酸ナトリウムは、無色の結晶で潮解性を有する物質である。

（2）塩素酸カリウムは水に溶けやすく、また 400℃以上に加熱すると分解を始め酸素を発生する。

（3）塩素酸カリウムは、強酸の添加により爆発し、硫黄との混合はわずかの刺激で爆発する危険性がある。

（4）塩素酸カリウムは、爆発の危険性をさけるため、加熱、衝撃、摩擦をさけ、換気のよい冷所に貯蔵する。

（5）塩素酸カリウムの消火方法は、注水による消火が最もよい。

▶問題 67　第一類危険物である過塩素酸ナトリウム及び過塩素酸カリウムの性状等について、正しいものはどれか。

→ p.248 ～ 249

（1）過塩素酸ナトリウムは、潮解性があるため、吸湿させないように貯蔵する。

（2）過塩素酸カリウムの消火の方法は、注水は避け不燃性ガスによる窒息消火が有効である。

（3）過塩素酸ナトリウムは、水には溶けないが、エタノール、アセトンには溶ける。

（4）過塩素酸カリウムは、無色の結晶で水に溶けにくく、潮解性のある物質である。

（5）過塩素酸カリウムの加熱、衝撃による危険性や酸化されやすいものとの混合による危険性は塩素酸カリウムより強い。

▶問題 68　第一類危険物である過酸化カリウムと過酸化ナトリウムの性状等について、誤っているものはどれか。

→ p.251 ～ 252

（1）過酸化カリウムは、潮解性を有する黄燈白色の粉末で、加熱すると融点以上で分解し酸素を発生する。

（2）過酸化カリウムは、水と作用して発熱し、大量の場合には爆発することがある。

（3）過酸化ナトリウムは、有機物、可燃物あるいは酸化されやすいものと混在すると、衝撃や加熱などにより発火爆発する危険性がある。

（4）過酸化ナトリウムは、潮解性があるため火災の予防には、容器の密栓、密封に特に注意する。

（5）過酸化ナトリウムの消火方法は、注水は好ましくなく、乾燥砂をかけて消火する。

▶問題 69　第一類危険物である硝酸カリウムと過マンガン酸カリウムの性状等について、誤っているものはどれか。

→ p.264、270

（1）硝酸カリウムは、無色の結晶で水によく溶け、火薬の原料として用いられる。

（2）硝酸カリウムは、加熱すると 400℃で酸素を発生する。

（3）硝酸カリウムは、火災予防のため異物の混入を防ぐとともに容器は密栓し貯蔵する。また、消火は注水が最も有効である。

（4）過マンガン酸カリウムは、硫酸と接触すると爆発する危険性がある。

（5）過マンガン酸カリウムは、酸、可燃物、有機物と隔離して保管し、消火は乾燥砂又は不燃性ガスにより窒息消火する。

▶▶ 解答と解説 ◀◀

解答 65（5）第一類危険物の消火にあたっては、酸化性物質の分解を抑制することが必要であり、一般的には大量の水で冷却し、分解温度以下に下げることにより、危険物の分解を抑制し、可燃物の燃焼も抑制できる。

解答 66（2）第一類危険物の塩素酸カリウムは、無色の結晶又は白色の粉末で比重は 2.3 である。強い酸化剤で加熱すると約 400℃で分解し、さらに加熱すると酸素を放出する。熱水に溶けるが、水には溶けにくい。

解答 67（1）

（2）×過塩素酸カリウムの消火は注水による消火が最もよい。

（3）×過塩素酸ナトリウムは、水にもよく溶け、エタノール、アセトンにも溶ける。

（4）×過塩素酸カリウムは潮解性がない。

（5）×過塩素酸カリウムの危険性は塩素酸カリウムよりやや低い。

解答 68（4）過酸化ナトリウムは潮解性がないが、水と反応して爆発する危険性があるため、水分の浸入を防ぐよう容器は密栓する。また、有機物、可燃物と混在すると衝撃や加熱などにより発火爆発する危険があるため有機物、可燃物等から隔離して貯蔵する。取扱いは加熱、衝撃等を避ける。

解答 69（5）過マンガン酸カリウムは、加熱、摩擦、衝撃を避けて取扱い、酸、可燃物、有機物と隔離し、容器は密閉して貯蔵する。また、消火の方法は注水して消火するのがよい。

練習問題

第二類危険物の共通する性状等

▶問題 70　第二類危険物の共通する性状等について、正しいものはどれか。

→ p.277

（1）第二類危険物は、高温で着火しやすい可燃性物質で、燃焼が速く、有毒のもの、あるいは燃焼のとき有毒ガスを発生するものがある。
（2）第二類危険物は、酸化されにくい物質であり、微粉状のものは空気中で粉じん爆発を起こしやすい。
（3）第二類危険物である鉄粉、金属粉及びマグネシウムならびにこれらのいずれかを含有するものの取扱いをする場合には、水又は酸との接触を避ける。
（4）第二類危険物の火災予防方法として、粉じん爆発のおそれのある場合は、換気を十分に行い、その濃度を燃焼範囲以上にする。
（5）第二類危険物は、一般に有色の無機化合物で、水に不溶で、水よりも軽いという性質がある。

第二類危険物の性状等

▶問題 71　第二類危険物である硫化リン及び赤リンの性状等について、誤っているものはどれか。

→ p.278 ～ 281

（1）三硫化リンは、約 100℃で発火の危険性があり、熱湯と作用して硫化水素を発生する。
（2）五硫化リンは、酸化剤と混合すると発火することがあるため取扱いには注意する。
（3）七硫化リンは、二硫化炭素にはわずかに溶け、熱水とは速やかに作用して分解する。
（4）赤リンは火災を予防するため酸化剤、特に塩素酸塩との混合を避け、火気に近づけないよう取扱う。
（5）赤リンの消火方法は、乾燥砂又は不燃性ガスによる窒息消火が最もよい。

▶問題 72　第二類危険物である硫黄の性状等について、誤っているものはどれか。

→ p.282

（1）硫黄は、黄色の固体又は粉末で二硫化炭素には溶けるが水には溶けない。
（2）硫黄は、粉じん爆発の危険性があるため、空気中に飛散しないよう注意する。
（3）硫黄を貯蔵する場合は、塊状のものについては麻袋やわら袋に詰めて貯蔵できる。
（4）硫黄の粉状のものは、2 層以上のクラフト紙又は麻袋（内側袋付き）に詰めて貯蔵できる。
（5）硫黄の消火方法は、融点が高いため注水による消火方法が最もよい。

▶問題 73　第二類危険物である、鉄粉、アルミニウム粉、亜鉛粉、マグネシウム粉の性状等について、誤っているものはどれか。

→ p.283 ～ 286

（1）鉄の切削くずを油がしみているまま放置すると、自然発火することがある。
（2）アルミニウムの粉じんは、小さな点火源でも着火しやすく、粉じん爆発を起こすことがある。
（3）アルミニウム粉は、空気中の水分やハロゲン元素と接触すると自然発火することがある。
（4）亜鉛粉は、極めて酸化されやすく、常温でも、酸やアルカリと反応して水素を発生し、爆発の危険がある。
（5）マグネシウム粉は水に溶けて反応し、水素を発生する。

第三類危険物の共通する性状等

▶問題 74　第三類危険物の共通する性状等について、誤っているものはどれか。

→ p.289

（1）第三類危険物の多くは、自然発火性と禁水性の両方の危険性を有している。

（2）第三類危険物の自然発火性物質を貯蔵する場合は、空気との接触を避けるため、容器を密閉し、容器の破損又は腐食に注意する。

（3）第三類危険物の禁水性物質の火災は、水、泡等の水系の消火薬剤で消火することが最もよい。

（4）第三類危険物の禁水性物質を保存する場合には、水、湿気との接触を避けるために、石油等の保護液中に浸漬し、空気中に露出しないようにする。

（5）第三類危険物の自然発火性物質の場合には、乾燥砂のほか、水、強化液、泡等の水系の消火薬剤を使用できる。

▶▶ 解答と解説 ◀◀

解答 70（3）

（1）×第二類危険物は、比較的低温で着火しやすい。

（2）×第二類危険物は、酸化されやすく燃えやすい物質である。

（4）×粉じん爆発のおそれがある場合は、その濃度を燃焼範囲未満にする。

（5）×第二類危険物は、一般に有色の無機化合物で、水に不溶であるが、水よりも重いという性質がある。

解答 71（5）赤リンの消火方法は、注水による冷却消火である。燃焼すると有毒なリン酸化物を発生するため、消火には注意を要する。

解答 72（5）硫黄の消火方法は、融点が115℃と低いので、燃焼の際は流動することがあるため水と土砂等を用いて消火する。

解答 73（5）マグネシウム粉は、水には溶けない。希酸や熱水には溶けて水素を発生する。

解答 74（3）第三類危険物の消火方法で、禁水性物品は水と接触して発火し、又は可燃性ガスを発生するため、水、泡などの水系の消火薬剤は使用できない。このため、禁水性物品の消火には、炭酸水素塩類等を用いた粉末消火薬剤又は、これらの物品の消火のためにつくられた粉末消火剤を用いる。

練習問題

第三類危険物の性状等

▶問題75　第三類危険物であるカリウム、ナトリウムの性状等について、誤っているものはどれか。　→p.290～291

（1）カリウムは、長時間空気に触れると自然発火して燃焼し、火災を起こすおそれがある。
（2）カリウムを貯蔵する場合は、貯蔵する建物等の床面は地盤面より高くする。
（3）ナトリウムを貯蔵する場合は、不活性ガスを注入して密閉する。
（4）ナトリウムは、水と作用して発熱するとともに水素ガスを発生し発火する。
（5）ナトリウムの消火方法は、乾燥砂等で覆い消火し、注水による消火は絶対に避ける。

▶問題76　第三類危険物である黄リン、炭化カルシウムの性状等について、誤っているものはどれか。　→p.294、299

（1）黄リンを貯蔵する場合は、空気に触れないよう水中（保護液）に貯蔵し、保護液から露出しないように注意する。
（2）黄リンは、酸化されにくく、発火点が高いため、空気中に放置しても、自然発火することはないが、猛毒である。
（3）黄リンの消火方法は、大量の霧状の水で行うのが最も有効である。
（4）炭化カルシウムを貯蔵する場合は、水分、湿気に触れない乾燥した場所に貯蔵し、容器は密栓し破損に注意する。
（5）炭化カルシウムの消火方法は、粉末消火剤又は乾燥砂を用いて消火する。

▶問題77　第三類の危険物であるアルキルアルミニウム、アルキルリチウム、リチウム、カルシウムの性状等について、誤っているものはどれか。

→p.292～293、295、297

（1）アルキルアルミニウム、アルキルリチウムは、いずれも水と爆発的に反応し、水素を発生する。
（2）アルキルアルミニウムは、空気に触れて反応し、自然発火する。
（3）アルキルアルミニウム、アルキルリチウムの保存は、耐圧性を有する容器に、不活性ガスを封入して密閉する。
（4）リチウムは、有毒で軟らかい、最も軽い金属で、固体金属中比熱が最も大きい。
（5）カルシウム、リチウムの消火は、注水が有効である。

第四類危険物の共通する性状等

▶問題78　第四類危険物の共通する性状等について、誤っているものはどれか。

→p.303～304、317

（1）第四類危険物は、いずれも引火性の液体であり、火気等による引火又は爆発の危険がある。
（2）第四類危険物には、二硫化炭素やアセトンなどのように発火点の低いものがあるため温度管理が重要である。
（3）第四類危険物の共通する火災の予防方法として、貯蔵する場合は容器を密栓して冷暗所に貯蔵する。
（4）第四類危険物は、静電気による火花等でも引火・爆発の危険があるため、貯蔵又は取扱いにあたっては、静電気が蓄積されないように注意する。
（5）第四類危険物は、水による冷却消火は適当ではない。通常、消火剤による窒息消火が有効である。

第四類危険物の性状等

▶問題 79　第四類危険物であるジエチルエーテルと二硫化炭素の性状等について、正しいものはどれか。

→ p.304 ～ 305

（1）特殊引火物であるジエチルエーテルは、燃焼範囲は広いが、その下限値が大きいため第四類危険物の中では危険性が低い危険物である。
（2）特殊引火物であるジエチルエーテルを貯蔵する場合は、沸点が低いため沸点以上とならないよう、冷却装置等を設け温度管理を行う。
（3）特殊引火物であるジエチルエーテルの消火方法は、大量の水による冷却消火が有効である。
（4）特殊引火物である二硫化炭素は、水とアルコールに溶け、揮発性でありその蒸気は有毒である。
（5）特殊引火物である二硫化炭素の消火方法は、水より軽いため注水による消火は火災範囲を広げるので、粉末や二酸化炭素等による窒息消火が有効である。

▶▶ 解答と解説 ◀◀

解答 75（3）ナトリウムを貯蔵する場合は、灯油や軽油等の保護液中に小分けして貯蔵するとともに、貯蔵する容器の破損や保護液の量に注意する。また、水分との接触を避け、乾燥した場所に貯蔵する。貯蔵する建物等の床面は地盤面より高くする。なお、取扱う場合は、皮膚に触れないよう注意する。

解答 76（2）黄リンは、酸化されやすく発火点が低いので空気中に放置すると白煙を生じやがて激しく燃焼することが多い。猛毒性を有し、皮膚に触れると火傷することがある

解答 77（5）カルシウム、リチウムは、水と反応して水素を発生するため、注水は厳禁である。乾燥砂などを用いて窒息消火することが適当である。

解答 78（2）第四類危険物には、二硫化炭素（90℃）、ジエチルエーテル（180℃）、アセトアルデヒド（175℃）等のように発火点の低いものがある。火源が存在しなくても燃焼を開始する最低温度が発火点であり、火源がなくても加熱されただけで発火するものもあるので温度管理が重要である。しかし、アセトンの発火点は 465℃と高い。

解答 79（2）

（1）×ジエチルエーテルの燃焼下限値は 1.9 と小さい。
（3）×ジエチルエーテルの消火法は大量の泡消火剤を使用するか、二酸化炭素消火剤等を用いて窒息消火する。
（4）×二硫化炭素は、無色透明な液体で水には溶けない。
（5）×二硫化炭素は、水より重いので表面に水を張り水封することにより窒息消火もできる。その他水噴霧、粉末消火剤等を使用する。

練習問題

▶問題 80　第四類危険物であるアセトアルデヒドと酸化プロピレンの性状等について、誤っているものはどれか。

→ p.306 ～ 307

（1）特殊引火物であるアセトアルデヒドは、無色の刺激臭のある液体で、油脂等をよく溶かす。

（2）特殊引火物であるアセトアルデヒドは、熱又は光で分解するとメタンと一酸化炭素になる。また、酸化すると酢酸となる。

（3）特殊引火物である酸化プロピレンを貯蔵する場合は、容器は銅製又は銅の合金製とし、銀は爆発性の化合物を生ずるおそれがあるため使用しない。

（4）特殊引火物である酸化プロピレンは、銀、銅等の金属に触れると重合する性質があり、その際に発熱し、火災や爆発の原因となる。

（5）特殊引火物である酸化プロピレンの消火方法は、耐アルコール泡、粉末、二酸化炭素、ハロゲン化物が有効である。

▶問題 81　第四類危険物の第 1 石油類であるガソリンの性状等について、正しいものはどれか。

→ p.308

（1）ガソリンは、オレンジ色の液体である。

（2）ガソリンは、引火点が－ 10℃以下と低いため、常温（20℃）では常に可燃性蒸気を発生しているので注意が必要である。

（3）ガソリンは、燃焼範囲の下限値が 0.4（容量%）と低いので、わずかな空気との混合で引火することがある。

（4）ガソリンの蒸気は、空気より約 2 倍重いので低所に滞留しやすい。

（5）ガソリンの消火方法は、泡、粉末、二酸化炭素、ハロゲン化物等の消火剤で窒息消火する。注水は火面が広がるので不適である。

▶問題 82　第四類危険物の第 1 石油類であるベンゼンとトルエンの性状等について、誤っているものはどれか。

→ p.309 ～ 310

（1）ベンゼンは、水に溶けないがアルコール等の有機溶剤によく溶ける。

（2）ベンゼンの蒸気は空気より重いため、発生した蒸気は低所に滞留しやすい。

（3）トルエンは、引火しやすく、揮発性を有する液体で、毒性はベンゼンより多い。

（4）トルエンは、流動等により静電気を発生しやすいため、取扱い時は激しいかくはんを避ける。

（5）トルエンの消火方法は、泡、二酸化炭素、粉末、ハロゲン化物の消火剤により窒息消火する。

▶問題 83　第四類危険物の第 1 石油類である酢酸エチルとメチルエチルケトンの性状等について、誤っているものはどれか。

→ p.312 ～ 313

（1）酢酸エチルは、水には少し溶け、ほとんどの有機溶剤に溶ける。また、揮発性を有し引火しやすい。

（2）酢酸エチルは、流動により静電気が発生しやすいので、静電気の蓄積を防ぐよう注意する。

（3）メチルエチルケトンは、水にはわずかに溶け、塗料溶剤、脱ろう溶剤などに用いられる。

（4）メチルエチルケトンを貯蔵する場合は、通風をよくし、容器を密栓して、直射日光を避けて冷所に貯蔵する。

（5）メチルエチルケトンの消火方法は、

二酸化炭素、粉末、一般の泡消火剤、ハロゲン化物等の消火剤により窒息消火する。

▶問題 84 第四類危険物の第 1 石油類であるアセトンとピリジンの性状等について、誤っているものはどれか。

→ p.317 ～ 318

（1）アセトンは、沸点が低いため揮発しやすい。また、引火点も低いので引火しやすい。

（2）アセトンを貯蔵する場合は、必ず密栓して直射日光を避け冷所に貯蔵する。

（3）アセトンの消火方法は、一般の泡消火剤では不適当であるため、耐アルコール泡、二酸化炭素、粉末、ハロゲン化物等の消火剤を用いて窒息消火する。

（4）ピリジンは、無色無臭であるが、有毒な液体である。

（5）ピリジンは、水及びアルコール、アセトン等の有機溶剤と自由に混合し、また溶解能力が大きく、多くの有機物を溶かす。

▶▶ 解答と解説 ◀◀

解答 80（3）特殊引火物である酸化プロピレンを貯蔵する場合は、不活性ガスを封入して密栓し、冷所に貯蔵する。また、貯蔵タンク、容器は鋼製とし、銅及びその合金、銀は使用しない（爆発性の化合物を生ずるおそれがある）。

解答 81（5）

（1）×ガソリンは無色だが、オレンジ色に着色してある。

（2）×ガソリンの引火点は − 40℃以下である。

（3）×ガソリンの燃焼下限値は 1.4 である。

（4）×ガソリンの蒸気は空気より 3 ～ 4 倍重い。

解答 82（3）第 1 石油類であるトルエンの毒性はベンゼンよりも少ない。トルエンは、揮発性が大きく、極めて引火しやすい液体で、燃焼範囲は 1.1 ～ 7.1（容量％）と下限値が低いため、わずかの蒸気でも引火する危険がある。

解答 83（5）第 1 石油類であるメチルエチルケトンの消火方法は、わずかではあるが水に溶けるため一般の泡消火剤では消泡するので不適当である。水を噴霧にして用いれば冷却と希釈の効果により消火できる。このほか耐アルコール泡、二酸化炭素、粉末、ハロゲン化物などの消火剤は有効である。

解答 84（4）第 1 石油類であるピリジンは、無色で、不快臭のある有毒な液体である。

練習問題

問題 85　第四類危険物のメタノールとエタノールの性状等について、誤っているものはどれか。 → p.321 ～ 322

（1）アルコール類であるメタノールは、水、エタノール、ジエチルエーテル等多くの有機溶剤とよく混ざり、酒類の主成分である。

（2）アルコール類であるメタノールは、燃焼しても炎の色が淡く見えにくいので注意する。

（3）アルコール類であるメタノールを貯蔵する場合は、蒸気の発生を防止するため容器は密栓し、冷暗所に貯蔵する。

（4）アルコール類であるエタノールは、毒性はないが麻酔性がある無色の液体である。

（5）アルコール類であるエタノールは水溶性であるため、一般の泡消火剤では泡が溶けて消滅するため、耐アルコール泡が有効である。

問題 86　第四類危険物の第 2 石油類である軽油、灯油の性状等について、誤っているものはどれか。 → p.324 ～ 325

（1）軽油は、淡黄色の液体で水に溶けず、液体は水より軽く、蒸気は空気より重い。

（2）灯油のうち、家庭で燃料として使われているのは白灯油で、引火点は 45 ～ 55℃である。

（3）軽油、灯油は、霧状となって浮遊するときは危険性が増大するが、布等の繊維製品等にしみこませると危険性が減少する。

（4）軽油、灯油は、電気の不良導体であるため流動等により静電気を発生しやすいので注意する。

（5）軽油、灯油は、加熱により液温が引火点以上になると、引火の危険はガソリンと同様になる。

問題 87　第四類危険物の第 2 石油類であるクロロベンゼンとキシレンの性状等について、正しいものはどれか。

→ p.326 ～ 327

（1）クロロベンゼンは、無色透明の液体で、水やエタノール、エーテルに溶け、若干の麻酔性がある。

（2）クロロベンゼンは、ウエス等にしみ込んだ状態では空気との接触面積が小さくなるので危険性は減少する。

（3）クロロベンゼンの消火方法は、水に溶けるため一般の泡消火剤は効果がなく、ハロゲン化物等の消火剤により窒息消火する。

（4）キシレンは、オルトキシレン、メタキシレン、パラキシレンの 3 種類に分けられ、いずれも水より軽く、蒸気は空気より重い。

（5）キシレンは、霧状となって浮遊するときは危険性が減少する。

問題 88　第四類危険物の第 2 石油類である酢酸、アクリル酸の性状等について、誤っているものはどれか。

→ p.330 ～ 331

（1）酢酸は、水、エタノール、ジエチルエーテルによく溶け、蒸気の重さは空気の約 2 倍である。

（2）酢酸は、強い腐食性の有機酸で、高純度品よりも水溶液のほうが腐食性が強い。

（3）酢酸は、融点が低いため約 17℃以下になると凝固する。

（4）アクリル酸は、酢酸に似た刺激臭がある無色透明の液体で、強い腐食性がある。

（5）アクリル酸は、水、ベンゼン、アルコール、エーテルにはよく溶けるが、クロロホルム、アセトンには溶けない。

▶問題 89 第四類危険物の第 3 石油類の性状等について、誤っているものはどれか。 → p.333 ～ 339

（1）重油は、燃焼温度が高いため、燃焼し始めると消火が困難である。
（2）クレオソート油は、水より重く、水には溶けずアルコール、ベンゼンなどによく溶ける。
（3）アニリンは、無色又は淡黄色の液体で水に溶けにくいが、エタノール、ジエチルエーテルなどによく溶ける。
（4）ニトロベンゼンは、水より重く、蒸気も空気より重い。また、水、エタノール、ジエチルエーテルなどによく溶ける。
（5）エチレングリコールとグリセリンは、どちらも水溶性の液体であり、どちらも水より重い。

▶▶ 解答と解説 ◀◀

解答 85 （1）アルコール類であるメタノールは、無色透明で芳香のある液体で、水、エタノール、ジエチルエーテル、その他多くの有機溶剤とよく混ざる。また、有機物をよく溶かし、自動車の燃料として使われる。酒類の主成分はメタノールではなくエタノールである。

解答 86 （3）第 2 石油類である軽油や灯油は、引火点以下の液温であっても霧状となって浮遊するとき、あるいは布等の繊維製品等にしみこんだ状態では、空気との接触面積が大きくなるため危険性は増大する。

解答 87 （4）
（1）×クロロベンゼンは、無色透明の液体で水には溶けない。
（2）×ウエス等の繊維製品等にしみこんだ状態では、空気との接触面積が大きくなるので危険性が増大する。
（3）×クロロベンゼンは、非水溶性であるため一般の泡消火剤でも効果がある。
（5）×霧状となって浮遊するときは、空気との接触面積が大きくなるので危険性が増大する。

解答 88 （5）第 2 石油類であるアクリル酸は無色透明の液体で、水、ベンゼン、アルコール、クロロホルム、エーテル、アセトンによく溶け、非常に重合しやすい。また、比重は 1.06 であり蒸気比重は 2.45 と蒸気は空気より重い。

解答 89 （4）第 3 石油類であるニトロベンゼンの比重は 1.2 と水より重く、蒸気比重は 4.3 であり蒸気は空気より重い。また、水には溶けにくいがエタノール、ジエチルエーテルなどにはよく溶ける。

練習問題

▶問題 90　第四類危険物の第３石油類及び第４石油類の引火性等について、誤っているものはどれか。

→ p.333 〜 339、341

（1）重油の引火点は 60 〜 150℃と高いため、常温（20℃）では引火の危険性がない。
（2）重油を貯蔵する場合は、容器からの漏えいを防止し、冷所に貯蔵する。また、重油を取扱う場合は、重油がしみ込んだ布等は自然発火に注意する。
（3）クレオソート油は、引火点が高いため加熱しない限り引火する危険性は少ない。
（4）ニトロベンゼンは、引火点が低く引火の危険性、爆発する危険性がある。
（5）第４石油類であるタービン油は、水に溶けず、粘り気があり、加熱しない限り引火する危険性はない。

▶問題 91　第四類危険物の動植物油類の性状等について、誤っているものはどれか。

→ p.342 〜 345

（1）第四類危険物の動植物油脂であるヒマシ油、ヤシ油、オリーブ油は、自然発火の危険性はないが、いったん火災になると重油と同じような危険性がある。
（2）動植物油類は水に溶けず、比重は水より小さく約 0.9 くらいである。
（3）第四類危険物の動植物油脂のうち、アマニ油は、ヨウ素価が高く不乾性油であるため、ボロ布にしみ込んだ場合には、自然発火の危険性がある。
（4）第４石油類の消火方法は、重油と同様、泡、粉末、二酸化炭素、ハロゲン化物消火剤により窒息消火する。
（5）アマニ油は、印刷インキ、ワニス、石鹸原料などに使われている。

第五類危険物の共通する性状等

▶問題 92　第五類危険物の性状等について、誤っているものはどれか。

→ p.346、348

（1）第五類危険物は、加熱、衝撃、摩擦などにより発火し、爆発するものが多く、燃焼速度が速く、発熱量も多い。
（2）第五類危険物を貯蔵する場合は、通風のよい冷暗所に貯蔵し、分解しやすいものは特に室温、湿気、通風に注意する。
（3）第五類危険物の共通する消火方法は、二酸化炭素、ハロゲン化物、粉末消火剤による窒息消火であり、水は適していない。
（4）第五類危険物である過酸化ベンゾイルは、濃硫酸、硝酸、アミン類などと接触すると燃焼又は爆発の危険性がある。
（5）第五類危険物は、自己反応性物質で酸素を含む可燃物であるから、他から酸素の供給がなくても燃焼しやすい物質である。

第五類危険物の性状等

▶問題 93　第五類危険物であるニトログリセリンとニトロセルロースの性状等について、誤っているものはどれか。

→ p.349 〜 350

（1）ニトログリセリンは、水には溶けないが有機溶剤には溶け、甘みを有した有毒な液体である。
（2）ニトログリセリンは、加熱、打撃又は摩擦すると容易に爆発する危険性がある。
（3）ニトログリセリンを貯蔵して床上を汚染した場合は、カセイソーダのアルコール溶液を注いでから布等でふき取る。
（4）ニトロセルロースは、セルロースを

硝酸と硫酸の混合液に浸してつくったもので、硝化度の高いものを強硝化綿、低いものを弱硝化綿という。

（5）ニトロセルロースを貯蔵する場合は、乾燥させて冷所に貯蔵する。

▶問題 94 第五類危険物である硝酸メチル、硝酸エチル、アジ化ナトリウムの性状等について、誤っているものはどれか。

→ p.351 ～ 352、358

（1）硝酸メチル、硝酸エチルは、どちらも無色透明の液体で、芳香と甘みがある。

（2）硝酸メチル、硝酸エチルは、酸化や分解が進むと自然発火する危険性があるため、高温、直射日光を避けて、密栓して冷暗所に保存する。

（3）硝酸メチルの火災は、大量の水による冷却消火が有効であるが、硝酸エチルは、冷却消火は適さず、窒息消火が適している。

（4）アジ化ナトリウムは、それ自体で爆発する危険性はないが、酸を加えると爆発力のあるアジ化水素酸を発生し、爆発の危険性が高くなる。

（5）アジ化ナトリウムの消火には、水は厳禁で、乾燥砂、膨張真珠岩が適している。

▶▶ 解答と解説 ◀◀

解答 90 （4） 第3石油類であるニトロベンゼンの引火点は 88℃と高いため加熱しない限り引火する危険性は少ない。また、ベンゼン環にニトロ基がついたニトロ化合物であるが、第五類の危険性状を有しておらず、爆発性もない。

解答 91 （3） アマニ油は、不乾性油ではなく、乾性油である。ヨウ素価も高く、乾性油であることから、ボロ布に浸み込んだ状態では、自然発火の危険性がある。

解答 92 （3） 第五類危険物は、一般に可燃物と酸素供給源とが共存している物質であるため、爆発的で、極めて燃焼速度が速いため消火は困難である。消火にあたっては、大量の水により冷却するか、泡消火剤を用いて消火する必要がある。

解答 93 （5） 第五類危険物であるニトロセルロースを貯蔵する場合は、自然分解しやすいためエタノール又は水で湿綿として安定剤を加え冷所に貯蔵する。この場合、ニトロセルロースが露出しないようアルコール等の液量に注意する。

解答 94 （3） 硝酸メチル、硝酸エチルともに、自己反応性物質であるから、窒息消火は効果がない。どちらも大量の水による冷却消火が有効である。

練習問題

第六類危険物の共通する性状等

▶問題 95　第六類危険物の性状等について、誤っているものはどれか。

→ p.362

（1）第六類危険物は、自らは不燃性であるが、酸化力が強く有機物と混ぜると有機物を酸化させ、着火させることがある。

（2）第六類危険物の消火方法は、二酸化炭素やハロゲン化物消火剤を用いた消火設備で窒息消火する。

（3）第六類危険物で流出事故が発生したときは、乾燥砂をかけるか中和剤で中和し、副次的な災害の発生を防止する。

（4）第六類危険物は、腐食性があり、蒸気は有毒であるため、災害時には、マスクを着用し、風上に位置する。

（5）過酸化水素以外の第六類危険物は、耐酸性容器に密栓して保存する。

第六類危険物の性状等

▶問題 96　第六類危険物である過塩素酸、過酸化水素、硝酸の性状等について、正しいものはどれか。　→ p.363～365

（1）過塩素酸は、不安定な物質で強力な酸化剤であり、空気中で強く発煙する。

（2）過酸化水素は、不安定だが常温（20℃）においては濃度が 50%以上でも分解することはない。

（3）過酸化水素を貯蔵する場合は、容器は密栓し、漏れたときは多量の水で洗い流す。

（4）硝酸は、水と任意の割合で混合し、その水溶液は強アルカリ性を呈する。

（5）硝酸自身に爆発性、燃焼性があり、アミン類、ヒドラジン類等と混合すると非常に危険である。

▶▶ 解答と解説 ◀◀

解答 95（2）第六類危険物の消火方法は、燃焼物に対応した消火方法をとることになるが、一般には水や泡消火剤を用いた冷却消火が適切である。二酸化炭素やハロゲン化物を用いた消火設備等と、炭酸水素塩類が含まれている消火粉末は、この類の消火に不適当なので使用を避ける。

解答 96（1）

（2）×過酸化水素は、きわめて不安定であり、濃度 50%以上では常温でも水と酸素とに分解する。

（3）×過酸化水素の容器は密栓せず通気のため穴の開いた栓をする。

（4）×硝酸は、水と任意の割合で混合して、強酸性を呈する。

（5）×硝酸は、自身は爆発性、燃焼性はないが、強い酸化性があるため、アミン類、ヒドラジン類、二硫化炭素と混合すると、発火又は爆発の危険性がある。

PART 1
危険物に関する法令

SECTION 1　危険物規制

1 危険物に関する法令の基礎知識

危険物の定義（消防法２条７号）

危険物とは、「**消防法別表第一の品名欄**に掲げる物品で、同表に定める区分に応じ同表の性質欄に掲げる性状を有するもの」である。そして、危険物取扱者が取扱う危険物（以下単に危険物）の範囲は、消防法（以下**法**という）の第３章に規定されている。[消防法上の危険物→ p.52]

危険物を規制する法令

指定数量以上の危険物の貯蔵又は取扱いは、法、危険物の規制に関する政令（以下、**政令**という）、危険物の規制に関する規則（以下、**規則**という）、危険物の規制に関する技術上の基準の細目を定める告示（以下、**告示**という）、市町村条例により規制される。一方、**指定数量未満**の危険物は、市町村条例によって規制される。[指定数量→ p.56]

また、危険物の運搬は、指定数量にかかわらず、法、政令、規則、告示により規制される。

●危険物規制の概要

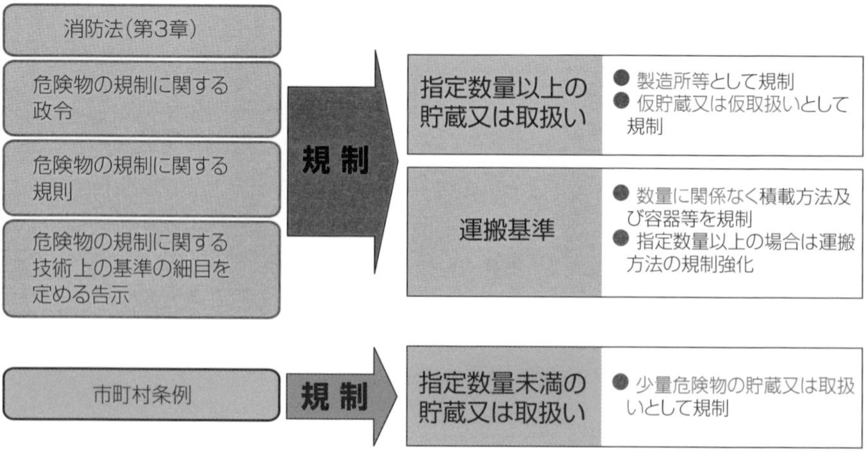

(1)貯蔵、取扱いの原則

指定数量以上の危険物は、製造所、貯蔵所及び取扱所(以下**製造所等**という)以外の場所で貯蔵し、又は取扱うことはできず、指定数量以上の危険物を貯蔵し、又は取扱う場合は製造所等の設置が必要である。

> **メモ**
> 製造所、貯蔵所、取扱所を合わせて法令の中では「製造所等」という。[製造所等の区分→ p.59]

❶危険物を貯蔵し、又は取扱うための製造所等を設置しようとする者は、**市町村長等の許可**を受けなければならない。[許可の手続き→ p.63]

❷**所轄消防長又は消防署長の承認**を受ければ、**10日以内の期間**に限り、仮に貯蔵し、又は取扱うことができる。

(2)貯蔵、取扱い又は運搬の規則の適用除外

航空機、船舶、鉄道又は軌道による危険物の貯蔵、取扱い又は運搬については、特殊性があるため消防法の規定が適用されない。航空法、船舶安全法、鉄道営業法又は軌道法により安全確保のための措置がとられている。ただし、航空機や船舶等へ**給油等を行う場合は、消防法の規定が適用**される。

要点整理

- 製造所等とは、**製造所、貯蔵所、取扱所の総称**。
- 製造所等の設置には**市町村長等の許可**が必要。
- **消防長又は消防署長の承認**を受け、**10日以内の期間**に限り仮貯蔵又は仮取扱いができる。
- **航空機、船舶、鉄道、軌道**による危険物の貯蔵、取扱い又は運搬には、**消防法の規定が適用されない**。

2 危険物の分類と性質

消防法上の危険物の分類と性質

消防法上の危険物は、その性質により**第一類から第六類**までの6つに分類されている。各類の性質の概要と各類に含まれる品名は法別表第一に定められており、次のようにまとめることができる。

覚えよう!

消防法で危険物として分類されている物品は全て、20℃、1気圧の状態では固体又は液体である。気体であるものはない。

〔第一類　酸化性固体〕

性　質	そのもの自体は燃焼しないが、他の物質を強く酸化させる性質を有する固体であり、可燃物と混合したとき、熱、衝撃、摩擦によって分解し、極めて激しい燃焼を起こさせる危険性を有する固体。			
品　名	1	塩素酸塩類	2	過塩素酸塩類
	3	無機過酸化物	4	亜塩素酸塩類
	5	臭素酸塩類	6	硝酸塩類
	7	よう素酸塩類	8	過マンガン酸塩類
	9	重クロム酸塩類		
	10	その他のもので政令で定めるもの(過よう素酸塩類、過よう素酸、クロム・鉛又はよう素の酸化物、亜硝酸塩類、次亜塩素酸塩類、塩素化イソシアヌル酸、ペルオキソ二硫酸塩類、ペルオキソほう酸塩類、炭酸ナトリウム過酸化水素付加物)		
	11	前各号に掲げるもののいずれかを含有するもの		

〔第二類　可燃性固体〕

性　質	火炎によって着火しやすい固体又は比較的低温(40℃未満)で引火しやすい固体であり、燃焼が速く消火することが困難である。			
品　名	1	硫化りん	2	赤りん
	3	硫黄	4	鉄粉
	5	金属粉	6	マグネシウム
	7	その他のもので政令で定めるもの(未制定)		
	8	前各号に掲げるもののいずれかを含有するもの		
	9	引火性固体		

〔第三類　自然発火性物質及び禁水性物質〕

性　質	固体又は液体であって空気にさらされることにより自然に発火する危険性を有し、又は水と接触して発火し、もしくは可燃性ガスを発生するもの。			
品　名	1	カリウム	2	ナトリウム
	3	アルキルアルミニウム	4	アルキルリチウム
	5	黄りん		
	6	アルカリ金属(カリウム及びナトリウムを除く)及びアルカリ土類金属		
	7	有機金属化合物(アルキルアルミニウム及びアルキルリチウムを除く)		
	8	金属の水素化物		
	9	金属のりん化物		
	10	カルシウム又はアルミニウムの炭化物		
	11	その他のもので政令で定めるもの(塩素化けい素化合物)		
	12	前各号に掲げるもののいずれかを含有するもの		

〔第四類　引火性液体〕

性　質	液体であって引火性を有するもの。			
品　名	1	特殊引火物	2	第1石油類
	3	アルコール類	4	第2石油類
	5	第3石油類	6	第4石油類
	7	動植物油類		

〔第五類　自己反応性物質〕

性　質	固体又は液体であって、加熱分解等により、比較的低い温度で多量の熱を発生し、又は爆発的に反応が進行するもの。			
品　名	1	有機過酸化物	2	硝酸エステル類
	3	ニトロ化合物	4	ニトロソ化合物
	5	アゾ化合物	6	ジアゾ化合物
	7	ヒドラジンの誘導体	8	ヒドロキシルアミン
	9	ヒドロキシルアミン塩類		
	10	その他のもので政令で定めるもの(金属のアジ化物、硝酸グアニジン)		
	11	前各号に掲げるもののいずれかを含有するもの		

〔第六類　酸化性液体〕

性　質	そのもの自体は燃焼しない液体であるが、混在する他の可燃物の燃焼を促進する性質を有するもの。	
品　名	1	過塩素酸
	2	過酸化水素
	3	硝酸
	4	その他のもので政令で定めるもの(ハロゲン間化合物)
	5	前各号に掲げるもののいずれかを含有するもの

覚えよう!

消防法上の危険物とは、それ自体が発火又は引火しやすい危険性を有している物質だけでなく、他の物質と混在して燃焼を促進させるような物品も含まれている。

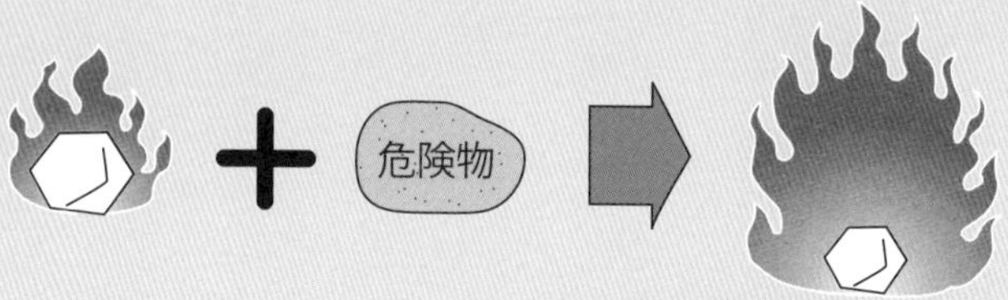

危険物の判定

(1)判定の手順

消防法上の危険物であるかどうかの判定は、次のような手順で行う。

❶消防法別表第一に該当する**品名**であるか。

❷消防法別表第一の性質欄に掲げられている**性状**であるか。

❸試験により、**一定の性状**を示すか。

●危険物判定の手順

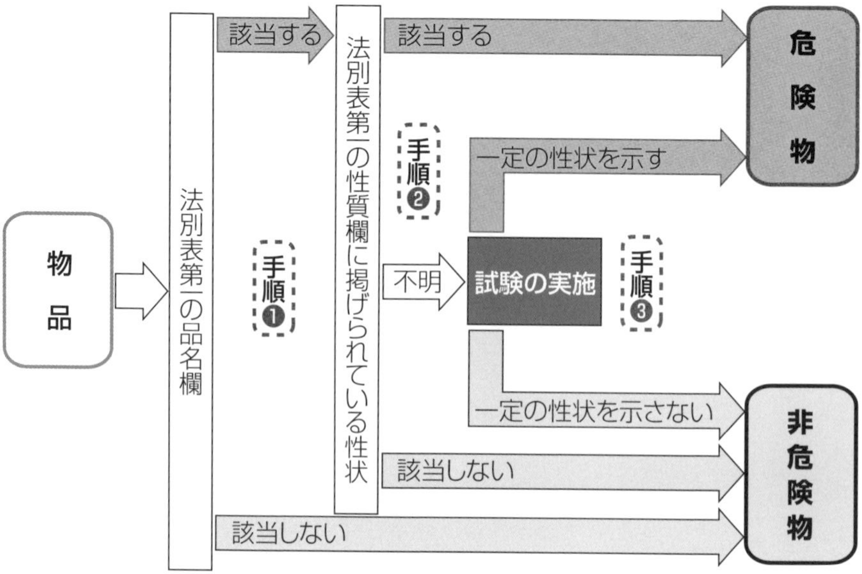

(2)試験

消防法の危険物であるかどうかを判断するために、**各類ごと**、**危険性別**に、試験方法と判定方法が規定されている。

●類ごとの試験と判定する危険性

類別	試験	判定する危険性
第一類(粉粒状)	燃焼試験	酸化力の潜在的な危険性
	落球式打撃感度試験	衝撃に対する敏感性
第一類(粉粒状以外)	大量燃焼試験	酸化力の潜在的な危険性
	鉄管試験	衝撃に対する敏感性
第二類	小ガス炎着火試験	火災による着火の危険性
	引火点測定試験	引火の危険性
第三類	自然発火性試験	空気中での発火の危険性
	水との反応性試験	水と接触して発火し、又は可燃性ガスを発生する危険性
第四類	引火点測定試験	引火の危険性
第五類	熱分析試験	爆発の危険性
	圧力容器試験	加熱分解の激しさ
第六類	燃焼試験	酸化力の潜在的な危険性

危険物の区分

危険物は、危険性の程度により、Ⅰ、Ⅱ、Ⅲの等級に区分される。危険物の等級は、**運搬容器の外部に表示**しなければならないこととされている。[→ p.152]

〈危険等級の例〉
第四類の特殊引火物→危険等級Ⅰ
第四類の第1石油類→危険等級Ⅱ

要点整理

- 危険物とは、**消防法別表第一**の品名欄に掲げる物品で、同表に定める6つの区分に応じ同表の性質欄に掲げる性状を有するもの。
- 消防法上の危険物は、20℃、1気圧の状態では固体又は液体である。
- 危険物の試験は、消防法別表第一の品名欄・性質欄に該当するかどうか**不明の場合に実施**する。

3 指定数量

指定数量と危険性

　指定数量とは、危険物について、その**危険性を勘案**して**政令で定められている数量**である。

①**危険性が高い危険物は指定数量が少なく**、危険性が低い危険物は指定数量が多く定められている。（次ページの政令別表第三参照）

②同じ品名でも性状が異なると危険性が異なるため、その性状によって異なる指定数量が規定されているものもある。（第四類第１石油類、第２石油類、第３石油類）

③指定数量以上の危険物を貯蔵及び取扱う場合は、法と政令によって**位置**、**構造**、**設備**など技術上の基準が定められている。

④指定数量未満の危険物を貯蔵し、又は取扱う場合は、それぞれの市町村の火災予防条例によって規制される。

●危険物の指定数量と危険性の関係

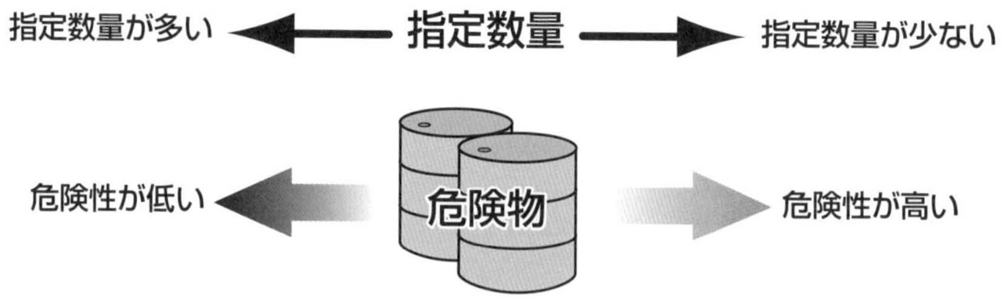

覚えよう！

＜試験によく出る危険物の指定数量＞

・ガソリン、ベンゼン、トルエン（第四類／第１石油類／非水溶性液体）：200L

・アセトン（第四類／第１石油類／水溶性液体）：400L

・メタノール、エタノール（第四類／アルコール類）：400L

・灯油、軽油（第四類／第２石油類／非水溶性液体）：1,000L

●政令別表第三

類別	品名	性質	指定数量
第一類		第一種酸化性固体	50kg
		第二種酸化性固体	300kg
		第三種酸化性固体	1,000kg
第二類	硫化りん		100kg
	赤りん		100kg
	硫黄		100kg
		第一種可燃性固体	100kg
	鉄粉		500kg
		第二種可燃性固体	500kg
	引火性固体		1,000kg
第三類	カリウム		10kg
	ナトリウム		10kg
	アルキルアルミニウム		10kg
	アルキルリチウム		10kg
		第一種自然発火性物質及び禁水性物質	10kg
	黄りん		20kg
		第二種自然発火性物質及び禁水性物質	50kg
		第三種自然発火性物質及び禁水性物質	300kg
第四類	特殊引火物		50L
	第1石油類	非水溶性液体	200L
		水溶性液体	400L
	アルコール類		400L
	第2石油類	非水溶性液体	1,000L
		水溶性液体	2,000L
	第3石油類	非水溶性液体	2,000L
		水溶性液体	4,000L
	第4石油類		6,000L
	動植物油類		10,000L
第五類		第一種自己反応性物質	10kg
		第二種自己反応性物質	100kg
第六類			300kg

指定数量の倍数

指定数量の倍数とは、同一の製造所等で危険物を貯蔵し、又は取扱う数量が指定数量を上回る場合に算定する数値をいう。

指定数量の倍数は、**貯蔵し、又は取扱う量を指定数量で割って求める**。また、異なる指定数量の危険物を同一の場所で貯蔵し、又は取扱う場合には、それぞれの危険物の指定数量の倍数を算定し、それを合計したものとなる。危険物を貯蔵し、又は取扱う場合の規制は、その倍数により異なる。

〈計算例〉

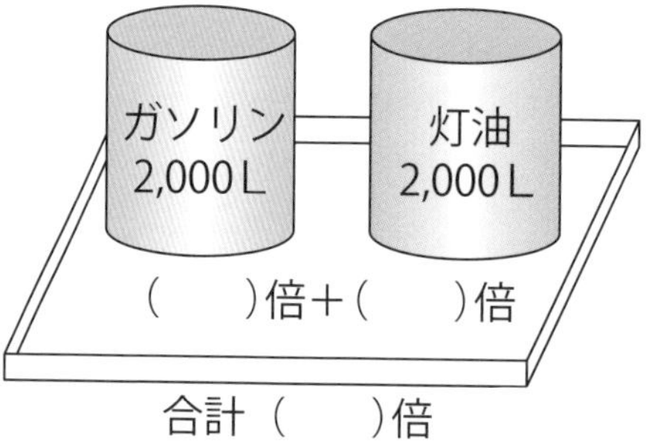

同一の貯蔵所でガソリン2,000L、灯油2,000Lを貯蔵している場合、指定数量の何倍を貯蔵していることになるか。

複数の危険物を貯蔵している場合の指定数量の倍数は、それぞれの危険物の貯蔵量をその危険物の指定数量で割って求めたものを合計する。

ガソリンの指定数量は200L、灯油の指定数量は1,000L
したがって、次の式で求められる。

$$\frac{2{,}000\text{L(貯蔵量)}}{200\text{L(ガソリンの指定数量)}} + \frac{2{,}000\text{L(貯蔵量)}}{1{,}000\text{L(灯油の指定数量)}} = 10 + 2 = 12$$

以上より、この貯蔵所では、**指定数量の12倍**の危険物を貯蔵していることになる。

要点整理

- 危険性が高い危険物は指定数量が少なく、低い危険物は指定数量が多い。
- 指定数量の倍数＝ $\dfrac{\text{貯蔵量}}{\text{指定数量}}$
- 危険物を貯蔵し、又は取扱う場合の規制は指定数量の倍数により異なる。

4 製造所等の区分

製造所等の区分

指定数量以上の危険物を貯蔵し、又は取扱う施設には、製造所、貯蔵所、取扱所の３つの区分がある。

さらに、**貯蔵所は７つ**、**取扱所は４つ**に区分される。

製造所等の区分の概要

(1)製造所

指定数量以上の危険物を製造する目的で取扱う施設で、石油精製工場など。

(2)貯蔵所

指定数量以上の危険物を貯蔵し、又は取扱う施設で、以下の７区分がある。

①屋内貯蔵所	屋内の場所で危険物を貯蔵し、又は取扱う施設。(タンクを用いない)
②屋外タンク貯蔵所	屋外にあるタンクで危険物を貯蔵し、又は取扱う施設。
③屋内タンク貯蔵所	屋内にあるタンクで危険物を貯蔵し、又は取扱う施設。
④地下タンク貯蔵所	地盤面下に埋没したタンクで危険物を貯蔵し、又は取扱う施設。
⑤簡易タンク貯蔵所	簡易タンクにおいて、危険物(600L 以下)を貯蔵し、又は取扱う施設。
⑥移動タンク貯蔵所	車両に固定したタンクで危険物を貯蔵し、又は取扱う施設。**タンクローリー**など。
⑦屋外貯蔵所	屋外の場所で第二類危険物のうち、硫黄・硫黄のみを含有するもの、もしくは引火性固体(引火点が0℃以上のものに限る)、又は第四類危険物のうち第１石油類(引火点が0℃以上のものに限る)、アルコール類、第2石油類、第3石油類、第4石油類もしくは動植物油類を貯蔵し、又は取扱う施設。(タンクを用いない)

(3)取扱所

指定数量以上の危険物を**製造以外の目的で取扱う施設**で、以下の4区分がある。

①給油取扱所	車両や航空機の燃料タンクに直接給油するための固定給油設備(航空機に給油するための車両に設けた給油設備を含む)により危険物を取扱う施設。**ガソリンスタンド**など。
②販売取扱所	**塗装ペンキ販売店**など、店舗で危険物を容器入りのまま販売するための施設。貯蔵し、又は取扱う指定数量の倍数が15以下の第一種と15を超え40以下の第二種がある。
③移送取扱所	配管、ポンプならびにこれ等の附属設備によって危険物を移送する施設。石油コンビナートの**パイプライン**のこと。
④一般取扱所	給油取扱所、販売取扱所、移送取扱所以外で危険物を取扱う施設。印刷所、洗浄作業所など。

〈移動タンク貯蔵所〉

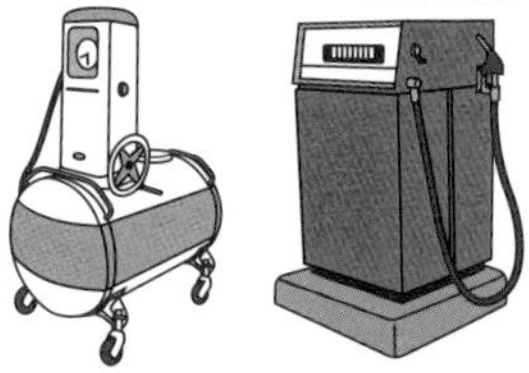

〈簡易タンク貯蔵所〉

要点整理

- 製造所等の区分

製造所等 ─┬─ 製造所
　　　　　├─ 貯蔵所(7区分)
　　　　　└─ 取扱所(4区分)

- タンクローリーは、移動タンク貯蔵所である。
- ガソリンスタンドは、給油取扱所である。
- 販売取扱所の区分

販売取扱所 ─┬─ 第一種販売取扱所(指定数量の倍数15以下)
　　　　　　└─ 第二種販売取扱所
　　　　　　　　(指定数量の倍数15を超え40以下)

- 石油コンビナートのパイプラインは移送取扱所である。

5 各種申請・届出手続き

製造所等に関する各種申請

製造所等に関する申請には、**許可**、**承認**、**検査**、**認可**の区別があり、次のような場合に必要となる。申請は、仮貯蔵又は仮取扱いについては**所轄消防長又は消防署長**に、それ以外は全て**市町村長等**に対して行う。

(1)許可申請

製造所等を設置したり、製造所等の位置、構造又は設備を変更する場合には、**着工前に許可申請**する。[製造所等の位置、構造、設備の基準はSECTION2参照]

メモ
本書において「製造所等の変更」は「製造所等の位置、構造又は設備の変更」を意味する。

(2)承認申請

①**製造所等以外の場所**で指定数量以上の危険物を**10日以内の間**、仮に貯蔵し、又は取扱う場合には、消防長又は消防署長に承認申請する。
②製造所等の変更工事中に、**変更に係る部分以外を仮使用**する場合には、市町村長等に承認申請する。

(3)検査申請

①設置許可・変更許可を受けた製造所等の工事が完了した場合に、**完成検査**の申請をする。
②指定数量以上の液体の危険物を貯蔵し、又は取扱うタンクを設置する場合には、**完成検査前検査**の申請をする。
③10,000kL 以上の危険物を貯蔵し、又は取扱う屋外タンク貯蔵所、一定の移送取扱所では、**定期保安検査**の申請をする。
④1,000kL 以上の危険物を貯蔵し、又は取扱う屋外タンク貯蔵所において不等沈下等の事由が発生した場合に**臨時保安検査**の申請をする。

屋外タンク貯蔵所
10,000kL 以上 ⟹ **定期保安検査**
1,000kL 以上 → 不等沈下等発生 → **臨時保安検査**

(4)認可申請

予防規程を制定する必要のある製造所等が、**予防規程を制定**した場合や、**予防規程を変更**する場合には、認可申請をする。

●製造所等に関して必要となる申請

手続き内容	申請の種類	申請先
危険物の仮貯蔵・仮取扱い	承認	消防長又は消防署長
製造所等の設置・変更	許可	市町村長等
製造所等の仮使用	承認	
タンク本体・基礎地盤・溶接部の完成前	検査	
完成	検査	
保安の定期・臨時	検査	
予防規程の制定・変更	認可	

製造所等に関する各種届出

製造所等に関して、次のような場合には、それぞれ次のような期間で届出が必要となる。

●製造所等に関して必要となる届出

届出内容	期間	届出先
①製造所等の譲渡又は引渡し	遅滞なく	市町村長等
②製造所等で貯蔵し、又は取扱う危険物の品名、数量又は指定数量の倍数の変更	10日前までに	
③製造所等の用途の廃止	遅滞なく	
④危険物保安統括管理者の選任と解任		
⑤危険物保安監督者の選任と解任		

要点整理

- 申請手続きには、**許可**、**承認**、**検査**、**認可**の４種類がある。
- 仮貯蔵及び仮取扱いの承認申請だけは、消防長又は消防署長に対して行う。その他の申請は市町村長等に対して行う。
- **製造所等の変更工事中に、変更に係る部分以外を仮使用する場合には、市町村長の承認が必要。**
- 製造所等で貯蔵し、又は取扱う危険物の品名、数量又は指定数量の倍数を変更する場合には、10日前までに届け出る。

6 製造所等の設置・変更の許可

設置・変更の許可申請から使用開始まで

指定数量以上の危険物を貯蔵し、又は取扱うために**製造所等を設置・変更しようとする者**は、製造所等ごとにその区分に応じて次の図のような順序で必要な**申請・許可・検査の手続き**を行わなければならない。**設置・変更の許可**(※1)がなければ、工事を始めることはできず、**完成検査済証**(※2)が交付されなければ、製造所等は使用できない。

●許可申請から使用開始までの流れ

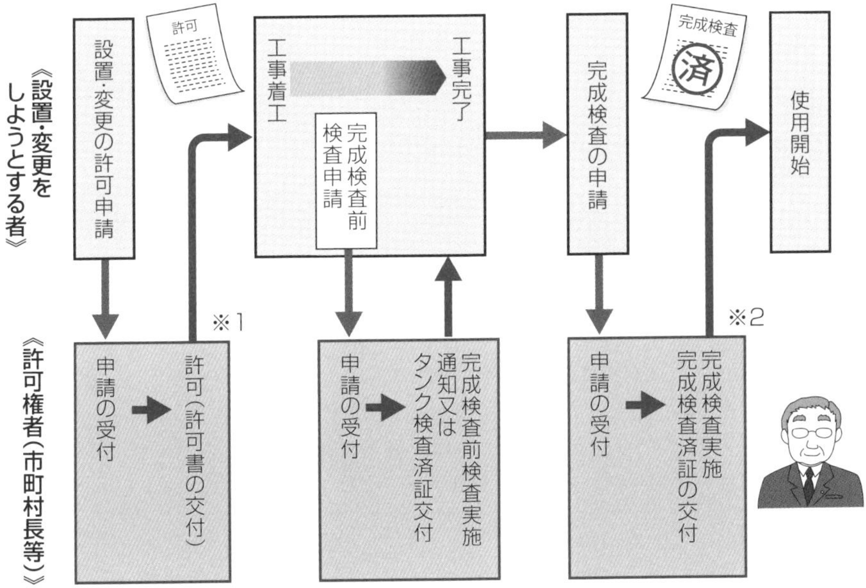

(1)設置・変更の許可権者

製造所等を設置・変更しようとする者は、許可権者(総称して市町村長等という)に対して申請をし、許可を受けなければならない。許可権者は、製造所等の**種類**と**場所**により次ページの表のように定められている。

●許可権者

製造所等	設置・変更しようとする場所	許可権者
移送取扱所	消防本部及び消防署を置く１つの市町村の区域	その区域を管轄する市町村長
	消防本部及び消防署を置かない市町村の区域又は２つ以上の市町村の区域にまたがっている場合	その区域を管轄する都道府県知事
	２つ以上の都道府県の区域にまたがっている場合	総務大臣
移送取扱所を除く	消防本部及び消防署を置く市町村の区域	その区域を管轄する市町村長
	消防本部及び消防署を置かない市町村の区域	その区域を管轄する都道府県知事

(2)完成検査の申請

製造所等の設置・変更の工事が完了した時点で市町村長等に対し完成検査の申請をする。市町村長等は、製造所等が技術上の基準を満たしているかどうかを検査し**完成検査済証**を交付する。

(3)仮使用承認の申請

製造所等の施設の一部で変更の工事を行う場合、その変更工事をする部分以外の部分の全部又は一部を使用することを、市町村長等に**仮使用申請**して承認を受ければ、変更工事の**完成検査前でも**仮使用の承認を受けた部分を使用できる。

(4)完成検査前検査

指定数量以上の**液体の危険物**を貯蔵し、又は取扱う**タンクを設置・変更**する場合には、完成検査の前に**完成検査前検査**を受け、完成検査前検査実施通知又はタンク検査済証の交付を受ける必要がある。

要点整理

- 製造所等の設置・変更の工事着工には、市町村長等の許可が必要。
- 製造所等の工事が完了したら、市町村長等の完成検査を受ける。
- 市町村長等の承認があれば、変更に係る部分以外の施設を仮使用できる。
- **液体の危険物を貯蔵し、又は取扱うタンクを設置・変更する場合には、完成検査前検査を受ける。**

7 危険物取扱者制度

危険物取扱者の責務

危険物取扱者とは、危険物取扱者試験に合格し、危険物取扱者免状(以下、免状という)の交付を受けている者である。危険物の取扱いは、免状を持つ者が行わなければならず、免状を持つ者には次のような責務がある。

①危険物取扱者は、危険物の貯蔵又は取扱いをする場合に、**技術上の基準を遵守**し、その危険物の**安全の確保**に細心の注意を払わねばならない。
②甲種又は乙種危険物取扱者は、危険物取扱作業の**立会い**の場合、取扱作業の従事者が危険物の貯蔵、取扱いの技術上の基準を遵守するよう**監督**し、**指示**を与えなければならない。

メモ
危険物を取扱うための技術上の基準は、政令に定められている。

危険物取扱者

免状の区分

免状は全国で有効で、以下の３種類がある。
①**甲種**……全ての危険物の取扱作業とその立会いができる。
②**乙種**……取得した類の危険物の取扱作業とその立会いができる。
③**丙種**……第四類のうち指定された危険物の取扱作業ができる。

注意
丙種で取扱える危険物とは、第四類のうちガソリン、灯油、軽油、第3石油類(重油、潤滑油及び引火点が130℃以上のもの)、第4石油類及び動植物油類である。

免状の交付等の手続き

(1)交付の手続き

危険物取扱者試験に合格した者が、合格を証明する書類を添えて試験を行った都道府県知事に申請し、**免状の交付**を受ける。ただし、次のいずれかに該当する者には交付しないことができる。

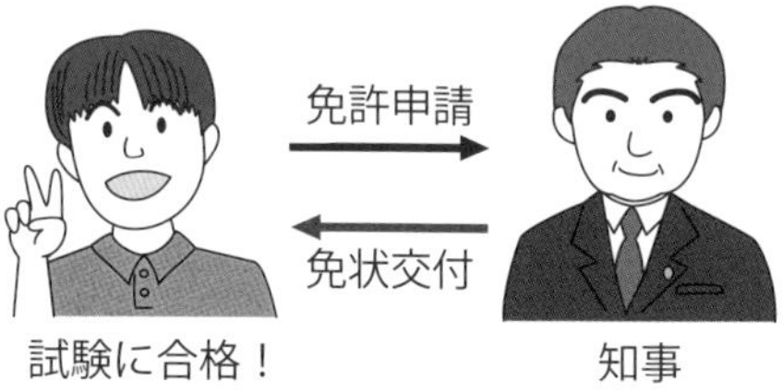

①都道府県知事から**免状の返納**を命じられた日から起算して**1年**を経過しない者。
②消防法等に違反し**罰金以上の刑**に処せられた者で、執行終了又は執行を受けることがなくなった日から**起算して2年**を経過しない者。

(2)返納の命令

危険物取扱者が消防法又は消防に基づく命令の**規定に違反**しているとき、免状を交付した都道府県知事は、免状の**返納を命ずる**ことができる。返納を命ぜられた者は**直ちに資格を失う**。

(3)書換えの手続き

免状記載の氏名、本籍地等に**変更**が生じたときや免状の貼付写真の撮影から**10年**を経過したときは、書換えを申請する。申請は、書換えの事由を証明する書類等(戸籍抄本等)を添え、免状を交付した都道府県知事又は居住地もしくは勤務地を管轄する**都道府県知事**に行う。

(4)再交付の手続き

免状を**亡失**、**滅失**、**汚損**又は**破損**した場合は、交付又は書換えをした都道府県知事に再交付を申請する。

①免状を亡失したことを理由に再交付を受けた者が亡失した免状を発見した場合は、**10日以内**に都道府県知事に発見した免状を**提出**しなければならない。
②免状を汚損又は破損したことを理由に再交付を申請する場合は、汚損又は破損した**免状の添付**が必要である。

保安講習

製造所等で現に危険物取扱作業に従事している危険物取扱者は、危険物取扱作業の保安を担っており、その**資質の維持と向上を目的**として都道府県知事が実施する保安に関する講習を受けなければならない。

受講時期は、次のように定められており、**危険物取扱者保安講習**の受講義務者が定められた期間内に受講しない場合には、免状返納命令の対象となることがある。

①新たに危険物取扱作業に従事する者は、従事することになった日から**1年以内**。ただし、危険物取扱作業に従事することとなった日前２年以内に免状の交付を受けた者又は受講した者は、免状の交付日又は受講日以後における最初の4月1日から**３年以内**。

②危険物取扱作業に継続して従事している者は、前回受講日以後における最初の4月1日から**３年以内**。

要点整理

- **免状交付は都道府県知事に申請する。**
- 氏名、本籍地等が変更・写真撮影から10年経過 ⇒ 免状を交付した都道府県知事又は居住地もしくは勤務地の都道府県知事に書換えを申請する。
- 免状の亡失、滅失、汚損、破損 ⇒ 免状の交付又は書換えをした都道府県知事に再交付を申請する。
- 亡失免状を発見した場合 ⇒ 10日以内に再交付を受けた都道府県知事に発見した免状を提出する。
- **危険物取扱者保安講習**は、現に危険物取扱作業に従事している者は、前回講習日以後における最初の4月1日から**３年以内ごとに受講**する義務がある。

SECTION 1　危険物規制

8 危険物保安監督者等

保安体制を確立するための制度

製造所等において、保安体制を確立して災害が発生しないようにするために、製造所等では**危険物保安統括管理者**を事業所ごとに、**危険物保安監督者**、**危険物施設保安員**を施設ごとに置かなければならない。選任すべき者は、その事業所が取扱う危険物の類別、指定数量の倍数によって異なる。

また、危険物保安統括管理者と危険物保安監督者についての選解任は、遅滞なく市町村長等への届出が必要である。

●製造所等と業務遂行者(適用除外を除く)

製造所 一般取扱所	第四類の危険物が指定数量の3,000倍以上	→ 危険物保安統括管理者 危険物保安監督者 危険物施設保安員 危険物取扱者
移送取扱所	第四類の危険物を指定数量以上	
製造所 一般取扱所	指定数量の100倍以上	→ 危険物保安監督者 危険物施設保安員 危険物取扱者
移送取扱所	適用除外以外	
指定数量の30倍を超える製造所 指定数量の30倍以下、引火点40℃未満の製造所等		→ 危険物保安監督者 危険物取扱者
その他の製造所等		→ 危険物取扱者

危険物保安統括管理者

危険物保安統括管理者は、複数の製造所等がある事業所において、製造所等の連携をとりながら、事業所全体における危険物の保安業務を**統括管理**する役割を持つ者で、特に**資格は定められていない**が、事業の実施を統括管理する者をもって充てなければならない。

(1)選任を必要とする事業所

敷地内に複数の製造所等を有し、その敷地内の製造所等が次のように**大量の第四類危険物を取扱う場合**には、その事業所では、**危険物保安統括管理者を定め**、遅滞なく**市町村長等へ届け出る**必要がある。

①第四類危険物を指定数量の**3,000倍以上**取扱う製造所
②第四類危険物を指定数量の**3,000倍以上**取扱う一般取扱所
③第四類危険物を**指定数量以上**取扱う移送取扱所

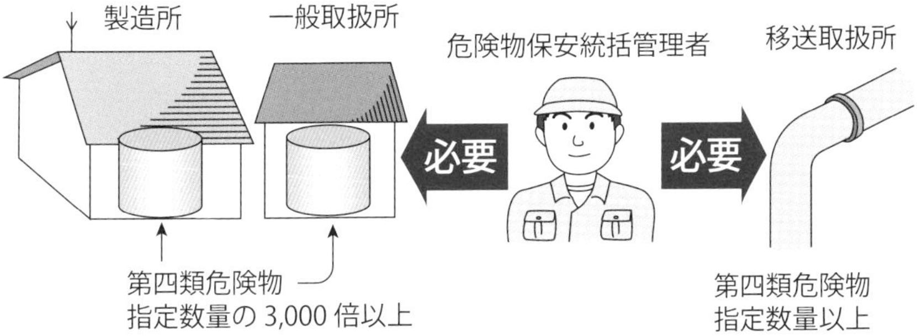

ただし、次のような製造所等は、危険物保安統括管理者を**選任しなくてもよい**。

- ボイラー、バーナー等装置で危険物を消費する一般取扱所
- 車両に固定されたタンク等に危険物を注入する一般取扱所
- 容器に危険物を詰替える一般取扱所
- 油圧装置、潤滑油循環装置等で危険物を取扱う一般取扱所
- 鉱山保安法の適用を受ける製造所、移送取扱所又は一般取扱所
- 火薬類取締法の適用を受ける製造所又は一般取扱所
- 特定移送取扱所以外の移送取扱所
- 移送取扱所に係る配管延長のうち、海域に設置される部分以外の部分に係る延長が 7 km 未満の特定移送取扱所 [特定移送取扱所の定義 → p.127]

(2)解任命令

市町村長等は次のような場合に、製造所等の所有者、管理者、占有者(以下、所有者等)に対して、**危険物保安統括管理者の解任**を命ずることができる。

①消防法もしくは消防法に基づく命令の規定に違反したとき。
②公共の安全の維持もしくは災害発生防止に支障を及ぼすおそれがあるとき。

危険物保安監督者

危険物保安監督者は、危険物の取扱作業に関して保安の監督をする。甲種又は乙種の危険物取扱者の免許を持ち、かつ製造所等において**6ヶ月以上**の危険物取扱いの**実務経験**を有するものでなければならない。

危険物保安監督者

＝

甲種又は乙種の危険物取扱者

＋

6ヶ月以上の実務経験

注意

①危険物取扱者の実務経験は、製造所等におけるものに限る。
②丙種危険物取扱者は、危険物保安監督者になることができない。
③乙種危険物取扱者は、取扱いできる危険物の類が限られる。

(1)危険物保安監督者の業務

①危険物の貯蔵又は取扱いに関する技術上の基準、予防規程等に定める保安基準に適合するよう、危険物取扱作業場所での作業者(以下、作業者という)に対して、必要な指示を与える。

②火災等災害発生時に作業者を指揮して**応急措置**を講じるとともに、直ちに**消防機関等へ連絡**する。

③危険物施設保安員を置く製造所等では、危険物施設保安員に対して必要な指示をする。

④危険物施設保安員を置かない製造所等では、次の業務を行う。

- 構造、設備の技術上の基準に適合するよう施設の定期点検、臨時の点検を実施する。その点検を行った場所の状況と保安のために行った措置を記録して保存する。
- 製造所等の構造及び設備に異常を発見した場合には、関係者に連絡して適当な措置を講ずる。
- 火災が発生したとき、又は火災発生の危険性が著しいときは、応急の措置を講ずる。
- 計測装置、制御装置、安全装置等の機能が保持されるよう**保安管理**する。

⑤火災等の災害の防止に関して、隣接する製造所等その他関連する施設の関係者との間に**連絡**を保つ。

⑥その他危険物の取扱作業の保安に関し必要な**監督業務**。

(2)選任を必要とする製造所等

危険物保安監督者の選任を必要とするかどうかは、製造所等の区分、危険物の種類と、その指定数量によって異なる。

●危険物保安監督者の選任を必要とする製造所等

危険物の種類		第四類				第四類以外	
製造所等の区分＼危険物の数量と引火点		指定数量の30倍以下		指定数量の30倍を超える		指定数量の30倍以下	指定数量の30倍を超える
		40℃以上	40℃未満	40℃以上	40℃未満		
製造所		○	○	○	○	○	○
屋外タンク貯蔵所		○	○	○	○	○	○
給油取扱所		○	○	○	○	○	○
移送取扱所		○	○	○	○	○	○
一般取扱所	下記以外のもの	○	○	○	○	○	○
一般取扱所	ボイラー等で消費するもの 容器に詰替えるもの		○	○	○	○	○
屋内貯蔵所			○	○	○	○	○
屋外貯蔵所				○	○		○
地下タンク貯蔵所			○	○	○	○	○
屋内タンク貯蔵所			○		○	○	○
簡易タンク貯蔵所			○		○	○	○
移動タンク貯蔵所							
第一種販売取扱所			○	／	／	○	／
第二種販売取扱所			○		○	○	○

※　○は選任が必要　　　は選任が不要

覚えよう!

製造所、屋外タンク貯蔵所、給油取扱所、移送取扱所、一般取扱所（危険物をボイラー等で消費するもの、容器に詰替えるものを除く） ⇒ 危険物の類や指定数量にかかわらず危険物保安監督者の選任が必要

(3)解任命令

危険物保安統括管理者と同様、市町村長等は、所有者等に対し**危険物保安監督者の解任**を命ずることができる。

危険物施設保安員

危険物施設保安員は、危険物保安監督者の下で製造所等の構造、設備に係る**保安**のための業務を行う。**特に資格は必要ではなく**、届出制度も特に定められていない。

(1)危険物施設保安員の業務

①製造所等の構造及び設備の維持のため**定期点検**及び**臨時の点検**を行い、点検を行った場所の状況と保安のために行った措置を記録して保存する。
②製造所等の構造及び設備に異常を発見した場合は、**関係者に連絡**して適当な措置を講ずる。
③火災発生及び火災発生の危険の著しいときは、**応急措置**を講ずる。
④製造所等の計測装置、制御装置、安全装置等の機能保持を**保安管理**する。
⑤その他構造及び施設の保安に関し必要な業務を行う。

(2)選任を必要とする製造所等

指定数量の**100倍以上**の危険物を貯蔵し、又は取扱う製造所と一般取扱所及び全ての移送取扱所では危険物施設保安員を定めなければならない。

ただし、一定の製造所等(危険物保安統括管理者の選任が除かれるものと同じ [→ p.69])では、危険物施設保安員を置く必要がない。

要点整理

＜危険物保安統括管理者＞

- 事業所全体における危険物の保安業務を統括管理する。
- 選解任は、遅滞なく、市町村長等に届出をすること。
- 特に資格は定められていないが、事業の実施を統括管理する者。

＜危険物保安監督者＞

- 製造所ごとの保安体制を構築することを目的とする。
- 選解任は、遅滞なく、市町村長等に届出をすること。
- 資格は甲種又は乙種の危険物取扱者で6ヶ月以上の実務経験を持つ者。

＜危険物施設保安員＞

- 危険物保安監督者の下で、製造所等の保安のための補佐を行う。
- 届出、資格についての規定は特にない。

9 予防規程・自衛消防組織

予防規程

(1)予防規程が必要な製造所等

予防規程とは、製造所等の火災を予防するために定める防災上の**自主保安基準**である。予防規程を定める義務があるかどうかは、製造所等が貯蔵し、又は取扱う危険物の数量によって異なる。

また、予防規程は、製造所等の所有者等だけではなく、その**従業者も遵守**しなければならないものである。

覚えよう!

＜予防規程が必要な製造所等〉

給油取扱所
移送取扱所 } ⇒ 全て

製造所 ⇒ 指定数量の10倍以上を貯蔵し、又は取扱う場合
屋外貯蔵所 ⇒ 指定数量の100倍以上を貯蔵し、又は取扱う場合
屋内貯蔵所 ⇒ 指定数量の150倍以上を貯蔵し、又は取扱う場合
屋外タンク貯蔵所 ⇒ 指定数量の200倍以上を貯蔵し、又は取扱う場合
一般取扱所 ⇒ 指定数量の10倍以上を貯蔵し、又は取扱う場合

(2)予防規程の認可

予防規程を必要とする製造所等では、予防規程を**定め又は変更**するときは、市町村長等に申請をして**認可**を受けなければならない。ただし、市町村長は、次のような場合には、認可しないことができる。

①予防規程が、危険物の貯蔵又は取扱いの技術上の基準に適合していないとき。
②予防規程が、火災の予防のために適当でないと認めるとき。

(3)予防規程の変更命令

市町村長等は、火災の予防上必要なときは、予防規程の変更を、製造所等の所有者等に命ずることができる。また、その命令をした場合には、その旨を、**標識を設置**するなどの方法で**公示**しなければならない。

(4)予防規程に定めなければならない主な事項

予防規程に定めなければならない事項は、規則に定められている。

予　防　規　程

①危険物の保安に関する業務を管理する者の職務及び組織に関すること。
②危険物保安監督者が、旅行、疾病等によってその職務を行うことができない場合に、その職務を代行する者に関すること(代行者が必須となる)。
③化学消防自動車の設置その他自衛の消防組織に関すること。
④危険物の保安に係る作業に従事する者に対する保安教育に関すること。
⑤危険物の保安のための巡視、点検及び検査に関すること。
⑥危険物施設の運転又は操作に関すること。
⑦危険物の取扱作業の基準に関すること。
⑧補修等の方法に関すること。
⑨施設の工事における火気の使用もしくは取扱いの管理又は危険物等の管理等安全管理に関すること。
⑩製造所及び一般取扱所では、危険物の取扱工程又は設備等の変更に伴う危険要因の把握及び危険要因に対する対策に関すること。
⑪顧客に自ら給油等をさせる給油取扱所にあっては、顧客に対する監視その他保安のための措置に関すること。
⑫移送取扱所では、配管の工事現場の責任者の条件その他配管の工事現場における保安監督体制に関すること。
⑬移送取扱所では、配管の周囲において移送取扱所の施設の工事以外の工事を行う場合における当該配管の保安に関すること。
⑭災害その他の非常の場合に取るべき措置に関すること。
⑮地震発生時における施設及び設備に対する点検、応急措置等に関すること。
⑯危険物の保安に関する記録に関すること。
⑰製造所等の位置、構造及び設備を明示した書類及び図面の整備に関すること。
⑱地震防災対策強化地域では、警戒宣言が発せられた場合の応急措置に関すること。

自衛消防組織

一定の規模以上の製造所等を有する事業所では、火災等の事故が発生した場合の被害を最小限にするために自衛消防組織を編成し、設置しなければならない。

(1)設置義務のある事業所

敷地内に**複数の製造所等**を有し、その敷地内の製造所等が**大量の第四類危険物**を取扱う事業所では、自衛消防組織を設置しなければならない。この規定は、危険物保安統括管理者を置かなければならない事業所と同じである。

①第四類危険物を指定数量の**3,000倍以上**取扱う製造所
②第四類危険物を指定数量の**3,000倍以上**取扱う一般取扱所
③第四類危険物を**指定数量以上**取扱う移送取扱所

設置しなくてもよい製造所等についての規定も、危険物保安統括管理者を選任しなくてもよい製造所等と同じである。[→ p.69参照]

(2)自衛消防組織の編成

自衛消防組織は、取扱う第四類の危険物の指定数量の倍数により定められている事業所の区分に応じ、それぞれ**人員**及び**化学消防自動車**で編成しなければならない。

〈指定数量の 12 万倍未満の事業所の自衛消防組織〉

人員　5 人

化学消防自動車　1 台

●事業所の区分と自衛消防組織の編成

事業所の区分 （第四類の危険物の最大数量）	人員数	化学消防 自動車の台数
①指定数量の12万倍未満である事業所	5人	1台
②指定数量の12万倍以上24万倍未満である事業所	10人	2台
③指定数量の24万倍以上48万倍未満である事業所	15人	3台
④指定数量の48万倍以上である事業所	20人	4台

(3) 自衛消防組織の編成の特例

火災その他の災害のための相互応援に関する協定を締結している事業所については、協定を締結している**複数の事業所を1つの事業所とみなし**、また、協定を締結している複数の事業所内の製造所等の扱う第四類危険物の**最大数量を、その事業所の最大数量とみなし**て自衛消防組織を編成すればよいこととされている。

〈例〉

第四類危険物を5万倍取扱う製造所と5万倍取扱う一般取扱所を持つ事業所と、第四類危険物を3万倍取扱う製造所と3万倍取扱う一般取扱所を持つ事業所が、相互応援に関する協定を結んでいる場合に必要となる自営消防組織の編成はどれだけか。

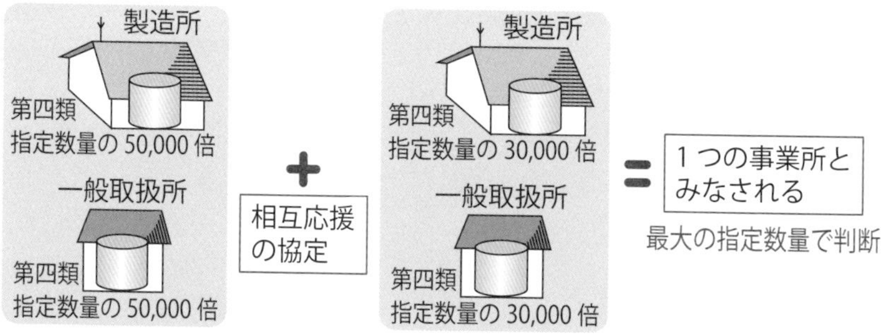

全ての製造所等のうち、最大の指定数量である5万倍がこの事業所の最大数量とみなされ、前ページの表の①の区分として、5人、1台の自衛消防組織が必要となる。

要点整理

- 予防規程は給油取扱所と移送取扱所では必ず定めなければならない。
- 予防規程は製造所等の所有者等と従業者が遵守しなければならない。
- 予防規程を定め又は変更するときは市町村長等の認可が必要。
- 自衛消防組織は、第四類危険物を指定数量の3,000倍以上取扱う製造所と一般取扱所、第四類危険物を指定数量以上取扱う移送取扱所で設置。

10 定期点検・保安検査

製造所等における設備等の基準維持義務

製造所等は、製造所等の位置、構造及び設備の技術上の基準（以下、製造所等の基準という）に従って危険物を貯蔵又は取扱わなければならない。また、製造所等の位置、構造及び設備が、**製造所等の基準に適合**するよう**維持**しなければならない。

また、市町村長等は、製造所等の位置、構造及び設備が、製造所等の基準に適合していないと認めるときは、製造所等の所有者等に対して、適合するように**修理**、**改造**、**移転**をするよう命ずることができる。そして、命令をした場合には、その旨を、**標識**を設置するなどの方法で**公示**しなければならない。

［予防規程の変更命令と同様→P.74］

定期点検

製造所等では、製造所等の位置、構造及び設備が、製造所等の基準に適合しているかどうかについての**定期点検**を**1年に1回以上**行わなければならない。また、その**点検記録**を作成し、**一定期間**（3年、例外あり）これを保存する義務がある。

(1)定期点検の対象となる製造所等

①指定数量の倍数が10以上及び地下タンクを有する製造所
②指定数量の倍数が150以上の屋内貯蔵所
③指定数量の倍数が200以上の屋外タンク貯蔵所
④指定数量の倍数が100以上の屋外貯蔵所
⑤全ての地下タンク貯蔵所　⑥全ての移動タンク貯蔵所
⑦地下タンクを有する給油取扱所
⑧全ての移送取扱所（特定移送取扱所を除く）
⑨指定数量の倍数が10以上及び地下タンクを有する一般取扱所

注意

簡易タンク貯蔵所、屋内タンク貯蔵所、販売取扱所は、指定数量などに関係なく、全て定期点検の対象外である。

(2)点検実施者

①定期点検は、危険物取扱者又は危険物施設保安員が行わなければならない。危険物取扱者以外のものが定期点検を行う場合には、危険物取扱者(甲種又は乙種)の**立会い**が必要である。

②地下貯蔵タンク、地下埋設配管、移動貯蔵タンクの漏れの点検及び泡消火設備の泡の適正な放出を確認する一体的な点検については、危険物取扱者又は危険物施設保安員であって、その点検に必要な**一定の知識及び技能を持つ者**が行わなければならない。

(3)漏れの点検と内部点検の時期と点検記録の保存期間

漏れの点検と内部点検の時期と点検記録の保存期間は、点検の内容によって異なる。

●漏れの点検の時期と記録の保存期間

点検の内容	点検の時期	点検記録
地下貯蔵タンクの漏れの点検※ 地下埋設配管の漏れの点検※	設置の完成検査済証の交付日又は前回の点検の日から1年を経過する日の属する月の末日までの期間内に1回以上	3年間保存
二重殻タンクの強化プラスチック製の外殻の漏れの点検※	設置の完成検査済証の交付日又は前回の点検の日から3年を経過する日の属する月の末日までの期間内に1回以上	
移動貯蔵タンクの漏れの点検	設置の完成検査済証の交付日又は前回の点検の日から5年を経過する日の属する月の末日までの期間内に1回以上	10年間保存 (3年間の例外)

※危険物の貯蔵及び取扱いを休止しているもので、市町村長等により保安上支障がないと認められた場合には、点検の時期と点検記録の保存について期間を延長することができる。

●内部点検の時期と点検記録の保存期間

点検の内容	点検の時期	点検記録
引火性液体の危険物を貯蔵し、又は取扱う屋外タンク貯蔵所(岩盤タンク又は海上タンクに係るもの以外)のうち、容量が1,000kL以上10,000kL未満のものの内部点検※	完成検査済証交付の日又は前回の点検の日から13年又は15年周期	26年又は30年間保存 〔点検周期の2倍〕 (3年間の例外)

※危険物の貯蔵及び取扱いを休止しているもので、市町村長等により保安上支障がないと認められた場合には、点検の時期について期間を延長することができる。その場合の点検記録の保存期間は延長期間を加えた期間となる。

●点検記録の記載事項

①点検をした製造所等の名称
②点検の方法及び結果
③点検年月日
④点検を行った危険物取扱者、危険物施設保安員、点検に立ち会った危険物取扱者の氏名

保安検査

保安検査は、容量が大きい屋外タンク貯蔵所又は移送取扱所(容量とは関係なく全て)を対象として、構造及び設備に関する一定の事項に関して、製造所等の基準に従って維持されているかどうかを**市町村長等が検査**するものである。保安検査には、**定期**保安検査と、**臨時**保安検査がある。

●定期保安検査

検査対象	検査時期	検査事項
容量が10,000kL以上の屋外タンク貯蔵所	原則として8年※に1回 (岩盤タンク 10年に1回 地中タンク 13年に1回)	タンク底部の板厚と溶接部、岩盤タンクの構造及び設備
配管の延長が15kmを超える移送取扱所、配管の最大常用圧力が0.95MPa以上でかつ延長が7～15km以下の移送取扱所	原則として1年に1回	構造及び設備

※総務省令で定める保安措置が講じられていると認められるものは10年又は13年に1回。
危険物の貯蔵及び取扱いを休止しているもので、市町村長等により保安検査を行うことが適当でないと認められた場合には、検査時期を延長することができる。

●臨時保安検査

検査対象	検査時期	検査事項
容量が1,000kL以上の屋外タンク貯蔵所	1/100以上の不等沈下が生じた場合、岩盤タンク、地中タンクで危険物又は可燃性蒸気が漏れるおそれがある場合	タンク底部の板厚及び溶接部、岩盤タンクの構造及び設備

要点整理

- **地下タンクを有する製造所等は、指定数量の倍数に関係なく、全て定期点検が必要である。**
- 定期点検の点検時期は**1年に1回以上**、点検記録の保存期間は**3年間**が原則。
- 点検は、危険物取扱者又は危険物施設保安員が行うか、甲種又は乙種危険物取扱者の立会いを受けて行う。

SECTION 2　製造所等の基準

1 製造所等の保安距離と保有空地

保安距離

(1)保安距離を必要とする製造所等と必要としない製造所等

一定の製造所等には、火災や爆発等が発生した場合に、その影響が及んで災害が広がることを防ぐために、付近の住宅、学校、病院等の保安対象物から一定の**水平距離を保つ**ことが義務付けられている。これが、保安距離である。

①製造所等のうち、製造所、屋内貯蔵所、屋外タンク貯蔵所、屋外貯蔵所、一般取扱所は保安距離を必要とする。
②製造所等のうち、屋内タンク貯蔵所、地下タンク貯蔵所、簡易タンク貯蔵所、移動タンク貯蔵所、給油取扱所、販売取扱所、移送取扱所は保安距離を必要としない。

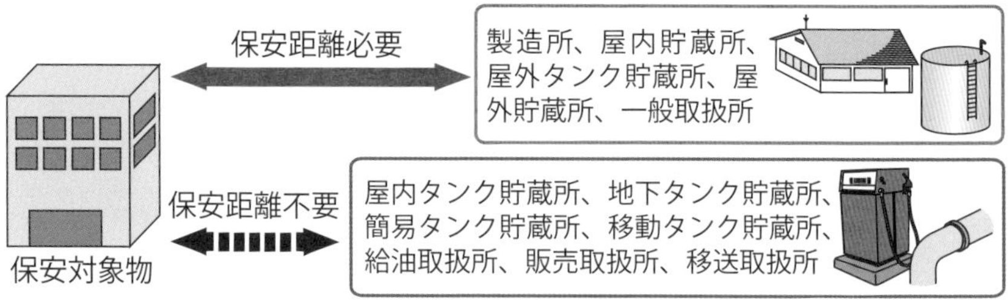

(2)保安距離の長さ

保安距離の長さとは、具体的には、製造所等の外壁又はこれに相当する**工作物の外側と保安対象となる建築物との間隔**のことで、保安対象物の種類に応じて規定されており、保安距離を必要とする製造所に**共通**した規定である。

注意

保安対象物である建築物に、不燃材料で造った防火上有効な塀を設けること等により市町村長等が安全と認めた場合には、市町村長等が定めた距離とすることができる。

●保安対象物に応じた保安距離

保　安　対　象　物		保安距離
	住居の用に供するもの (製造所の存する敷地と同一の敷地内に存するものを除く)	10m以上
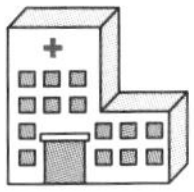	学校、病院、劇場その他多数の人の収容施設等	30m以上
	重要文化財・重要有形民俗文化財、史跡もしくは重要な文化財として指定された建造物、重要美術品として認定された建造物	50m以上
	高圧ガス、液体石油ガスの施設	20m以上
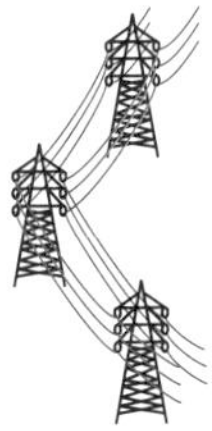	7,000ボルトを超え、35,000ボルト以下の特別高圧架空電線	水平距離 3m以上
	35,000ボルトを超える特別高圧架空電線	水平距離 5m以上

保有空地

製造所等において危険物を取扱う建築物その他の工作物(危険物を移送する配管やそれに準ずる工作物を除く)の**周囲**には、消火活動や延焼防止の観点から、**空地**を設けなければならない。これを保有空地という。保有空地には**いかなるものも置いてはいけない**こととなっている。

製造所等のうち、保有空地を必要としないものもある。また、その幅については、**製造所等の種類**や、**規模**などによって異なる。[→ p.83以降参照]

保有空地を必要とする製造所等	製造所、屋内貯蔵所、屋外タンク貯蔵所、簡易タンク貯蔵所で屋外に設けるもの、屋外貯蔵所、一般取扱所、移送取扱所のうち地上設置のもの
保有空地を必要としない製造所等	屋内タンク貯蔵所、地下タンク貯蔵所、移動タンク貯蔵所、給油取扱所、販売取扱所

〈例 1〉屋外タンク貯蔵所

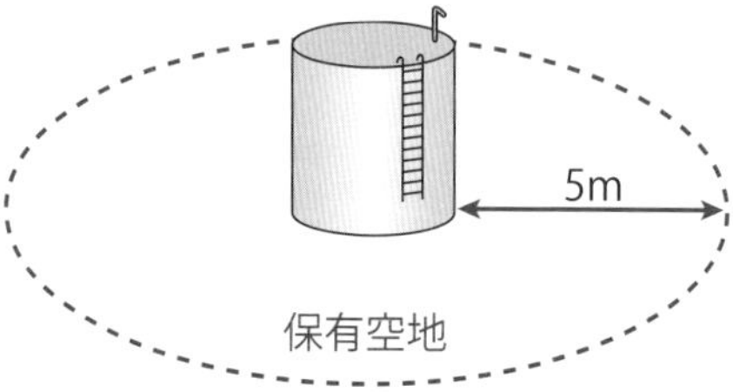

〈例 2〉簡易タンク貯蔵所

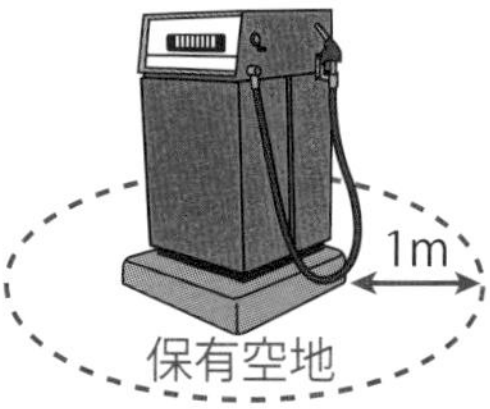

要点整理

- 保安距離は、製造所等の外壁と保安対象物との距離である。
- 保有空地には、いかなるものも置くことができない。

＜製造所等において必要となる保安距離と保有空地の一覧＞

製造所等の種類	保安距離	保有空地
製造所	○	○
屋内貯蔵所	○	○
屋外タンク貯蔵所	○	○
屋内タンク貯蔵所	×	×
地下タンク貯蔵所	×	×
簡易タンク貯蔵所	×	○ *1
移動タンク貯蔵所	×	×
屋外貯蔵所	○	○
給油取扱所	×	×
販売取扱所	×	×
一般取扱所	○	○
移送取扱所	×	○ *2

*1 保有空地が必要となる簡易タンク貯蔵所は、屋外に設けるもののみ。
*2 保有空地が必要となる移送取扱所は地上設置のもののみ。

2 製造所の基準

製造所の位置

製造所は、保安距離と保有空地のいずれも必要である。[保安距離→ p.80参照]

製造所の保有空地の幅は、指定数量の倍数が**10以下の場合は3m 以上**、指定数量の倍数が**10を超える場合は5m 以上**必要である。ただし、製造所に防火上有効な隔壁を設けた場合には、緩和される。

製造所の構造

製造所において危険物を取扱う建築物の構造は、次の基準を満たすものでなければならない。

①建築物は**地階を有しないもの**とする。
②壁、柱、床、はり及び階段を不燃材料で造る。
③延焼のおそれのある外壁は、出入口以外の開口部を有しない**耐火構造の壁**とし、その出入口には、随時開けることができる**自動閉鎖の特定防火設備**を設ける。
④建築物の窓及び出入口には、**防火設備**を設ける。
⑤屋根は不燃材料で造るとともに金属板等の**軽量な不燃材料**でふく。
⑥建築物の窓又は出入口にガラスを用いる場合は**網入りガラス**とする。
⑦液状の危険物を取扱う建築物の床は、危険物が浸透しない構造とし、適当な**傾斜**をつけ、かつ、**貯留設備**を設ける。

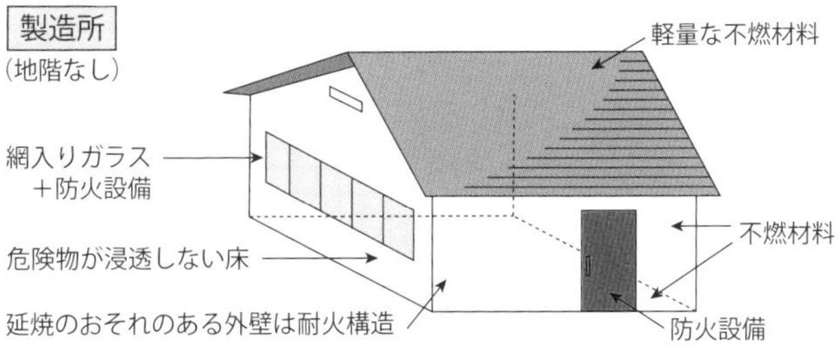

製造所の設備

製造所の設備は、次の基準を満たすものでなければならない。

①危険物を取扱う建築物には必要な**採光**、**照明**及び**換気**の設備を設ける。
②可燃性の蒸気又は可燃性の微粉が滞留するおそれがある建築物には、その蒸気等を屋外の高所に**排出する設備**を設ける。
③屋外で液状の危険物を取扱う設備には、その直下の地盤面の周囲に高さ**0.15m 以上の囲い**を設けるか、これと同等以上の効果があると認められる措置を講ずる。
④屋外で液状の危険物を取扱う設備の地盤面はコンクリート等危険物が浸透しない構造とし、かつ、適当な**傾斜**及び**貯留設備**を設ける。

注意

水に不溶な第四類の危険物を屋外で取扱う設備では、当該危険物が直接排水溝に流入しないようにするため、貯留設備に油分離装置を設ける。

⑤危険物を取扱う機械器具その他の設備は、危険物の漏れ、あふれ又は飛散を防止できる構造とする。
⑥危険物を加熱し、もしくは冷却する設備又は危険物の取扱いに伴って温度の変化が起こる設備には、**温度測定装置**を設ける。
⑦危険物を加熱し、又は乾燥する設備は、直火を用いない構造とする。
⑧危険物を加圧する設備又は取扱う危険物の圧力が上昇するおそれのある設備には、**圧力計**及び**安全装置**を設ける。[安全装置の詳細→ p.92]
⑨配管は、十分な強度を持ち、配管にかかる最大常用圧力の1.5倍以上の圧力で水圧試験を行った場合に、漏えいその他の異常がないものとする。
⑩配管は、容易に劣化するおそれや、火災等の熱によって容易に変形するおそれのないものとする。

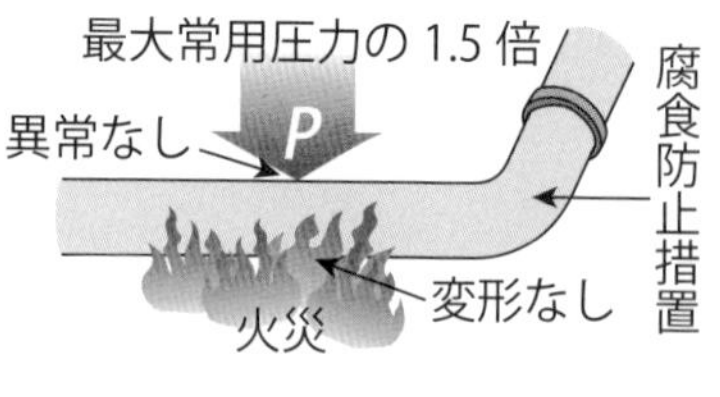

⑪配管の外面には腐食を防止する措置を講じる。
⑫配管を地下に設置する場合は、配管の接合部分からの危険物の漏えいを点検できる措置を講じる。また、地上に設置する場合には、地震、風圧、地盤沈下、温度変化による伸縮等に対し安全な構造の支持物で支持する。

⑬配管に加熱又は保温の設備を設ける場合は、火災予防上安全な構造とする。

⑭電気設備は、電気工作物に係る法令に基づき設置する。可燃性ガス等が滞留するおそれのある場所に設置する機器は**防爆構造**とする。

⑮静電気が発生するおそれのある設備には、**静電気を有効に除去する装置**を設ける。

⑯**指定数量の倍数が10以上**の製造所には、日本工業規格に適合する**避雷設備**を設ける。

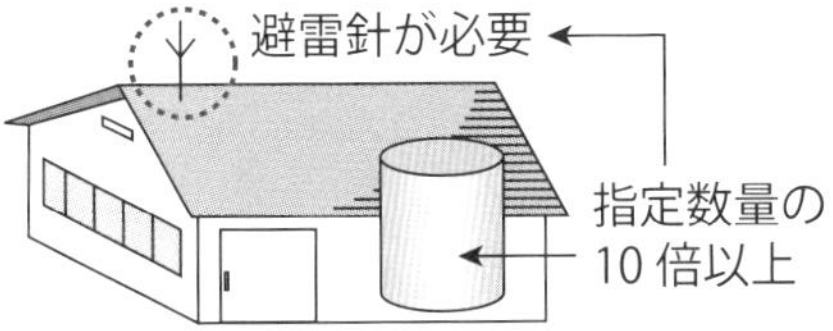

製造所の基準の特例

引火点が100℃以上の第四類危険物を取扱う製造所には、位置、構造、設備の基準に特例が設けられている。また、アルキルアルミニウム等、アセトアルデヒド等及びヒドロキシルアミン等を取扱う製造所についても危険物に応じた基準の特例が設けられている。

要点整理

- 製造所には、保安距離と保有空地が必要である。
- 指定数量の倍数が10を超える製造所の保有空地は5m以上、10以下の製造所の保有空地は3m以上必要である。
- 製造所等の壁、柱、床、はり、階段は不燃材料で造る。
- 屋根は軽量な不燃材料でふく。
- 液体の危険物を取扱う建築物の床は適当な傾斜をつけ、貯留設備を設ける。
- 可燃性ガス等が滞留するおそれのある場所に設置する電気設備は防爆構造とする。
- **指定数量の10倍以上の製造所には避雷設備を設ける。**

3 屋内貯蔵所の基準

屋内貯蔵所の位置

屋内貯蔵所には、保安距離と保有空地のいずれも必要である。[保安距離 → p.80] 保有空地の幅は、貯蔵し、又は取扱う危険物の**指定数量の倍数**と建築物の壁、柱、床が**耐火構造**であるかどうかによらなくてはならない。

●屋内貯蔵所の保有空地の幅

指定数量の倍数	保有空地の幅	
	建築物の壁、柱、床が耐火構造である場合	建築物の壁、柱、床が耐火構造でない場合
5以下	0m	0.5m以上
5を超え10以下	1m以上	1.5m以上
10を超え20以下	2m以上	3m以上
20を超え50以下	3m以上	5m以上
50を超え200以下	5m以上	10m以上
200を超える	10m以上	15m以上

注意

2つ以上の屋内貯蔵所を隣接して設置するときは、総務省令で定めるところにより、その空地の幅を減ずることができる。

屋内貯蔵所の構造

屋内貯蔵所の貯蔵倉庫の構造は、次の基準を満たすものでなければならない。

①独立した専用の建築物とし、1つの床面積は、**1,000m² 以下**とする。
②**軒高が6m 未満**の**平家建て**とし、床は地盤面以上に設ける。
③壁、柱及び床を**耐火構造**とし、かつ、はりを**不燃材料**で造る。

覚えよう!

第二類又は第四類の危険物のみの貯蔵倉庫のうち、必要な措置を講じているものは、軒高を20m 未満とすることができる。

注意

指定数量の10倍以下の危険物の貯蔵倉庫、第二類又は第四類の危険物(引火性固体及び引火点が70℃未満の第四類の危険物を除く)のみの貯蔵倉庫にあっては、延焼のおそれのない外壁、柱、床を不燃材料で造ることができる。

④延焼のおそれのある外壁を出入口以外の開口部を有しない壁とする。
⑤屋根は不燃材料で造り、金属板等の軽量な不燃材料でふき、かつ、**天井を設けない**。
⑥窓、出入口には、防火設備を設ける。延焼のおそれのある外壁に設ける出入口には、随時開けることができる**自動閉鎖の特定防火設備**を設ける。
⑦窓又は出入口にガラスを用いる場合は、**網入りガラス**とする。

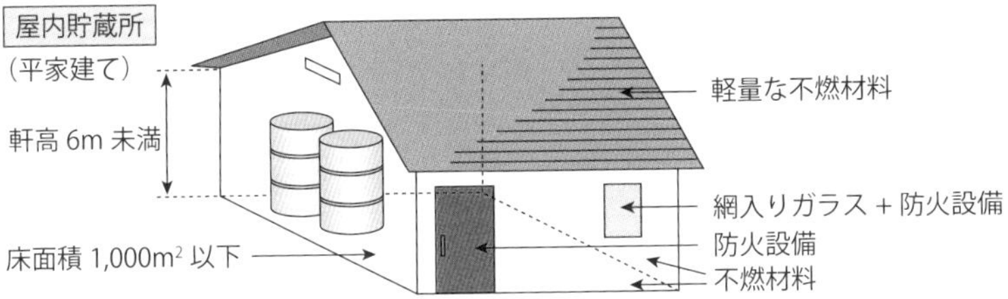

⑧次の危険物の貯蔵倉庫の床面は水が浸入、浸透しない構造とする。
- 第一類の危険物のうちアルカリ金属の過酸化物もしくはこれを含有するもの
- 第二類の危険物のうち鉄粉、金属粉もしくはマグネシウムもしくはこれらのいずれかを含有するもの
- 第三類の危険物のうち禁水性物品
- 第四類の危険物全て

⑨液状の危険物の貯蔵倉庫の床は、危険物が浸透しない構造とし、適当な**傾斜**をつけ、かつ、**貯留設備**を設ける。

屋内貯蔵所の設備

屋内貯蔵所の貯蔵倉庫の設備は、次の基準を満たさなければならない。

①貯蔵倉庫の架台は、**不燃材料**で造り、**堅固な基礎**に固定する。また、地震の影響等の荷重によって生じる応力に対して安全なもので、危険物を収納した容器が容易に落下しないような措置を講ずる。
②貯蔵倉庫には、必要な**採光**、**照明**、**換気**の設備を設ける。

覚えよう!

引火点が70℃未満の危険物の貯蔵倉庫では、内部に滞留した**可燃性の蒸気を屋根上に排出する設備**を設ける。

③電気設備は電気工作物に係る法令の規定に基づいて設置する。また、静電気が発生するおそれのある設備には静電気を有効に除去する装置を設ける。

④**指定数量の10倍以上**の危険物の貯蔵倉庫には日本工業規格に適合する**避雷設備**を設ける。

⑤第五類の危険物のうちセルロイドその他温度の上昇により分解し、発火するおそれのあるもの(総務省令で定めるもの)の貯蔵倉庫は、倉庫内の温度を**危険物が発火しない温度に保つ**構造とするか、**通風装置**、**冷房装置**等の設備を設ける。

メモ

④と⑤の基準は製造所の基準と同じである。

屋内貯蔵所の基準の特例

次のような屋内貯蔵所においては、基準の緩和や特例が設けられている。

①第二類又は第四類の危険物(引火性固体及び引火点が70℃未満のものを除く)のみを貯蔵し、又は取扱う屋内貯蔵所で、貯蔵倉庫が平家建て以外のもの。

②建築物の一部に設けられている屋内貯蔵所で、指定数量の倍数が20以下のもの。

③高引火点危険物のみを貯蔵し、又は取扱う屋内貯蔵所。

④指定過酸化物、アルキルアルミニウム、アルキルリチウム等を貯蔵し、又は取扱う屋内貯蔵所。

要点整理

- 屋内貯蔵所には、保安距離も保有空地も必要である。
- 屋内貯蔵所の保有空地は構造と指定数量の倍数による。
- **屋内貯蔵所の貯蔵倉庫は軒高6m未満、床面積1,000m²以下の平家建てとし、**屋根を軽量な不燃材料でふく。
- 引火点が70℃未満の危険物の貯蔵倉庫には、内部に滞留した可燃性蒸気を屋根上に排出する設備を設ける。

4 屋外タンク貯蔵所の基準

屋外タンク貯蔵所の位置

屋外タンク貯蔵所には、保安距離 [→ p.80]、敷地内距離が必要であり、屋外貯蔵タンクには、保有空地が必要である。

(1)敷地内距離

屋外タンク貯蔵所は、**敷地境界線から屋外貯蔵タンクの側板まで**の間に一定の距離を保たなければならない。これを敷地内距離という。敷地内距離は、屋外タンク貯蔵所だけに義務付けられているもので、屋外貯蔵タンクの区分と、貯蔵する危険物の引火点の区分によって異なる。

●屋外タンク貯蔵所の敷地内距離

①石油コンビナート等災害防止法による第一種又は第二種事業所に存する屋外貯蔵タンク（1,000kL 以上）の敷地内距離		
危険物の引火点 21℃未満	タンクの直径 D(横型タンクではタンクの横の長さ)× 1.8 タンクの地盤面からの高さ H 50m	最大の 数値以上
危険物の引火点 21℃以上 70℃未満	タンクの直径 D（横型タンクではタンクの横の長さ） × 1.6 タンクの地盤面からの高さ H 40m	最大の 数値以上
危険物の引火点 70℃以上	タンクの直径 D（横型タンクではタンクの横の長さ） × 1.0 タンクの地盤面からの高さ H 30m	最大の 数値以上

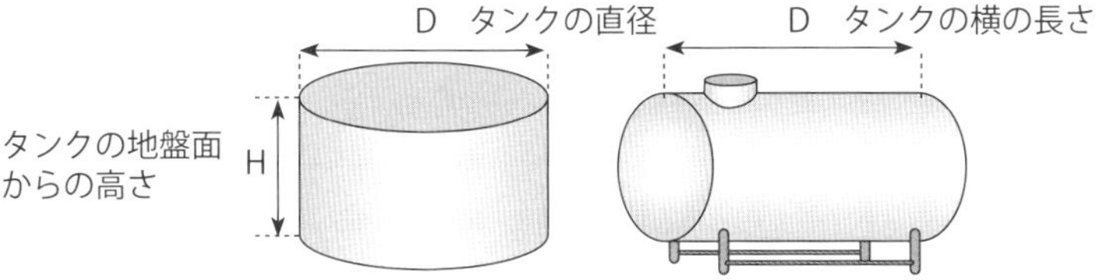

注)「浮き蓋付きの特定屋外貯蔵タンクに係る特定屋外タンク貯蔵所」の位置、構造及び設備の技術上の基準についての法改正（平成 24 年 4 月 1 日施行）は、主に次のような内容である。①浮き蓋は地震等による振動及び衝撃に耐えることができる構造とする。 ②浮き蓋付きの特定屋外貯蔵タンクには、可燃性の蒸気を屋外に有効に排出するための設備を設ける。不活性ガスを充填して危険物を貯蔵し、または取り扱うものについては、タンクを密閉する必要があるため特別通気口を設けない。③浮き蓋の状態を点検するための設備を設ける。④簡易フロート型の浮き蓋付き特定屋外貯蔵タンクに設ける配管には、配管内に滞留した気体がタンク内に流入することにより浮き蓋に損傷を与えることを防止するための設備を設ける。　など

② ①に挙げ掲げられた屋外貯蔵タンク以外の屋外貯蔵タンクの敷地内距離		
危険物の引火点21℃未満	タンクの直径D(横型タンクではタンクの横の長さ)×1.8 タンクの地盤面からの高さH	大きいほうの数値以上
危険物の引火点21℃以上70℃未満	タンクの直径D(横型タンクではタンクの横の長さ)×1.6 タンクの地盤面からの高さH	大きいほうの数値以上
危険物の引火点70℃以上	タンクの直径D(横型タンクではタンクの横の長さ)×1.0 タンクの地盤面からの高さH	大きいほうの数値以上

(2)保有空地

屋外タンク貯蔵所の屋外貯蔵タンクの保有空地は、貯蔵し、又は取扱う危険物の指定数量の倍数に応じた幅とし、指定数量が4,000倍以上の場合には、屋外貯蔵タンクの大きさによって求めた幅としなければならない。

●屋外貯蔵タンクの保有空地

区　分(指定数量の倍数)	空地の幅
500以下	3m 以上
500を超え1,000以下	5m 以上
1,000を超え2,000以下	9m 以上
2,000を超え3,000以下	12m 以上
3,000を超え4,000以下	15m 以上
4,000を超える	タンクの大きさによる＊

＊タンクの水平断面の最大直径(横型のものは横の長さ)又は高さの数値のうち大きい数字と同じ距離以上。ただし15m未満であってはならない。

注意
2つ以上の屋外貯蔵タンクを隣接して設置する場合には、空地の幅を減ずることができる。

●屋外貯蔵タンクの位置の基準

AB: 保有空地の幅　AC: 敷地内距離　AD：保安距離

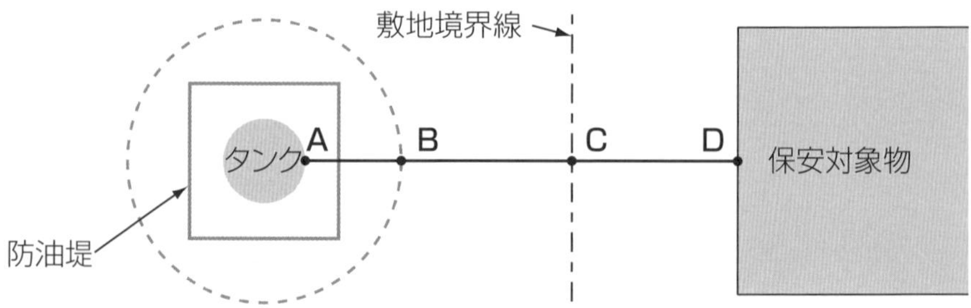

〈例〉

右のような屋外貯蔵タンクの保有空地と敷地内距離を計算する。（石油コンビナート等災害防止法による第一種又は第二種事業所に存する屋外貯蔵タンクではない）

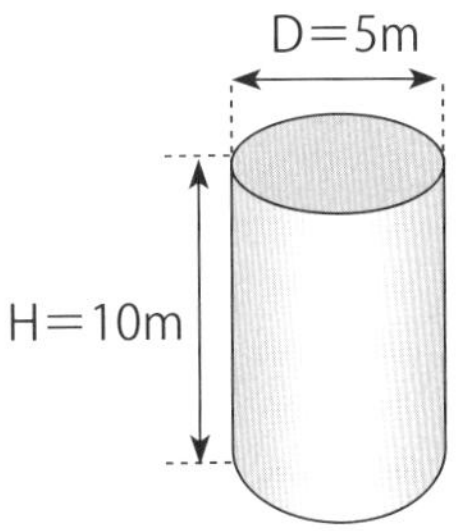

引火点 60℃
指定数量の 1,000 倍

保有空地は、指定数量により、5m 以上
敷地内距離は、5m × 1.6 ＝ 8
高さ 10m のほうが大きいので、10m 以上

屋外貯蔵タンクの構造

屋外タンク貯蔵所の屋外貯蔵タンクの構造は、次の基準を満たすものでなければならない。

①屋外貯蔵タンクは、厚さ3.2mm 以上の鋼板で造る。

注意

特定屋外貯蔵タンク、準特定屋外貯蔵タンクには、特別な基準がある。
特定屋外貯蔵タンク：液体の危険物を1,000kL 以上貯蔵し、又は取扱う屋外タンク貯蔵所のタンク
準特定屋外貯蔵タンク：液体の危険物を500kL 以上1,000kL 未満貯蔵し、又は取扱う屋外タンク貯蔵所のタンク

②圧力タンクは、最大常用圧力の1.5倍の圧力で10分間行う**水圧試験**に合格したものとする。
③圧力タンク以外のタンクは、**水張試験**に合格したものとする。

メモ

①〜③は、固体の危険物の屋外貯蔵タンクには適用されない。

④屋外貯蔵タンクは、地震や風圧に耐える構造とし、その支柱は鉄筋コンクリート造、鉄骨コンクリート造その他これらと同等以上の耐火性能を有するものとする。
⑤屋外貯蔵タンクは、危険物の爆発等によりタンク内の圧力が異常に上昇した場合に、内部のガス又は蒸気を上部に放出できる構造とする。
⑥屋外貯蔵タンクの外面には、**さびどめ**の塗装をする。底板が地盤面に接する場合は、底板外面の**腐食防止措置**が必要である。

屋外タンク貯蔵所の設備

屋外タンク貯蔵所の設備は、次の基準を満たすものでなければならない。

(1)屋外貯蔵タンクの基準

①第四類危険物の屋外貯蔵タンクのうち、**圧力タンク以外のタンク**には下図のような**無弁通気管**又は**大気弁付通気管**を設ける。大気弁付通気管は5kPa以下の圧力差で作動できるものとする。

●圧力タンク以外の屋外貯蔵タンクに設ける通気管

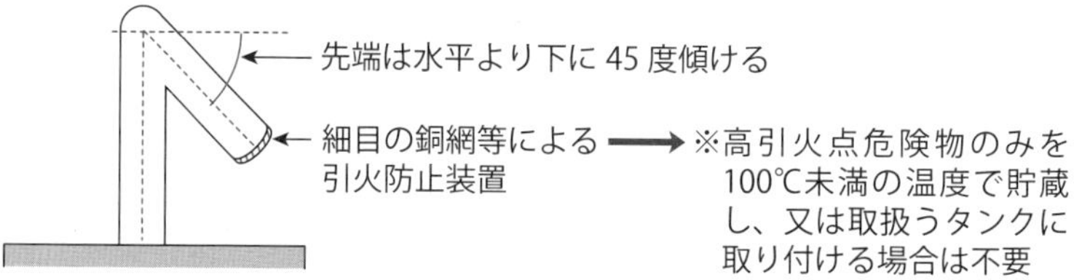

②屋外貯蔵タンクのうち、**圧力タンク**には、次のような**安全装置**を設ける。

- 自動的に圧力の上昇を停止させる装置
- 減圧弁で、その減圧側に安全弁を取り付けた装置
- 警報装置で、安全弁を併用した装置
- 破壊板(安全弁の作動が困難な加圧設備にのみ用いることができる)

③**液体の危険物の屋外貯蔵タンク**には、**危険物の量を自動的に表示する装置**を設け、火災の予防上支障のない場所に注入口を設ける。

- 注入口は、注入ホース又は注入管と結合することができ、かつ、危険物が漏れないものとする。注入口には、弁又はふたを設ける。
- ガソリン、ベンゼンその他静電気による災害が発生するおそれのある危険物の場合は、注入口に静電気を有効に除去するための接地電極を設ける。

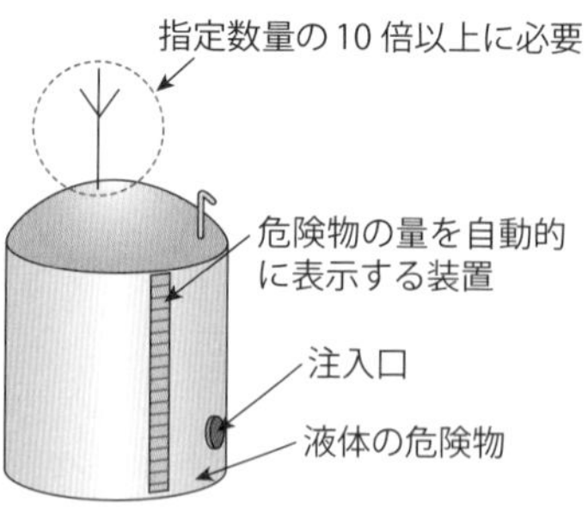

④指定数量の10倍以上の危険物を貯蔵する屋外貯蔵タンクには**避雷設備**を設ける。

⑤固体の禁水性物品の屋外貯蔵タンクには、防水性の不燃材料で造った被覆設備を設ける。

(2)ポンプ設備の基準

ポンプ設備とは、ポンプとその電動機、またそれらのための建築物その他の工作物を含めたものをいう。

①ポンプ設備の周囲に原則として**3m 以上の幅の空地**を保有する。ただし、防火上有効な**隔壁を設ける場合**などは**不要**となる。また、ポンプ設備と屋外貯蔵タンクまでの間に、その空地の幅の3分の1以上の距離を保つ。
②ポンプ設備は、堅固な基礎の上に固定する。
③ポンプとその電動機のためのポンプ室は次のような基準で設ける。

- 壁、柱、床及びはりは、不燃材料とする。
- 屋根は不燃材料で造り、軽量な不燃材料でふく。
- 窓及び出入口に防火設備を設ける。
- 窓、又は出入口にガラスを用いる場合には網入りガラスとする。
- 床には、0.2m 以上の囲いを設け、危険物が浸透しない構造とし、かつ、適当な傾斜及び貯留設備を設ける。
- 危険物を取扱うために必要な採光、照明及び換気の設備を設ける。
- 可燃性の蒸気が滞留するおそれのあるポンプ室には、その蒸気を屋外の高所に排出する設備を設ける。

④ポンプ室以外の場所に設けるポンプ設備には、その直下の地盤面の周囲に高さ**0.15m 以上の囲い**を設け、又は、危険物の流出防止にこれと同等以上の効果があると認められる措置を講ずる。さらに、当該地盤面は、コンクリートその他危険物が浸透しない材料で覆い、かつ、適当な傾斜及び貯留設備を設ける。

注意

第四類危険物で水に溶けないものを取扱うポンプ設備では、危険物が直接排水溝に流入しないようにするため、貯留設備に油分離装置を設けなければならない。

(3)配管と電気設備の基準

配管の基準、電気設備の基準は、製造所の基準と同じである。[→ p.84]
なお、液体の危険物を移送するための屋外貯蔵タンクの配管は、地震等により当該配管とタンクとの結合部分に損傷を与えないように設置し、**結合部分の直近**には、非常の場合に**直ちに閉鎖**することのできる弁を設ける。

防油堤の基準

防油堤は、液体の危険物が漏れた場合にその流出を防止するために設けられるもので、**液体の危険物**(二硫化炭素を除く)を貯蔵し、又は取扱う**屋外貯蔵タンクの周囲**に設けなければならない。防油堤は、次のような構造としなければならない。

①防油堤の容量は、**屋外貯蔵タンクの容量の110%以上**とする。2基以上の屋外貯蔵タンクの周囲に設ける場合は、それら屋外貯蔵タンクのうち、**最大容量のタンクの容量の110%以上**とする。

注意

引火点を有しない液体の危険物の屋外貯蔵タンクの周囲に設ける防油堤の最大容量の規定は、110%から100%へと緩和される。

②防油堤の**高さは0.5m 以上**、防油堤内の**面積は8万 m² 以下**とする。

③防油堤内に設置できる屋外貯蔵タンクの数は、**原則10以下**とする。貯蔵し、又は取扱う危険物の引火点が70℃以上200℃未満であれば20まで、引火点が200℃以上の場合は制限がない。

④防油堤内に設置する屋外貯蔵タンクは、その容量に応じた路面幅員を持つ**敷地内の道路**(構内道路)**に直接面して**いなければならない。また、防油堤は、周囲が構内道路に接するよう設けなければならない。

⑤防油堤は、屋外貯蔵タンクの側板から、屋外貯蔵タンクの直径が15m 未満であればタンクの高さの**1/3以上**、15m 以上であればタンクの高さの**1/2以上**の距離を保たなければならない。(200℃以上の引火点の危険物を貯蔵し、又は取扱う屋外貯蔵タンクは除かれる)

⑥防油堤は、**鉄筋コンクリート**又は**土**で造り、危険物が防油堤の外に流出しないような構造とする。

⑦防油堤には、内部にたまった水を外部に排水するための**水抜口**を設け、これを開閉する弁等を防油堤の外部に設ける。容

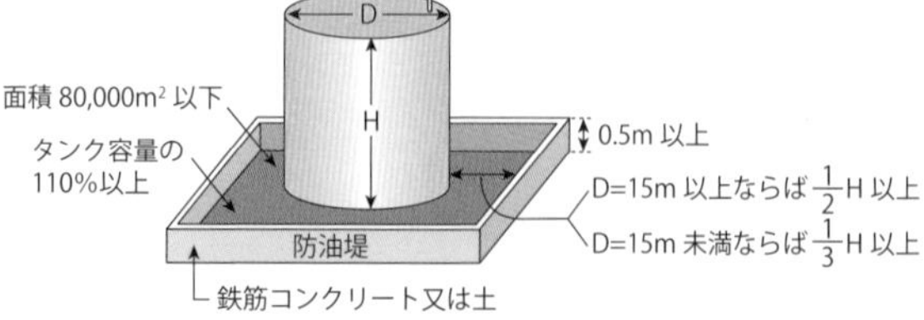

量が1,000kL以上の屋外貯蔵タンクでは、その弁に開閉状況を容易に確認できる装置を設ける。

⑧容量が１万kL以上の屋外貯蔵タンクの周囲に設ける防油堤では、**タンクごとに土でできた仕切堤**を設ける。

⑨高さが1mを超える防油堤等には、概ね30mごとに堤内に出入りするための階段を設置し、又は土砂の盛上げ等を行う。

〈計算例〉

左下のような危険物を貯蔵する３基の屋外貯蔵タンクを同一の防油堤の内側に設置しようとする場合、防油堤の必要最小限度の容量はいくらかを計算する。

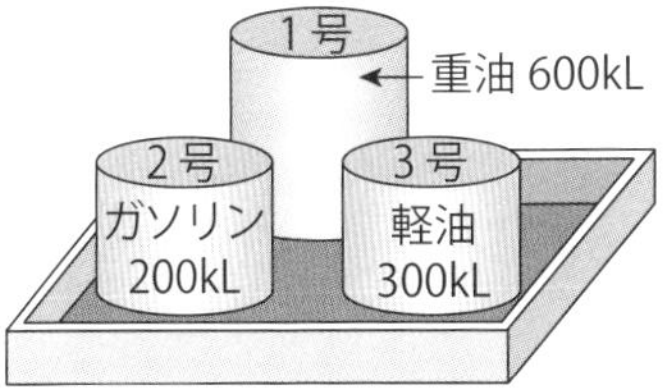

２基以上の屋外貯蔵タンクがある場合は、最大のタンク容量の110%が必要最小限度の容量であるから、ここでは、１号タンクから求める。

600kL × 1.1 ＝ 660kL

したがって、防油堤の**最小必要容量は660kL**である。

屋外タンク貯蔵所の基準の特例

①高引火点危険物（引火点が100℃以上の危険物）のみを貯蔵し、又は取扱う屋外タンク貯蔵所、アルキルアルミニウム、アセトアルデヒド等を貯蔵し、又は取扱う屋外タンク貯蔵所には基準の特例が設けられている。

②**二硫化炭素**の屋外貯蔵タンクは、**厚さ0.2m以上**の壁及び底を有する水漏れのない**鉄筋コンクリートの水槽**に入れて**水没**させなければならない。

要点整理

- 敷地内距離は屋外タンク貯蔵所だけに義務付けられている。
- 指定数量の4,000倍を超える危険物の屋外貯蔵タンクでは、タンクの大きさに応じた保有空地が必要。
- 指定数量の10倍以上の危険物の屋外貯蔵タンクには避雷設備を設ける。
- 二硫化炭素以外の液体の危険物屋外貯蔵タンクには防油堤が必要。
- **防油堤の最小必要容量は、タンクの最大容量の110%以上(引火点を有しない危険物では100%)。**

5 屋内タンク貯蔵所の基準

屋内タンク貯蔵所の位置

屋内タンク貯蔵所には、保安距離及び保有空地は法令上必要としない。

屋内タンク貯蔵所の構造

屋内タンク貯蔵所の構造は、次の基準を満たすものでなければならない。

(1)屋内貯蔵タンクの構造の基準

①屋内貯蔵タンクは、原則として、平家建ての建築物に設けられた**タンク専用室に設置**する。

②屋内貯蔵タンクとタンク専用室の壁との間は**0.5m 以上**とする。

③同一のタンク専用室内に屋内貯蔵タンクを２つ以上設置する場合、**タンク相互間に0.5m 以上の間隔**を保つ。

④屋内貯蔵タンクの容量は、第４石油類及び動植物油類以外の第四類危険物の場合は、**２万Ｌ以下**とする。その他の危険物の場合は**指定数量の40倍以下**とする。

〈例〉

軽油を貯蔵する屋内貯蔵タンクで、容量が7,000L のものは、同一のタンク専用室にいくつ設置できるか。

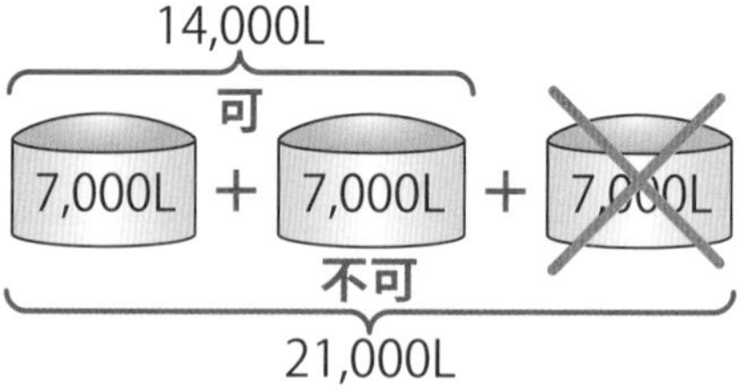

軽油は第四類危険物第２石油類なので20,000L 以下としなければならない。３基の合計容量は21,000L となって基準を超えるため、**２基まで設置できる。**

⑤屋内貯蔵タンクは、厚さ**3.2mm 以上の鋼板**で造る。圧力タンクは、最大常用圧力の1.5倍の圧力で10分間行う**水圧試験に合格**したものとし、圧力タンク以外のタンクは、**水張試験に合格**したものとする。ただし、この規定は、固体の危険物の屋内貯蔵タンクには適用されない。
⑥屋内貯蔵タンクの外面には、**さびどめ**のための塗装をする。

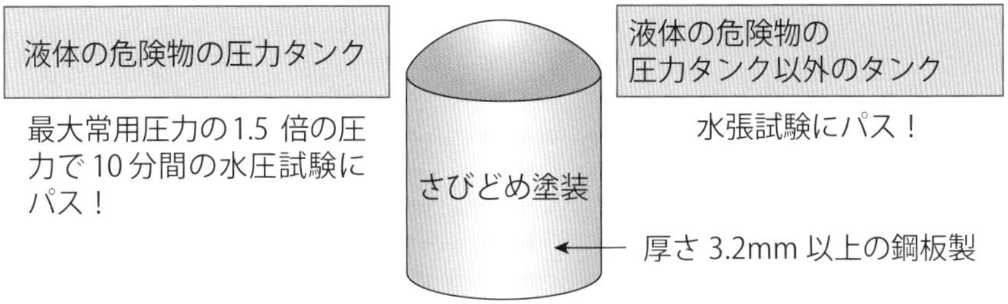

(2)タンク専用室の構造の基準

①タンク専用室は、壁、柱及び床を**耐火構造**とし、かつ、はりを**不燃材料**で造る。また、屋根を不燃材料で造り、かつ、**天井を設けない**。
②タンク専用室の、延焼のおそれのある外壁は、**出入口以外の開口部を有しない壁**とする。
③タンク専用室の窓及び出入口には、**防火設備**を設ける。

注意
延焼のおそれのある外壁に設ける出入口には、随時開けることができる自動閉鎖の特定防火設備を設ける。

④タンク専用室の窓又は出入口にガラスを用いる場合は、**網入りガラス**とする。
⑤液状の危険物の屋内貯蔵タンクを設置するタンク専用室の床は、危険物が浸透しない構造とし、適当な**傾斜**をつけ、かつ、**貯留設備**を設ける。
⑥タンク専用室の出入口のしきいの高さは、**床面から0.2m 以上**とする。
⑦タンク専用室は、危険物を貯蔵し、又は取扱うために必要な採光、照明及び換気の設備を設ける。また、引火点が70℃未満の危険物の屋内貯蔵タンクの場合には、内部に滞留した可燃性の蒸気を屋根上に排出する設備を設ける。

屋内タンク貯蔵所の設備

屋内タンク貯蔵所の設備は、次の基準を満たすものでなければならない。

(1)屋内貯蔵タンクの基準

①第四類危険物の屋内貯蔵タンクのうち、圧力タンク以外のタンクには無弁通気管を設ける。

覚えよう!

＜圧力タンク以外の屋内貯蔵タンクに設ける無弁通気管の基準＞

①無弁通気管の先端は、屋外にあって地上4m以上の高さとし、かつ、建築物の窓、出入口等の開口部から1m以上離す。

②引火点が40℃未満の危険物のタンクに設ける通気管は、敷地境界線から1.5m以上離す。ただし、高引火点危険物のみを100℃未満の温度で貯蔵し、又は取扱うタンクに設ける通気管は、先端をタンク専用室内とすることができる。

● 滞油するおそれがある屈曲をさせない。

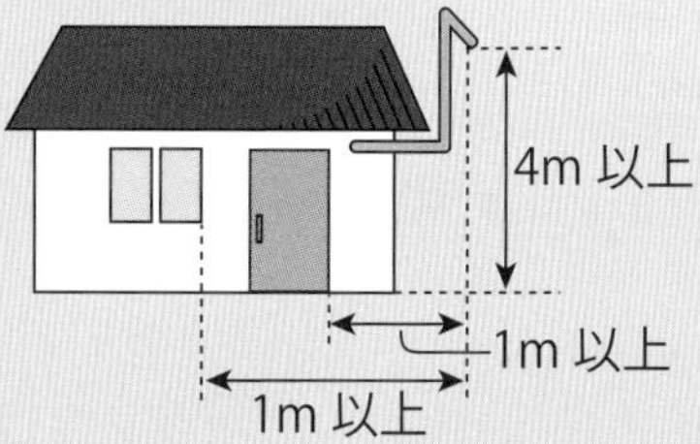

※無弁通気管の先端の基準は、屋外貯蔵タンクに設ける無弁通気管の基準と同じ。[→ p.92]

②屋内貯蔵タンクの圧力タンクには、屋外貯蔵タンクと同様の安全装置を設ける。[→ p.92]

③液体の危険物の屋内貯蔵タンクには、**危険物の量を自動的に表示する装置**を設ける。

(2)配管の基準

屋内タンク貯蔵所の配管の基準は、製造所の基準を準用する。[→ p.84]
ただし、液体の危険物を移送するための屋内貯蔵タンクの配管は、屋外貯蔵タンクと同様に、地震等により配管とタンクとの結合部分に損傷を与えないように設置し、容量が**1万kL以上**のものでは、当該配管とタンクとの結合部分の直近に、非常の場合に**直ちに閉鎖することができる弁**を設ける。

(3)ポンプ設備の基準

①屋内貯蔵タンクのポンプ設備は、タンク専用室のある建築物以外の場所に設ける場合、屋外貯蔵タンクのポンプ設備の基準に準じて設ける。[→ p.93] ただし、周囲の空地は必要としない。

②タンク専用室に設ける場合は、ポンプ設備を堅固な基礎の上に固定するとともに、ポンプ設備の周囲にタンク専用室の出入口のしきいの高さ以上の高さの**不燃材料で造った囲い**を設けるか、又はポンプ設備の基礎の高さをタンク専用室の**出入口のしきいの高さ以上**とする。

(4)電気設備の基準

電気設備は、製造所の電気設備の基準と同様、電気工作物に係る法令の規定に基づいて設置し、**指定数量の10倍以上**の危険物の貯蔵倉庫には日本工業規格に適合する**避雷設備**を設ける。

屋内タンク貯蔵所の基準の特例

①引火点が40℃以上の第四類危険物のみを貯蔵し、又は取扱う屋内タンク貯蔵所で、タンク専用室を平家建て以外の建造物に設けるものに限り、位置、構造、設備の基準の特例や緩和がある。

②アルキルアルミニウム、アルキルリチウム、アセトアルデヒド、酸化プロピレン等の危険物を貯蔵し、又は取扱う屋内タンク貯蔵所は基準を超える特例がある。

要点整理

- 屋内貯蔵タンクは、平家建てのタンク専用室に設置する。
- タンク専用室と壁、タンク相互間の間隔は0.5ｍ以上とする。
- 屋内貯蔵タンクの容量は、指定数量の40倍以下とする。ただし、第４石油類、動植物油類以外の第四類危険物の屋内貯蔵タンクの容量は2万Ｌ以下とする。
- 圧力タンク以外の屋内貯蔵タンクには、無弁通気管を設ける。
- 無弁通気管の先端は、屋外で地上４ｍ以上の高さとし、建築物の窓や出入口等の開口部から１ｍ以上離して設ける。

6 地下タンク貯蔵所の基準

地下タンク貯蔵所の位置

地下タンク貯蔵所には、保安距離及び保有空地は法令上必要としない。

地下貯蔵タンクの設置方法

地下タンク貯蔵所の地下貯蔵タンクは、その構造により、**二重殻タンク**と**それ以外**に分類でき、地下貯蔵タンクの設置方法には次のような３種類がある。また、地下貯蔵タンクには、その構造に応じた設置方法がある。

❶地盤面下に設けられたタンク室に設置する。
❷地盤面下に二重殻タンクを直接設置する。
❸タンクをコンクリートで被覆して地盤面下に設置する。

●地下貯蔵タンクの設置方法

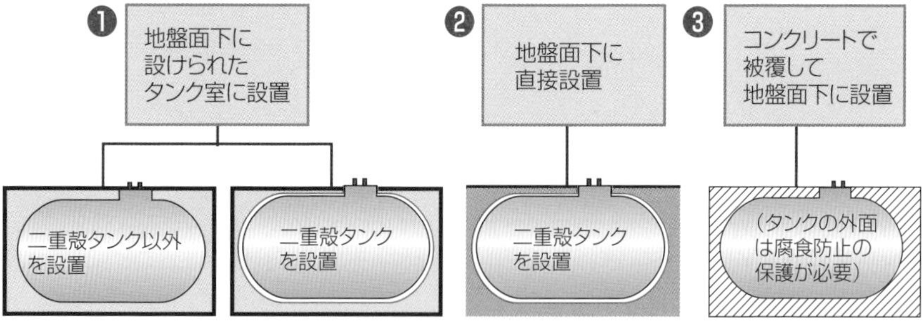

注意

次のような複数の地下貯蔵タンクは１つの地下タンク貯蔵所とみなされる。
①同一のタンク室内に設置されているもの
②同一のふたで覆われているもの
③同一の基礎の上に設置されているもの

二重殻タンク以外のタンクをタンク室に設置する方法

二重殻タンク以外の地下貯蔵タンクを地盤面下に設けられたタンク室に設置する場合は、次の基準を満たさなければならない。

(1)二重殻タンク以外の地下貯蔵タンクの構造の基準

①地下貯蔵タンクは、**厚さ3.2mm 以上の鋼板**又はこれと同等以上の機械的性質を有する材料で気密に造る。
②圧力タンクの場合は、最大常用圧力の1.5倍で、圧力タンク以外のタンクの場合は70kPa の圧力でそれぞれ10分間行う**水圧試験**において、漏れ、又は変形しないものとする。
③地下貯蔵タンクの外面には、保護のため**さびどめ**の塗装をする。
④タンク室は、タンク室・タンク・貯蔵する危険物の重量、土圧や地下水圧、地震等の影響によって生じる応力や変形に対して安全な構造とする。
⑤タンク室は、水密コンクリート又はこれと同等以上の**水密性**がある材料で造り、**防水措置**をする。

(2)二重殻タンク以外の地下貯蔵タンクの設置の基準

①地下貯蔵タンクとタンク室の内側とは**0.1m 以上の間隔**を保ち、かつ周囲に乾燥砂をつめる。
②地下貯蔵タンクの頂部は、**0.6m 以上地盤面から下**にあるようにする。
③地下貯蔵タンクを２つ以上隣接して設置する場合は、その2つのタンク相互間に**1m 以上の間隔**を保つ。

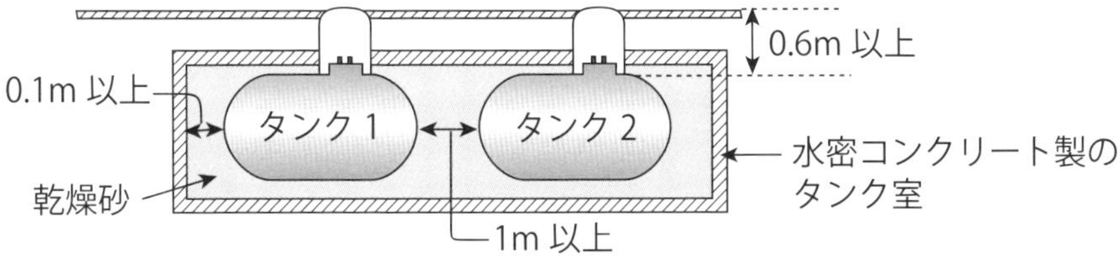

注意

2つ以上の地下貯蔵タンクの容量の総和が指定数量の100倍以下であるときは、タンク相互間の間隔は0.5m でよい。

二重殻タンクの設置方法

二重殻タンクは、**材質**によって**3種類**に分類されており、それぞれの構造の基準を満たさなければならない。

また、地盤面下に設けられたタンク室に設置する場合の基準と地盤面下に直接設置する場合の基準が設けられている。

(1)二重殻タンクの構造の基準

二重殻タンクは、二重殻タンク以外の地下貯蔵タンクの基準に加えて、次の基準を満たすものでなければならない。

●二重殻タンクの種類と構造と設備の基準

タンクの種類	構造	設備
鋼製二重殻タンク（SSタンク）	厚さ3.2mm以上の鋼板製のタンクのまわりに厚さ3.2mm以上の鋼板製の外殻タンクを覆ったもので、気密に造られたもの。	二重殻タンクの外側は、いずれも腐食を防ぐための保護をし、二重殻タンクの間隙には腐食防止の措置を講じた液体を満たし、その液体の漏れを常時検知する装置を設ける。
鋼製強化プラスチック製二重殻タンク（SFタンク）	厚さ3.2mm以上の鋼板製のタンクのまわりに厚さ2mm以上の強化プラスチック製の外殻タンクを覆ったもので、気密に造られたもの。	危険物の漏れを検知するための設備を設ける。
強化プラスチック製二重殻タンク（FFタンク）	強化プラスチック製のタンクのまわりに強化プラスチック製の外殻タンクを覆ったもので、気密に造られたもの。荷重が作用した場合の変形などが基準以下であるような構造とする。	強化プラスチックは、貯蔵、又は取扱う危険物の種類に応じたものとし、危険物の漏れを検知する装置を設ける。

注意

＜二重殻タンクの構造＞

①二重殻タンクの外殻の二重部分は、タンクの底部から危険物の最高液面を超える部分までを覆う。

②二重殻タンクの外殻は、タンクに間隙を有するように取付け被覆する。

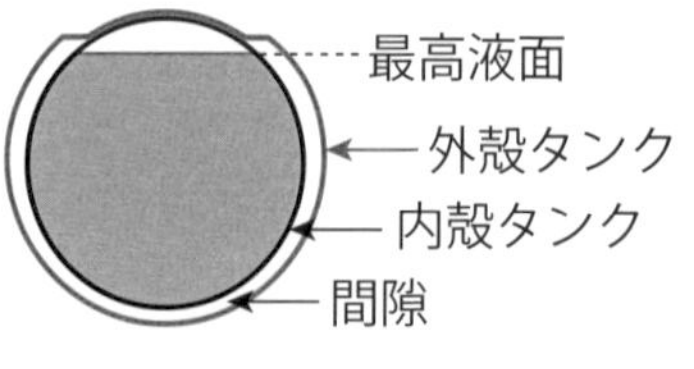

(2)二重殻タンクをタンク室に設置する場合の基準

二重殻タンクを地下に設置したタンク室に設置する場合の基準は、タンクの種類による違いはなく、二重殻タンク以外の地下貯蔵タンクの設置の基準を準用する。[→ p.101]

(3)二重殻タンクを直接地盤面下に設置する場合の基準

第四類危険物の二重殻タンクであって、次の条件が満たされた場合には、二重殻タンクを直接地盤面下に設置することができる。

①二重殻タンクの水平投影の縦及び横の長さよりも**0.6m 以上大きく**、かつ**厚さ0.3m 以上**の鉄筋コンクリート造のふたで覆う。
②ふたにかかる重量が、二重殻タンクに直接かからない構造とする。
③二重殻タンクは堅固な基礎の上に固定する。

地下貯蔵タンクをコンクリートで被覆して地盤面下に設置する方法

地下貯蔵タンクは、コンクリートで被覆して危険物の漏れを防止すれば、直接地盤面下に設置することができる。その場合は、次の基準を満たさなければならない。

①タンクを被覆するコンクリートは、**上方が0.15m 以上**、**側方と下方が0.3m 以上**の厚さとし、適当な防水措置を講じたものとする。
②タンクは、タンクの水平投影の縦及び横の長さよりも**0.6m 以上大きく**、かつ、**厚さ0.3m 以上**の鉄筋コンクリート造のふたで覆う。

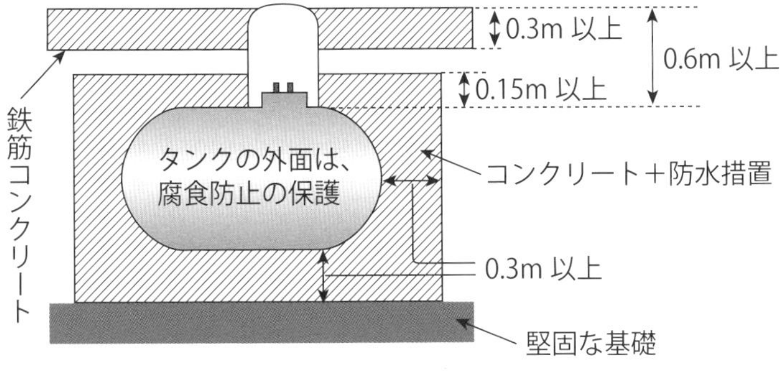

③ふたにかかる重量が直接タンクにかからない構造とする。
④タンクは、堅固な基礎の上に固定する。
⑤タンクの外面は、腐蝕を防止するための保護をしなければならない。

メモ

②～⑤の基準は二重殻タンクを直接地盤面下に埋設する場合の基準と同じである。

⑥地下貯蔵タンクの、頂部の位置、材質と板厚、強度等については、二重殻タンク以外のタンクを地下タンク室に設置する場合の基準を準用する。[→ p.101]

注意

コンクリートで被覆して地盤面下に設置する場合はタンク間の距離は不要である。

地下タンク貯蔵所の設備

地下タンク貯蔵所の設備は、次の基準を満たすものでなければならない。

①地下貯蔵タンクの圧力タンクには、安全装置を設ける。
②**圧力タンク以外**の地下貯蔵タンクには、**無弁通気管**又は**大気弁付通気管**を設ける。[通気管の詳細→ p.92]
- 通気管は、地下貯蔵タンクの頂部に取り付ける。
- 通気管のうち、地下の部分は、その上部の地盤面にかかる重量が直接当該部分にかからないように保護し、通気管の接合部分は、当該接合部分の損傷の有無を点検できる措置を講ずる。
- 可燃性の蒸気を回収するための弁を通気管に設ける場合には、当該通気管の弁は、地下貯蔵タンクに危険物を注入する場合を除き常時開放している構造であるとともに、閉鎖した場合にあっては、10kPa 以下の圧力で開放する構造とする。
- その他、屋外貯蔵タンクに設ける通気管の基準を満たすものとする。

③**液体の危険物**の地下貯蔵タンクには、**危険物の量を自動的に表示する装置**を設け、屋外に注入口を設ける。注入口の基準は、屋外貯蔵タンクの基準を準用する。
④配管は、頂部に取り付ける。その他の配管に関する基準は、製造所の基準を準用する。[→ p.84]

⑤二重殻タンク以外の地下貯蔵タンク又はその周囲には、当該タンクからの液体の危険物の漏れを検知する設備(**漏えい検査管**など)を設ける。
⑥ポンプ及び電動機を地下貯蔵タンク外に設けるポンプ設備は、屋外貯蔵タンクのポンプ設備の基準を準用する。[→ p.93]
⑦ポンプ及び電動機を地下貯蔵タンク内に設ける油中ポンプ設備の場合には、別の基準が設けられている。
⑧電気設備については、製造所と同様に、電気工作物に係る法令に基づいて設置し、可燃性ガス等が滞留するおそれのある場所に設置する機器は防爆構造としなければならない。[→ p.85]

地下タンク貯蔵所の特例

アルキルアルミニウム、アルキルリチウム、アセトアルデヒド、酸化プロピレンその他の危険物を貯蔵し、又は取扱う地下タンク貯蔵所は、貯蔵し、又は取扱う危険物に応じ、特例が定められている。

要点整理

- 地下貯蔵タンクは、厚さ3.2mm 以上の鋼板又はこれと同等以上の機械的性質を有する材料で造る。
- 地下貯蔵タンクは、圧力タンクの場合は最大常用圧力の1.5倍の圧力で、それ以外は70kPa の圧力でそれぞれ10分間行う水圧試験において、漏れ、又は変形しないものとする。
- 地下貯蔵タンクとタンク室の内側とは0.1ｍ以上の間隔を保ち、周囲に乾燥砂を詰める。
- **地下貯蔵タンクの頂部は、0.6ｍ以上地盤面から下に設ける。**
- 地下貯蔵タンクを２つ以上隣接して設置する場合は、相互間に１ｍ以上の間隔を保つ。
- 二重殻タンクの外殻の二重部分は、危険物の最高液面を超える部分までを覆う。
- 地下貯蔵タンクをコンクリートで被覆して地盤面下に直接設置する場合、上方は0.15m 以上、側方と下方は0.3m 以上の厚さとする。
- 液体の危険物の地下貯蔵タンクには、危険物の量の自動表示装置を設ける。

7 簡易タンク貯蔵所の基準

簡易タンク貯蔵所の位置

簡易タンク貯蔵所には、保安距離は法令上必要としないが、保有空地が必要である。簡易タンク貯蔵所は、原則として**屋外**に設置するもので、その場合は、タンクの周囲に**1m以上**の幅の保有空地が必要である。

注意

簡易貯蔵タンクをタンク専用室内に設ける場合には、簡易貯蔵タンクとタンク専用室の壁との間は0.5m以上離れていなければならない。

簡易タンク貯蔵所の構造

簡易タンク貯蔵所の構造は、次の基準を満たすものでなければならない。

①１つの簡易タンク貯蔵所に設置する簡易貯蔵タンクは、**3基以内**とし、かつ、**同一品質**の危険物の簡易貯蔵タンクを**2基以上設置しない**。
②簡易貯蔵タンクは、地盤面、架台等にしっかりと固定し、容易に移動しないようにする。
③簡易貯蔵タンクの容量は、１基あたり**600L以下**でなければならない。
④簡易貯蔵タンクは、厚さ3.2mm以上の鋼板で気密に造り、外面にはさびどめの塗装をする。
⑤簡易貯蔵タンクは、70kPaの圧力で10分間行う**水圧試験**で、漏れや変形がおきないものであること。

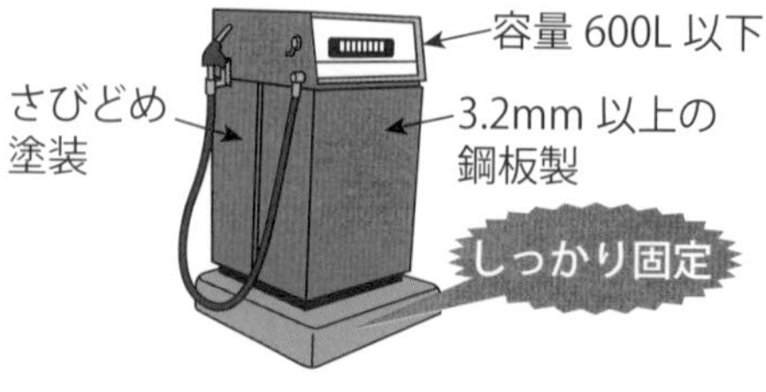

簡易タンク貯蔵所の設備

簡易タンク貯蔵所の設備は、次の基準を満たすものでなければならない。

①簡易貯蔵タンクをタンク専用室に設ける場合のタンク専用室は、その構造、出入口、床の構造、採光、照明、換気及び排出の設備などについて、屋内タンク貯蔵所のタンク専用室の構造の基準に適合するものとする。[→ p.97]

②簡易貯蔵タンクには**通気管**を設ける。ただし、**第四類危険物**の簡易貯蔵タンクのうち圧力タンク以外のタンクに設ける通気管は、**無弁通気管**としなければならない。

注意

＜第四類危険物の簡易貯蔵タンクに設ける無弁通気管＞
・直径25mm以上、先端の高さは屋外にあって地上1.5m以上とする。
・先端の構造は屋外貯蔵タンクに設けるものと同じ。[→ p.92]

③簡易貯蔵タンクに給油又は注油のための設備を設ける場合には、給油取扱所の固定給油設備又は固定注油設備の基準を満たすもので、漏れるおそれがないなど、火災予防上安全な構造とする。

④固定給油設備及び固定注油設備には、**先端に弁**を設けた**全長５m以下**(懸垂式の固定給油設備及び固定注油設備は別の定めがある)の給油ホース又は注油ホースを設ける。

⑤給油ホース又は注油ホースの先端に蓄積される**静電気を有効に除去する装置**を設ける。(給油取扱所の基準と同じ)

要点整理

- 屋外の簡易タンク貯蔵所の保有空地は、1m以上必要である。
- 簡易タンク貯蔵所をタンク専用室に設ける場合は、タンク専用室の壁とタンクとの間隔は、0.5m以上とする。
- **同一の簡易タンク貯蔵所には、簡易貯蔵タンクを3基まで設置できるが、同じ品質の危険物のタンクは2基以上設置できない。**
- 簡易貯蔵タンク1基の容量は600L以下とする。

8 移動タンク貯蔵所の基準

移動タンク貯蔵所の区分

移動タンク貯蔵所は、いわゆるタンクローリーと呼ばれているもので、車両に固定されたタンクで危険物を貯蔵するものである。移動タンク貯蔵所は、貯蔵形態や設備により3種類に区分されている。

●移動タンク貯蔵所の区分

①移動タンク貯蔵所（積載式以外）	車両に固定されたタンクで危険物を貯蔵するもの
②積載式移動タンク貯蔵所	移動タンク貯蔵所のうち、移動貯蔵タンクを車両等に積替えるための構造を有するもの
③給油タンク車	移動タンク貯蔵所のうち、航空機又は船舶の燃料タンクに直接給油するための給油設備を備えたもの

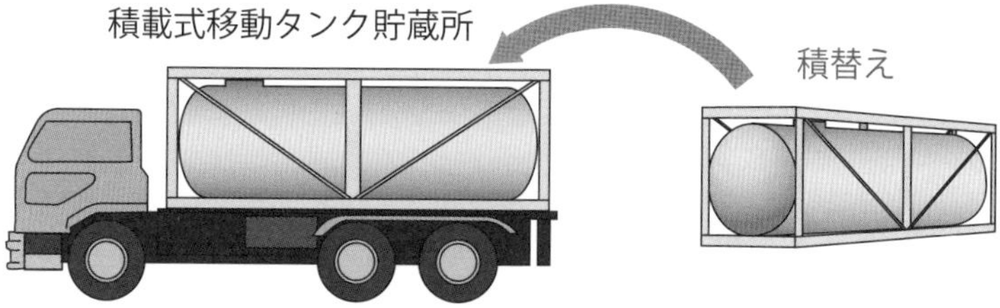

移動タンク貯蔵所の位置

移動タンク貯蔵所には、保安距離及び保有空地は、法令上必要としないが、次のような**常置場所**についての基準を満たさなければならない。

> **メモ**
> 常置場所というのは、いわゆる駐車場のことである。

①移動タンク貯蔵所は、屋外の防火上安全な場所に常置する。
②移動タンク貯蔵所を屋内に常置する場合には、床、はり及び屋根を耐火構造又は不燃材料で造った**建築物の１階**とする。

注意

移動タンク貯蔵所の常置場所は、製造所等の設置の場所と同じ扱いとなり、製造所等の設置、変更の許可申請の対象となる。[→ p.51,63]

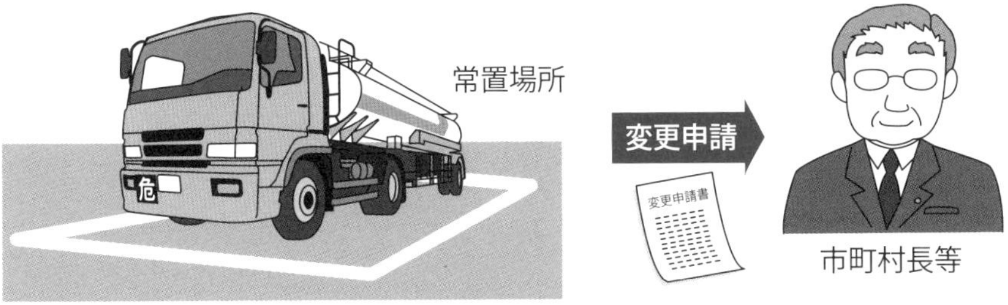

移動タンク貯蔵所の構造

移動タンク貯蔵所の構造は、次の基準を満たすものでなければならない。

①移動貯蔵タンクは、**厚さ3.2mm以上の鋼板**、又はこれと同等以上の機械的性質を有する材料で気密に造る。
②圧力タンクを除くタンクは**70kPaの圧力**で、圧力タンクは**最大常用圧力の1.5倍の圧力**で、それぞれ**10分間**行う水圧試験において、漏れ、変形しないものとする。
③移動貯蔵タンクの容量は、**3万L以下**とし、その内部に4,000L以下ごとに間仕切りを設ける。

覚えよう!

移動貯蔵タンクの間仕切りで仕切られた部分の容量が2,000L以上のものには、防波板を設ける。

④移動貯蔵タンクの間仕切りにより仕切られた部分には、マンホール及び安全装置を設ける。
⑤移動貯蔵タンクの外面は**さびどめ塗装**をする。
⑥移動タンク貯蔵所のマンホール、注入口、安全装置等(以下、附属装置という)が移動貯蔵タンクの上部に突出している場合には、附属装置の損傷を防止するために、**防護枠**、**側面枠**を設ける。

注意

・間仕切り、マンホール、注入口のふたは、移動貯蔵タンクと同様に、厚さ3.2mm以上の鋼板又はこれと同等以上の機械的性質を有する材料で造る。
・防波板は、厚さ1.6mm以上の鋼板又はこれと同等以上の機械的性質を有する材料で造る。

移動タンク貯蔵所の設備

①移動貯蔵タンクの下部に排出口を設ける場合は、当該タンクの排出口に底弁を設け、非常の場合に直ちに当該底弁を閉鎖することができる**手動閉鎖装置**及び**自動閉鎖装置を設ける**。

注意

引火点が70℃以上の第四類の危険物の移動貯蔵タンクの排出口又は直径が40mm以下の排出口に設ける底弁には、自動閉鎖装置は設けなくてもよい。

②手動閉鎖装置には、レバーを設け、かつ、その直近にその旨を表示する。
③底弁を設ける移動貯蔵タンクには、外部からの衝撃による底弁の損傷を防止するための措置を講ずる。
④移動貯蔵タンクの配管は、先端部に弁等を設ける。
⑤移動貯蔵タンク及び附属装置の電気設備で、可燃性の蒸気が滞留するおそれのある場所に設けるものは、可燃性の蒸気に引火しない構造とする。
⑥移動貯蔵タンクには、そのタンクが貯蔵し、又は取扱う**危険物の類**、**品名**及び**最大数量**を表示する設備を見やすい箇所に設けなければならない。また、移動タンク貯蔵所の標識を掲げなければならない。[標識の基準→p.129]

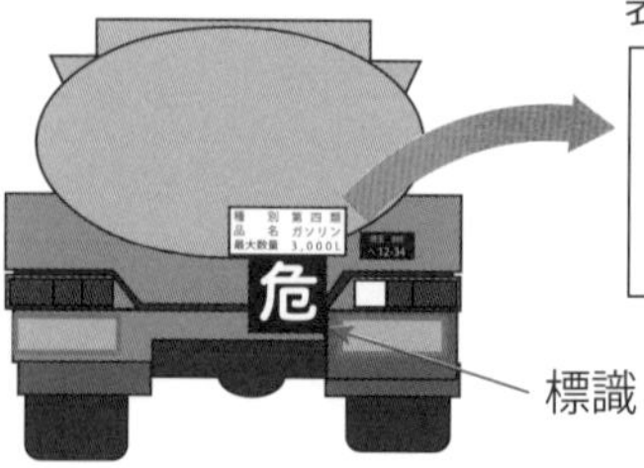

表示の例

種　　別	第四類
品　　名	ガソリン
最大数量	3,000L

⑦ガソリン、ベンゼン等静電気による災害が発生するおそれのある液体の危険物の移動貯蔵タンクには、**接地導線**を設ける。

⑧液体の危険物の移動貯蔵タンクには、危険物を貯蔵し、又は取扱うタンクの注入口と結合できる**結合金具を備えた注入ホース**を設ける。

注意

移動タンク貯蔵所によって危険物を移送する(タンクローリーを運転してガソリンなどを運ぶ)場合には、移送している危険物の類に応じた資格を有する危険物取扱者が乗車しなければならない。[移送の基準→ p.156]

移動タンク貯蔵所の基準の特例

移動タンク貯蔵所のうち、積載式移動タンク貯蔵所、給油タンク車については、基準の特例が設けられている。

また、給油タンク車以外の移動タンク貯蔵所については、アルキルアルミニウム、アルキルリチウム、アセトアルデヒド、酸化プロピレン等の危険物を貯蔵し、又は取扱うものには、当該危険物の性質に応じた特例が定められている。

要点整理

- 移動タンク貯蔵所には保安距離と保有空地は必要ない。
- 移動タンク貯蔵所の常置場所は、屋外では防火上安全な場所、屋内では耐火構造又は不燃材料で造った建築物の1階とする。
- 移動タンク貯蔵所の常置場所の変更には許可が必要である。
- 移動タンク貯蔵所の容量は3万L以下とし、容量が4,000L以下ごとに間仕切り板で区切る。
- 間仕切りで仕切られた部分の容量が2,000L以上の場合には防波板を設ける。

9 屋外貯蔵所の基準

屋外貯蔵所の位置

屋外貯蔵所は、危険物を容器に収納して貯蔵し、又は取扱うものである。

屋外貯蔵所には、保安距離及び保有空地が必要となる。[保安距離→ p.80]

屋外貯蔵所は、**湿潤でなく、かつ、排水のよい場所**に設置する。また、危険物を貯蔵し、又は取扱う場所の周囲には、さく等を設けて**明確に区画**する。そして、さく等の周囲には、指定数量の倍数に応じた幅の保有空地が必要である。

なお、第二類の危険物のうち硫黄又は硫黄のみを含有するもの(以下、硫黄等という)で塊状のものについては、容器に入れず、地盤面に直接貯蔵し、又は取扱うことができる。その場合の基準は別に定められている。[特例→ p.114]

●屋外貯蔵所の保有空地の幅

区分(指定数量の倍数)	空地の幅
10以下	3m 以上
10を超え20以下	6m 以上
20を超え50以下	10m 以上
50を超え200以下	20m 以上
200を超える	30m 以上

注意

硫黄等のみを貯蔵し、又は取扱う屋外貯蔵所の空地の幅は、基準空地の幅の1/3を保有することができる範囲まで減ずることができる。指定数量の倍数が10以下の硫黄の屋外貯蔵所の保有空地は1m 以下でよい。

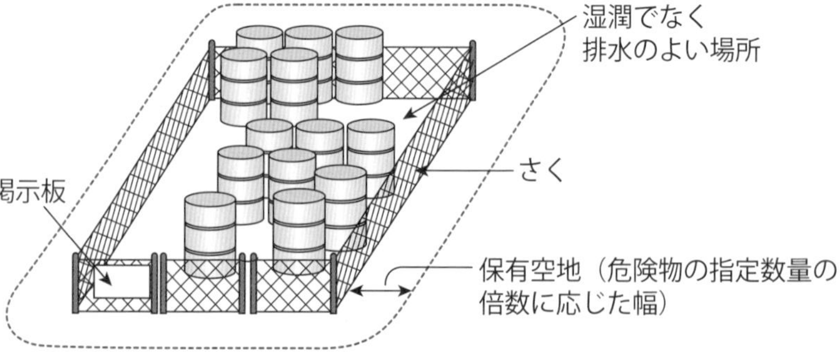

屋外貯蔵所に貯蔵できる危険物

屋外貯蔵所で貯蔵し、又は取扱うことのできる危険物は第二類危険物の一部と第四類危険物の一部に限られている。

●屋外貯蔵所で貯蔵し、又は取扱うことができる危険物

第二類	硫黄、硫黄のみを含有するもの 引火点が0℃以上の引火性固体
第四類	引火点が0℃以上の第1石油類(ガソリンを除く) アルコール類、第2石油類、第3石油類、第4石油類、動植物油類

注意

第二類の引火性固体のうち、引火点が21℃未満のものを貯蔵し、又は取扱う屋外貯蔵所では、危険物を適温に保つための散水設備等を設ける。

屋外貯蔵所の構造・設備

屋外貯蔵所に架台を設ける場合には、架台の構造及び設備は次の基準を満たさなければならない。

①屋外貯蔵所の架台は、**不燃材料**で造り、堅固な地盤面に固定する。
②屋外貯蔵所の架台は、架台及び附属設備の自重、貯蔵危険物の重量、風荷重、地震の影響等の荷重による応力に対して安全なものとする。
③屋外貯蔵所の架台の高さは、**6m未満**とする。
④屋外貯蔵所の架台には、危険物を収納した容器の**落下防止措置**を講ずる。

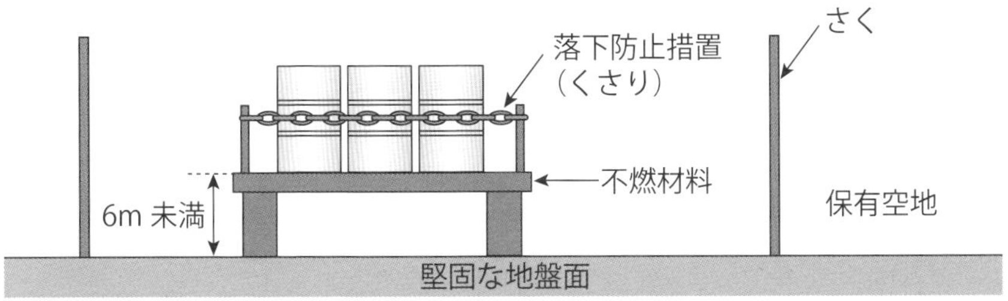

屋外貯蔵所の基準の特例

(1)塊状の硫黄等のみを地盤面で貯蔵し又は取扱う場合の特例

①１つの囲いの内部の面積は、**100m²以下**とする。

②２つ以上の囲いを設ける場合には、それぞれの囲いの内部の面積を合算した面積を1,000m²以下とし、かつ、隣接する囲いと囲いとの間を、基準となる**保有空地の幅の３分の１以上**とする。

③囲いの高さは、**1.5m 以下**とする。

④囲いには、硫黄等のあふれ又は飛散を防止するためのシートを固着する装置を設ける。

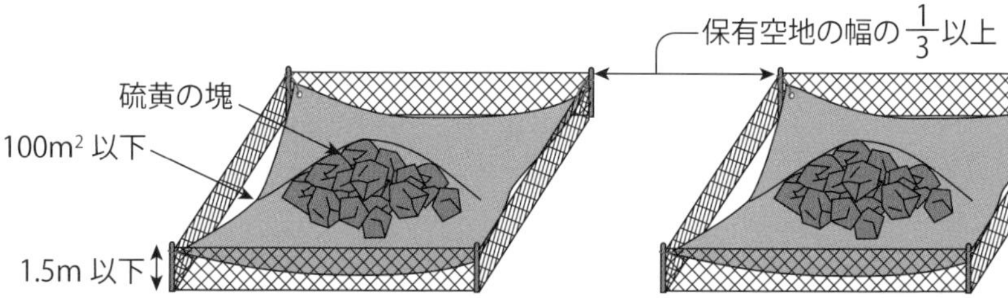

(2)その他の特例

①高引火点危険物のみを貯蔵し、又は取扱う屋外貯蔵所では、保有空地の幅が緩和されるほか、特例が設けられている。

②第四類危険物のうち、第１石油類又はアルコール類を貯蔵し、又は取扱う屋外貯蔵所では、排水溝、貯留設備を設ける。

要点整理

- 屋外貯蔵所は、危険物を貯蔵し、又は取扱う場所の周囲にさくを設け、そのさくの周囲には一定の幅の保有空地を確保する。
- 屋外貯蔵所で貯蔵し、又は取扱うことができる危険物は第二類と第四類のうちの一部のものである。
- 塊状の硫黄等のみを地盤面に設けた囲いの内側で貯蔵し、又は取扱う場合の屋外貯蔵所の保有空地には基準の特例がある。
- 高引火点危険物のみを貯蔵し、又は取扱う屋外貯蔵所には基準の特例がある。

10 給油取扱所の基準 -1

給油取扱所の区分

給油取扱所は、一般には、ガソリンスタンドと呼んでいる施設である。

給油取扱所は、その構造上、屋内給油取扱所とそれ以外の給油取扱所に区分される。[屋内給油取扱所→ p.120]

給油取扱所の位置

給油取扱所には、保安距離及び保有空地は法令上必要としない。

給油取扱所の構造・設備

給油取扱所の構造・設備は、次の基準を満たさなければならない。

①給油取扱所には、固定給油設備・固定注油設備と、それらに接続する専用タンク、廃油タンク(**10,000L 以下**)を地盤面下に設けることができる。

②給油取扱所には、防火地域及び準防火地域以外の地域であれば、簡易タンク(**容量600L 以下**)を設けることができる。

注意

専用タンク、廃油タンクには、地下タンク貯蔵所の基準を準用する。[→ p.100]

簡易タンクは、簡易タンク貯蔵所の基準を準用する。[→ p.106]

③給油取扱所には、自動車等の出入りする側を除き、火災による被害の拡大を防止するため**高さ2m 以上の塀又は壁**であって**耐火構造**のもの又は**不燃材料**で造られたものを設ける。

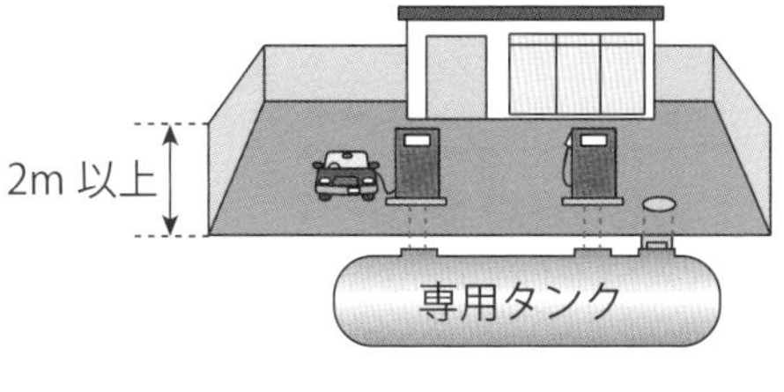

固定給油設備・固定注油設備の構造

固定給油設備とは、自動車等に、ガソリン、軽油等を**直接給油**するための固定された給油設備である。また、固定注油設備とは、灯油もしくは軽油を容器に詰替え、又は車両に固定された容量**4,000L 以下**のタンクに注入するための固定された注油設備である。

固定給油設備・固定注油設備は、地上部分に設置された固定式と、天井につりさげる懸垂式がある。いずれも、ポンプ機器とホース機器で構成されている。

固定給油設備、固定注油設備は、それぞれの基準を満たすものでなければならない。

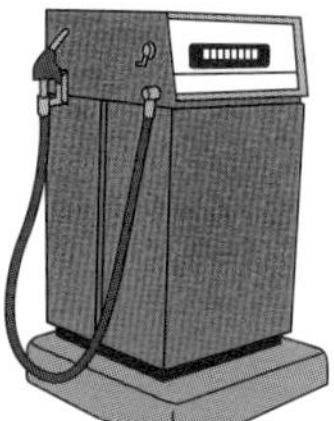

固定式

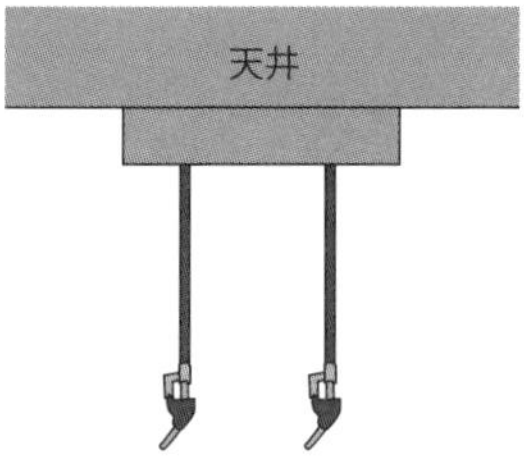

懸垂式

(1)固定給油設備・固定注油設備と道路等との距離

固定給油設備・固定注油設備は、固定給油設備・固定注油設備に接続される給油ホースのうち、その全長が**最大であるもの**の全長(以下、最大給油ホース全長)に応じた距離を道路境界線から保つ。また、敷地境界線、建築物の壁からも次のように一定の距離を保つ。

●固定給油設備・固定注油設備との間に保つ距離

<table>
<tr><th colspan="2">固定給油設備・固定注油設備の区分</th><th>道路境界線からの距離</th><th>敷地境界線からの距離</th><th>建築物の壁からの距離</th></tr>
<tr><td colspan="2">懸垂式</td><td>4m 以上</td><td rowspan="4">固定給油設備
2m 以上

固定注油設備
1m 以上</td><td rowspan="4">2m 以上</td></tr>
<tr><td rowspan="3">固定式</td><td>ホース全長3m 以下</td><td>4m 以上</td></tr>
<tr><td>ホース全長3m を超え4m 以下</td><td>5m 以上</td></tr>
<tr><td>ホース全長4m を超え5m 以下</td><td>6m 以上</td></tr>
</table>

(2)固定注油設備と固定給油設備との距離

固定注油設備と固定給油設備の間は、固定給油設備の最大給油ホース全長に応じた次のような一定の距離を保つ。

●固定注油設備と固定給油設備の間に保つ距離

固定給油設備の区分		固定注油設備との距離
懸垂式		4m 以上
固定式	ホース全長3m 以下	4m 以上
	ホース全長3m を超え4m 以下	5m 以上
	ホース全長4m を超え5m 以下	6m 以上

メモ

固定注油設備と固定給油設備の間に保つ距離は、道路境界線から保つ距離の規定と同じ。

(3)給油空地・注油空地

固定給油設備のホース機器の周囲には給油空地、また、固定注油設備のホース機器の周囲には、注油空地を保有する。

①給油空地は、**間口10m 以上、奥行6m 以上**で、自動車等が給油空地からはみ出さずに給油を受け、通行することができる広さとする。
②給油空地は、自動車等に直接給油し、給油を受ける自動車等が安全かつ円滑に出入りすることができる幅とし、**道路に直接面して**設ける。
③注油空地は、容器を安全に置くことができ、かつ、容器に安全かつ円滑に詰替えることができる広さとする。
④給油空地・注油空地は、漏れた危険物が浸透しないように**舗装**する。
⑤給油空地・注油空地には、漏れた危険物が空地以外に流出しないよう**排水溝**や**油分離装置等**を設ける。

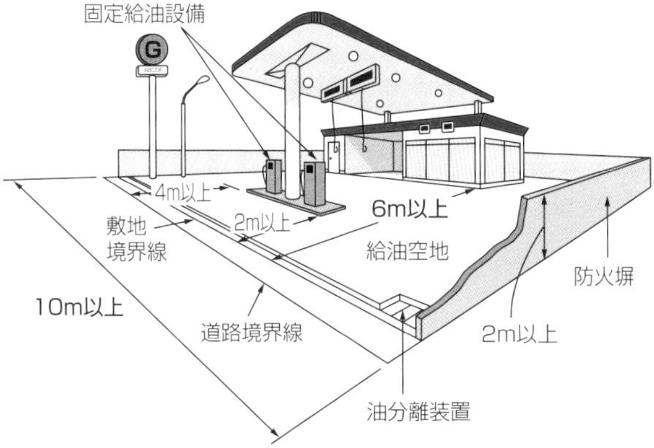

(4)ホース設備・ポンプ設備の構造

固定給油設備・固定注油設備に設けるホース設備及びポンプ設備は次の基準を満たさなければならない。

①固定給油設備及び固定注油設備に設けるホースは、先端に弁を設け、**全長5m以下**(固定式の場合)とする。また、静電気を有効に除去する装置を設ける。
②ホースの直近には、取扱う危険物の**品目を表示**する。

注意

懸垂式の固定給油設備及び固定注油設備のホースの長さは、ホース機器の引出口から地盤面上0.5mの水平面に垂線を下ろし、その交点を中心に給油ホースの先端で円を描いた場合に、半径3mを超える円を描くことができない長さ以下である。

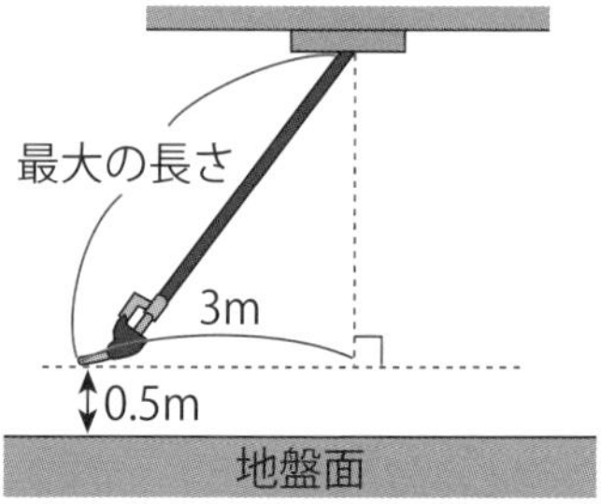

③固定給油設備・固定注油設備のポンプ機器の給油ホース・注油ホースの先端における**最大吐出量**は、取扱う危険物の種類ごとに定められている。

●給油ホース・注油ホースの最大吐出量

(単位：毎分)

取扱う油 / 設備の種類	ガソリン	メタノール又はメタノールを含むもの*	軽油	灯油
固定給油設備	50L以下	50L以下	180L以下	—
固定注油設備	—	—	60L以下	60L以下

*注）エタノールもしくはこれを含有するものも含む。

給油取扱所内に設ける建築物と構造

(1)給油取扱所に設置できる建築物

給油取扱所には、給油又はこれに付帯する業務のための建築物として、以下のような建築物だけを設置できる。

①給油又は灯油もしくは軽油の詰替えのための作業場
②給油取扱所の業務を行う事務所
③給油又は灯油もしくは軽油の詰替え、自動車等の点検・整備もしくは洗浄のために出入りする者を対象とした店舗、飲食店又は展示場
④自動車等の点検・整備を行う作業場、洗浄を行う作業場
⑤給油取扱所の所有者、管理者もしくは占有者が居住する住居

⑥給油取扱所の所有者、管理者もしくは占有者に係る他の給油取扱所の業務を行うための事務所

(2)給油取扱所の建築物の構造

給油取扱所に設置する建築物は次のような構造とする。

①壁、柱、床、はり、屋根を耐火構造又は不燃材料で造る。
②窓及び出入口には、防火設備を設ける。
③ポンプ室その他危険物を取扱う室(以下、ポンプ室等という)を設ける場合、次の基準を満たすものとする。

- ポンプ室等の床は、危険物が浸透しない構造とし、適当な傾斜をつけ、貯留設備を設ける。
- ポンプ室等には、必要な採光、照明、換気の設備を設ける。
- 可燃性蒸気が滞留するおそれがある場合には、蒸気を屋外に排出する設備を設ける。

給油取扱所の特例

次のような給油取扱所には特例が定められている。

①航空機、船舶、鉄道の車両に直接給油する給油取扱所
②圧縮天然ガス等自動車等に充てんする給油取扱所
③電気を動力源とする自動車等に水素を充てんする給油取扱所
④一定の自家用の給油取扱所
⑤第四類危険物のメタノールもしくはエタノール又はこれらを含有するものを取扱う給油取扱所

要点整理

- 給油取扱所の周囲には、耐火構造又は不燃材料で造った高さ2m以上の塀又は壁を設ける。
- 給油空地は、間口10m以上、奥行6m以上必要である。
- 固定式の固定給油設備・固定注油設備には、全長5m以下のホースと静電気除去装置を設ける。
- 建築物の壁と固定給油設備・固定注油設備の間は2m以上を保つ。

11 給油取扱所の基準 - 2

屋内給油取扱所の定義

給油取扱所のうち、次のようなものを屋内給油取扱所といい、給油取扱所の基準に加えて、特別な基準が適用される。

①給油取扱所を**屋内**に設置したもの。
②上屋(キャノピー)等の面積が、給油取扱所の敷地面積から建築物の事務所等にあたる部分の1階の床面積を除いた面積の**1/3を超える**もの(当該面積の割合が2/3までのもので、火災の予防上安全であると認められるものを除く)。

●屋内給油取扱所の例

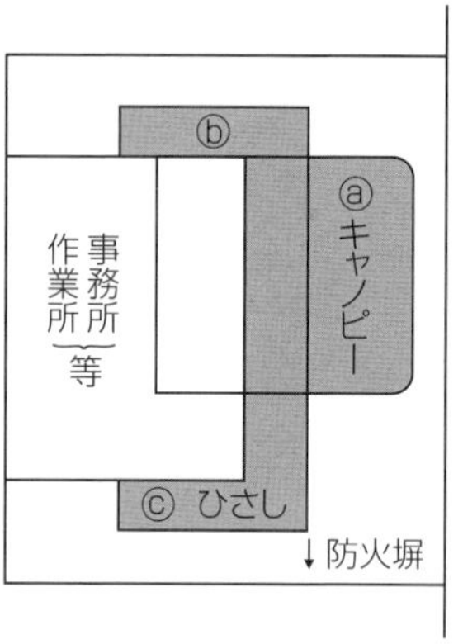

平面図

注意
上屋等の面積は平面図の▭部分
(ⓐ+ⓑ+ⓒ)

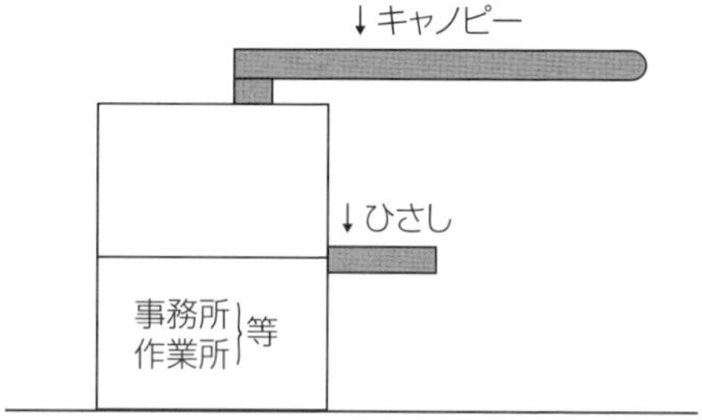

立面図

屋内給油取扱所の構造・設備

屋内給油取扱所の構造と設備は、次の基準を満たさなければならない。

①屋内給油取扱所は、**病院、福祉施設等を有しない建築物に設置**する。
②屋内給油取扱所を設置する建築物は、壁、柱、床、はりを耐火構造とする。

③屋内給油取扱所を設置する建築物には、屋内給油取扱所で発生した火災を建築物の屋内給油取扱所に使用する部分以外の部分に、自動的にかつ、有効に報知できる**自動火災報知設備を設置**する。
④屋内給油取扱所として使用する部分は、壁、柱、床、はり、屋根を耐火構造とし、開口部のない耐火構造の床又は壁で当該建築物の他の部分と区画する。

注意

屋内給油取扱所として使用する部分に上階がない場合には、屋根を不燃材料で造ることができる。

⑤屋内給油取扱所として使用する部分の窓及び出入口(自動車等の出入口を除く)には、防火設備を設ける。
⑥事務所等の窓又は出入口にガラスを用いる場合は、網入りガラスとする。
⑦屋内給油取扱所として使用する部分の**1階の二方には、壁を設けない**。ただし、一定の措置を講じた場合には、壁を設けないのは一方とすることができる。
⑧屋内給油取扱所として使用する部分には、可燃性の蒸気が滞留するおそれのある**穴、くぼみ等を設けない**。
⑨屋内給油取扱所として使用する部分に上階がある場合には、危険物の漏えい拡大と上階への延焼を防止する措置を講ずる。
⑩専用タンクには、危険物の**過剰注入**を**自動的に防止**できる装置を設ける。

顧客に自ら給油等をさせる給油取扱所の特例

給油取扱所のうち、顧客用固定給油設備で顧客に自ら給油させるもの、又は顧客用注油設備で顧客に自ら灯油・軽油を容器に詰替えさせるものには、給油取扱所の基準に加えて、特例が設けられている。

(1)顧客に自ら給油等をさせる給油取扱所の構造・設備

メモ

顧客に自ら給油等をさせる給油取扱所は、いわゆるセルフスタンドと呼ばれているもの。

顧客に自ら給油等をさせる給油取扱所の構造・設備は、次のような基準を満たさなければならない。

①**顧客に自ら給油等をさせる給油取扱所である旨を必ず表示**する。
②顧客用固定給油設備・顧客用固定注油設備の周囲の地盤面等に、車両の停止位置や詰替え容器の置き場所等を表示する。
③顧客用固定給油設備・顧客用固定注油設備のホース等の直近その他見やすい箇所に、使用方法や品目を表示する。
④顧客用固定給油設備・顧客用固定注油設備に表示する場合、危険物の種類に応じた文字を表示し、文字、地、給油ホースは**定められた色**とする。
⑤第３種固定式泡消火設備を設置する。
⑥顧客用固定給油設備・顧客用固定注油設備・簡易タンクには、車両の衝突防止のための措置を講ずる。
⑦顧客の給油や詰替え作業を監視し、制御し、顧客に必要な指示を行うための制御卓(コントロールブース)等を設置する。

覚えよう!

顧客用固定給油設備・顧客用固定注油設備の表示すべき文字と色

(2)顧客用固定給油設備の構造

顧客用固定給油設備は次のような基準を満たすものでなければならない。

①給油ホースの先端部に**手動開閉装置**のついた給油ノズルを設ける。
②手動開閉装置を開放状態で固定する装置を備えた給油ノズルを設ける顧客用固定給油設備は次の基準を満たすものとする。

- 給油ノズルが自動車等の燃料タンク給油口から脱落した場合に給油を自動的に停止する構造とする。
- 引火点が40℃未満の危険物を取扱うホース機器の場合には、給油する際に放出される可燃性の蒸気を回収する装置を設け、給油時に人体に蓄積された静電気を有効に除去することができる構造のものとする。
- 給油ノズルは、自動車等の燃料タンクが満量となったときに給油を自動的に停止する構造のものとし、自動車等の給油口から危険物が噴出した場合に顧客に危険物が飛散しないための措置を講ずる。
- ガソリン及び軽油相互の誤給油を有効に防止できる構造のものとする。
- 1回の連続した給油量と給油時間の上限をあらかじめ設定できる構造のものとする。
- 地震時に危険物の供給を自動的に停止する構造のものとする。

(3)顧客用固定注油設備の構造

顧客用固定注油設備は次のような基準を満たすものでなければならない。

①注油ホースの先端部に開放状態で固定できない**手動開閉装置**を備えた注油ノズルを設ける。
②注油ノズルは、容器が満量になったときに危険物の**注入を自動的に停止**する構造のものとする。
③1回の連続した**注油量及び注油時間の上限**をあらかじめ設定できる構造のものとする。
④地震時にホース機器への危険物の供給を自動的に停止する構造のものとする。

要点整理

- 屋内給油取扱所内には、病院や福祉施設等があってはならない。
- 屋内給油取扱所とそれ以外の部分は、開口部のない耐火構造、又は不燃材料で造られた床又は壁で区画する。
- 顧客に自ら給油等をさせる給油取扱所では、顧客は、顧客用固定給油設備・顧客用固定注油設備でなければ、給油が行えない。
- 顧客に自ら給油等をさせる給油取扱所である旨は必ず表示する。
- 顧客用固定給油設備・顧客用固定注油設備に施す色
  ハイオク ー 黄　　レギュラー ー 赤　　灯油 ー 青　　軽油 ー 緑

12 販売取扱所の基準

販売取扱所の区分

販売取扱所とは、店舗において危険物を容器入りのままで販売する取扱所のことである。販売取扱所は、取扱う危険物の指定数量の倍数が**15以下**の場合が**第一種**販売取扱所、指定数量の倍数が**15を超え40以下**の場合が**第二種**販売取扱所として区分されている。

販売取扱所の位置

販売取扱所には、保安距離及び保有空地は法令上必要としない。

販売取扱所の構造・設備

販売取扱所の構造・設備、第一種販売取扱所と第二種販売取扱所に共通する基準と、それぞれの基準とがあり、両方の基準を満たすものでなければならない。

(1)第一種販売取扱所と第二種販売取扱所に共通の基準

①販売取扱所は、建築物の**1階**に設置する。
②販売取扱所の店舗部分の窓又は出入口のガラスは**網入りガラス**とする。
③電気設備は、電気工作物に係る法令に基づいて設置する(製造所と同様)。
④危険物の配合室は次の基準を満たすものとする。

- 床面積は**6m^2以上10m^2以下**とし、壁で区画する。
- 床は、危険物が浸透しない構造とし、適当な**傾斜**をつけ、かつ、**貯留設備**を設ける。
- 出入口には、随時開けることができる自動閉鎖の特定防火設備を設ける。
- 出入口のしきいの高さは、**床から0.1m以上**とする。
- 内部に滞留した可燃性の蒸気又は可燃性の微粉を屋根上に排出する設備を設ける。

販売取扱所の配合室

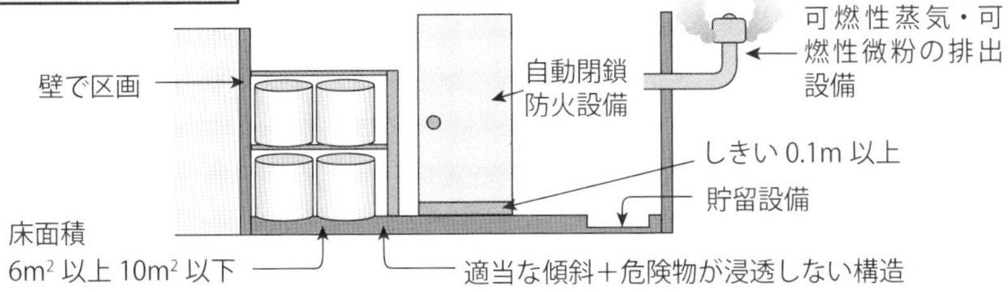

(2)第一種販売取扱所と第二種販売取扱所に適用される基準

●第一種販売取扱所の基準と第二種販売取扱所の基準

	第一種販売取扱所	第二種販売取扱所
店舗の構造	・店舗の壁は準耐火構造とする。 ・店舗とその他の部分との隔壁は耐火構造とする。 ・店舗のはりは不燃材料で造る。 ・天井を設ける場合は天井を不燃材料で造る。	・店舗部分の壁、柱、床及びはりを耐火構造とする。 ・天井は不燃材料で造る。 ・延焼のおそれのある壁は、随時開けることができる自動閉鎖の特定防火設備を設ける。
上階のある場合	・上階の床を耐火構造とする。	・上階の床を耐火構造とする。 ・上階への延焼を防止するための措置を講じる。
上階のない場合	・屋根を耐火構造とするか不燃材料で造る。	・屋根を耐火構造とする。
窓・出入口の構造	・店舗の窓及び出入口には防火設備を設ける。	・店舗の延焼のおそれがない部分に限り窓を設けることができる。 ・窓には防火設備を設ける。 ・出入口には随時開けることができる自動閉鎖の特定防火設備を設ける。

要点整理

- 第一種販売取扱所は取扱う危険物の指定数量の倍数が15以下、第二種販売取扱所は指定数量の倍数が15を超え40以下。
- 販売取扱所は、建築物の1階に設置しなければならない。
- 販売取扱所の店舗部分の窓又は出入口のガラスは網入りガラスとする。
- 販売取扱所の危険物配合室の床面積は6 m^2以上10m^2以下とする。

13 移送取扱所の基準

移送取扱所の位置

移送取扱所とは、配管、ポンプ、附属する設備(危険物を運搬する船舶からの陸上への危険物の移送については、配管及びこれに附属する設備)によって危険物の移送取扱いを行う取扱所のことである。一般に**パイプライン**と呼ばれている。

(1)保安距離・保有空地

移送取扱所には、保安距離は法令上必要ではない。ただし、配管は、住宅、学校、病院などの施設に対し一定の水平距離を確保する。配管を地上に設置する場合には、その配管に係る最大常用圧力に応じて保有空地が必要となる。

(2)移送取扱所の設置場所

①移送取扱所は、次のような場所に設置できない。

- 都道府県地域防災計画又は市町村地域防災計画において定められている震災時のための**避難空地**
- 鉄道及び道路の**ずい道内**
- 高速自動車国道及び自動車専用道路の車道、路肩及び中央帯並びに狭あいな道路(以下、**高速自動車国道等**という)
- 河川区域及び水路敷(以下、**河川区域等**という)
- 利水上の水源である湖沼、貯水池等
- 急傾斜地崩壊危険区域及びぼた山崩壊防止区域
- 海岸保全施設及びその敷地(以下、**海岸保全施設等**という)

注意

移送取扱所は、高速自動車国道等、河川区域等を横断して設置することができる。また、海岸保全施設等に架空横断して設置することができる。

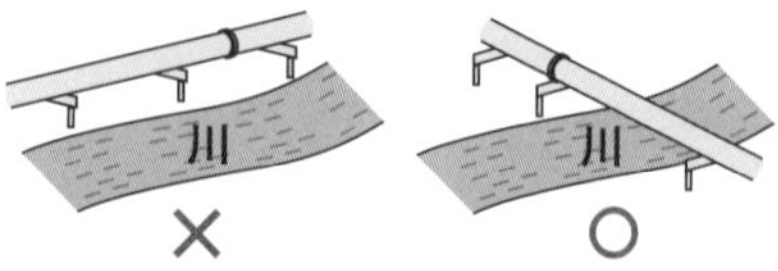

②移送配管を道路下に埋設する場合、**配管の外面と路面の距離**について位置制限がある。

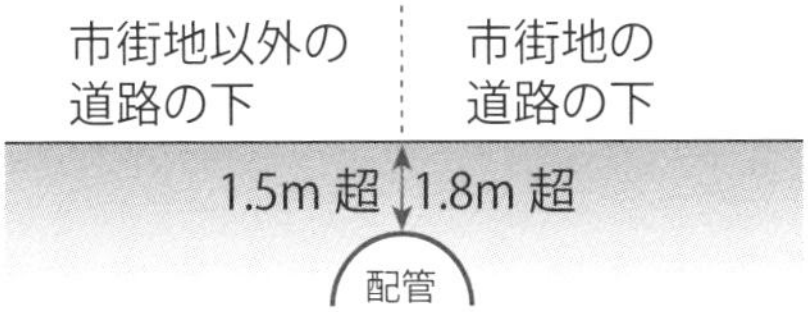

移送取扱所の構造・設備

移送取扱所の配管、管継手及び弁(以下、**配管等**という)、その他の設備は、次の基準を満たすものでなければならない。

①配管等の材料は規格に適合するものとする。
②配管等の構造は配管等の内圧、移送する危険物の重量に応じた安全性の確保されたものとする。
③配管等の溶接はアーク溶接等の基準に適合した溶接方法によって行う。
④配管には、設置場所に応じて伸縮吸収措置、漏えい拡散防止措置、防食被覆処置、電気防食措置を講じる。
⑤配管の経路には、**感震装置**、**強震計**、**通報設備**を設ける。
⑥警報設備等の保安設備には、**予備動力源**を設ける。

移送取扱所の基準の特例

特定移送取扱所には、より厳しい基準の特例がある。

覚えよう!

＜特定移送取扱所の定義＞
①配管延長が15km を超えるもの
②配管にかかる最大常用圧力0.95MPa 以上で配管の長さ7km 以上のもの

要点整理

- 移送取扱所は、鉄道や道路のずい道内には設置できない。
- 移送取扱所の移送配管は、市街地では1.8m を超える深さ、市街地以外では1.5m を超える深さに設置する。

14 一般取扱所の基準

一般取扱所の定義

一般取扱所とは、指定数量以上の危険物を取扱う施設で、給油取扱所、販売取扱所、移送取扱所に分類されないものである。

一般取扱所の位置・構造・設備

一般取扱所の位置・構造・設備の基準は製造所の基準の規定を準用する。[→p.83]　ただし、次に定めるものは基準について特例がある。

特例を受ける一般取扱所	取扱危険物	指定数量の倍数
吹付塗装作業の一般取扱所	第二類又は特殊引火物を除く第四類	30未満
洗浄作業の一般取扱所	引火点が40℃以上の第四類危険物	30未満
焼入れ作業等の一般取扱所	引火点が70℃以上の第四類危険物	30未満
ボイラー等で危険物を消費する一般取扱所	引火点が40℃以上の第四類危険物	30未満
充てんの一般取扱所	液体の危険物（アルキルアルミニウム等及びアセトアルデヒド等を除く。）	全て
詰替えの一般取扱所	引火点が40℃以上の第四類危険物	30未満
油圧装置等を設置する一般取扱所	高引火点危険物（100℃未満取扱い）	50未満
切削装置等を設置する一般取扱所	高引火点危険物（100℃未満取扱い）	30未満
熱媒体油循環装置を設置する一般取扱所	高引火点危険物	30未満
蓄電池設備を設置する一般取扱所	第四類の危険物	―
高引火点危険物のみを100℃未満の温度で取扱う一般取扱所		
アルキルアルミニウム等及びアセトアルデヒド等を取扱う一般取扱所		

要点整理

- 一般取扱所は給油取扱所・販売取扱所・移送取扱所に分類されないものである。
- 一般取扱所の基準は製造所の基準に準じる。

15 標識・掲示板の基準

標識と掲示板

危険物を貯蔵し、又は取扱う製造所等には、見やすい箇所に必ず**標識**と**掲示板**を設けなければならない。

覚えよう!

標　識　⇒　危険物を貯蔵し、又は取扱う製造所等である旨を表示するもの
掲示板　⇒　防火に関して必要な事柄を掲示するもの

標識の基準

製造所等に設ける標識については、標識そのものの色や大きさ、標識に表す文字の色や大きさが規定されている。また、移動タンク貯蔵所に設ける標識と、それ以外に設ける標識は別の基準がある。

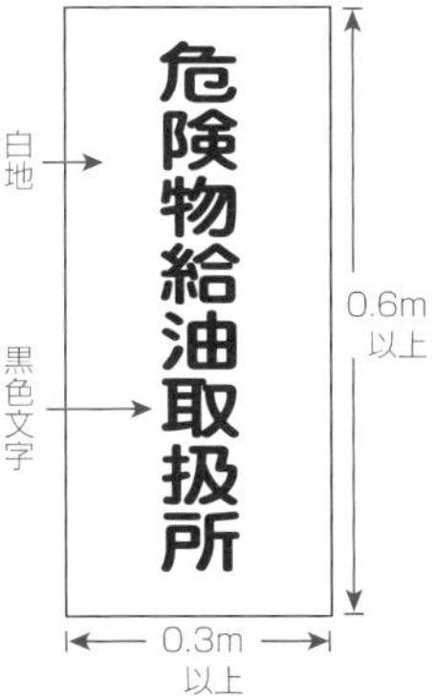

（移動タンク貯蔵所を除く製造所等の標識の例）

(1)移動タンク貯蔵所を除く製造所等の標識の基準

①標識は、**幅0.3m 以上**、**長さ0.6m 以上**の板とする。
②標識は、**地を白色**、**文字を黒色**とする。
③製造所等の名称を記載する。

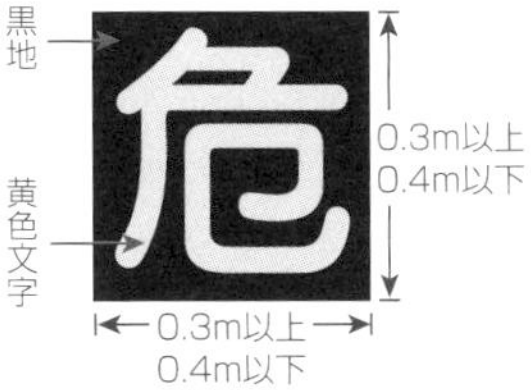

（移動タンク貯蔵所の標識）

(2)移動タンク貯蔵所の標識の基準

①標識は、**0.3m 平方以上0.4m 平方以下**の板とする。
②標識は、**地が黒色**、**文字は黄色**の反射塗料その他反射性を有する材料で「危」と表示する。
③標識は、**車両の前後**の見やすい場所に掲げる。

注意

指定数量以上の危険物を移動タンク貯蔵所ではなく、車両で運搬する場合には、車両の前後の見やすい箇所に、0.3m 平方の黒地に黄色の反射塗料その他反射性を有する材料で「危」と表示した標識を掲げる。
[運搬の基準→ p.156]

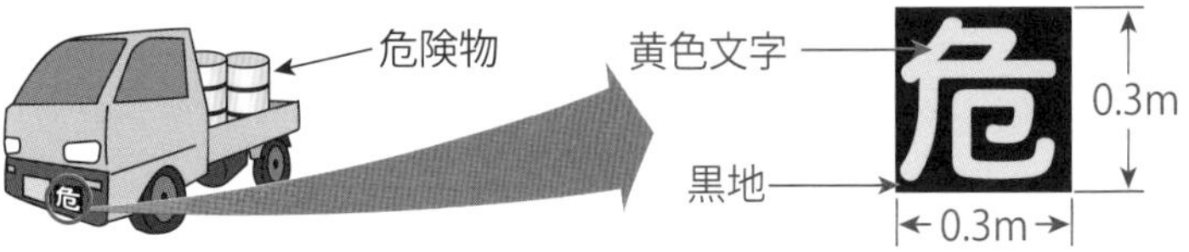

掲示板の基準

掲示板の基準では、掲示板の大きさ、掲示板に掲示する文字の色や大きさ、表示事項などが規定されている。

掲示板には、製造所等に共通して設けなければならないものとして、貯蔵し、又は取扱う**危険物の類や品名等**を表示する掲示板のほか、貯蔵し、又は取扱う危険物ごとの**注意事項**を表示する掲示板も必要となる。また、給油取扱所には、別に必要となる掲示板がある。[→ p.131]

注意

移動タンク貯蔵所には、この掲示板の規定に基づくものではなく、取扱う危険物の類、品名及び最大数量を表示する設備を設けることとされている。[→ p.110]

(1)掲示板の大きさと表示事項

①掲示板の大きさは、**幅0.3m 以上**、**長さ0.6m 以上**とする。

②掲示板の色は、**地は白色**、**文字は黒色**とする。

③掲示板には、貯蔵し、又は取扱う危険物の類、品名、貯蔵最大数量又は取扱最大数量、指定数量の倍数、**危険物保安監督者の氏名又は職名**を記載する。

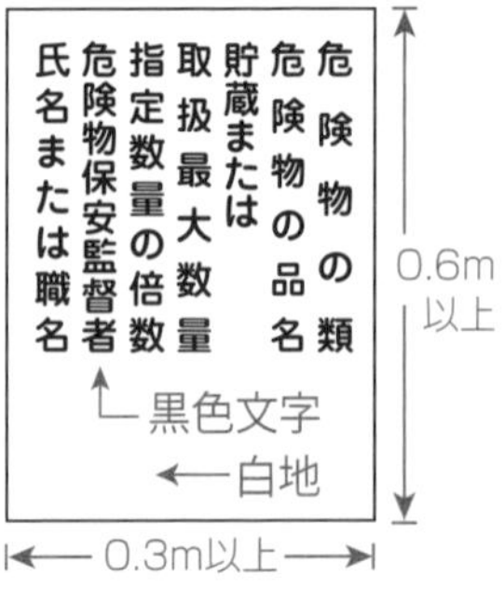

(2)注意事項を表示する掲示板

製造所等では、次のような危険物を貯蔵し、又は取扱う場合には、注意事項を表示する掲示板を設ける必要がある。注意事項を表示する掲示板の大きさは、危険物の類、品名等を表示するものと同じであるが、地色と文字色が異なる。

●注意事項の掲示板の色と対象危険物

番号	対象危険物		注意事項	地　色	文字色
❶	第一類	アルカリ金属過酸化物(含有物を含む)	禁　水	青　色	白　色
	第三類	カリウム、ナトリウム等禁水性物品、アルキルアルミニウム、アルキルリチウム			
❷	第二類	引火性固体を除く全て	火気注意	赤　色	白　色
❸	第二類	引火性固体	火気厳禁		
	第三類	自然発火性物品、アルキルアルミニウム、アルキルリチウム、黄りん			
	第四類	全て			
	第五類	全て			

●危険物の性状に応じて注意事項を表示した掲示板の例

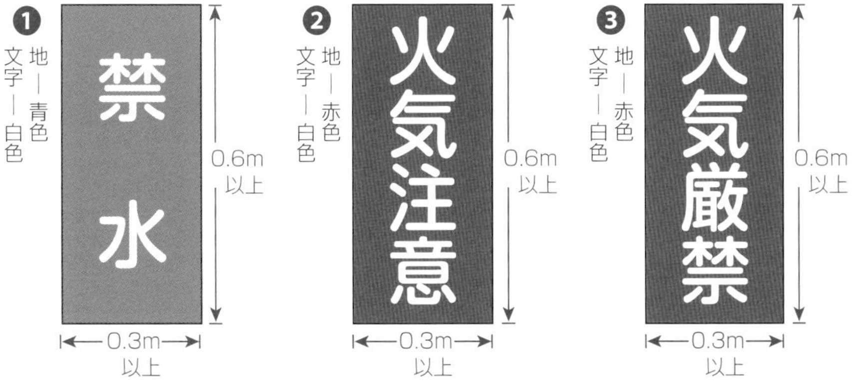

(3)給油取扱所に必要な掲示板

給油取扱所では、製造所等に掲示する通常の掲示板のほかに、**黄赤色の地**に**黒色**で「給油中エンジン停止」と書いた掲示板を設ける。

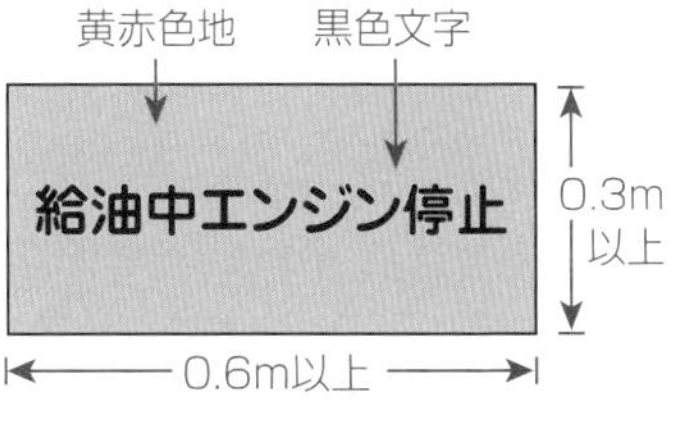

(4)注入口とポンプ設備に必要な注意事項の掲示板

引火点が21℃未満の危険物を貯蔵し、又は取扱う屋外タンク貯蔵所、屋内タンク貯蔵所、地下タンク貯蔵所では、タンクの注入口とポンプ設備に次のような掲示板を設ける必要がある。

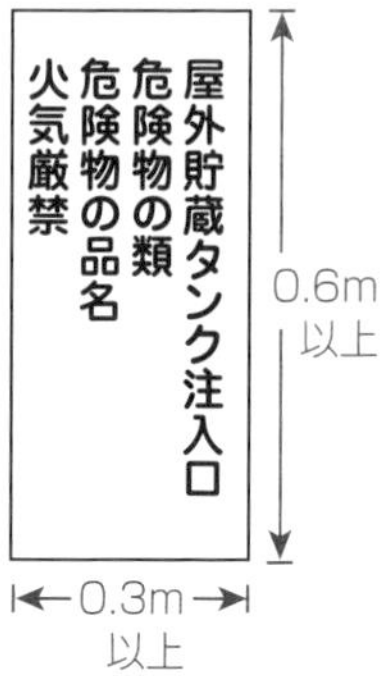

①注入口とポンプ設備に設ける掲示板の大きさは、**幅0.3m以上、長さ0.6m**以上の板とする。

②注入口とポンプ設備に設ける掲示板には、それぞれの設備の名称とタンクの注入口である旨(例：屋外貯蔵タンク注入口)と、危険物の類と品名、注意事項を表示する。

注意

＜その他の表示(復習)＞

・給油取扱所の固定給油設備と固定注油設備の直近には、取扱う危険物の品目を表示することになっている。[→p.118]

・給油取扱所のうち、自ら自動車等に給油させ、又は灯油もしくは軽油を容器に詰替えさせる給油取扱所については、容器の置き場所や自動車の停止位置を表示することになっている。[→p.122]

要点整理

- 移動タンク貯蔵所を除く製造所等の標識は、幅0.3m以上、長さ0.6m以上の大きさで、地は白色、文字は黒色とする。
- 移動タンク貯蔵所の標識は、0.3m平方以上、0.4m平方以下、黒地に「危」を黄色の反射塗料又は反射性のある材料で表示したものを車両の前後に掲げる。
- 指定数量以上の危険物を運搬する**車両の前後**には、0.3m平方の標識を掲げる。
- 掲示板の大きさは幅0.3m以上、長さ0.6m以上とし、地を白色、文字を黒色とする。
- 注意事項を表示する掲示板は、「**禁水**」「**火気注意**」「**火気厳禁**」の3種類があり、地色と文字色が異なる。
- 給油取扱所には、「給油中エンジン停止」の掲示板も設ける。

1 消火設備の基準

消火設備の種類

製造所等には、火災を有効に消火するため、消火設備の設置が義務付けられている。

消火設備の種類は、下の図のように**第1種から第5種に区分**されており、建築物その他の工作物、電気設備の有無、危険物の種類等の区分に応じ、適応するものが政令別表第五 [→ p.134] に定められている。表中の○印が適応するものである。

●消火設備の区分と種類

消火設備の区分	消火設備の種類
第１種消火設備	屋内消火栓設備・屋外消火栓設備
第２種消火設備	スプリンクラー設備
第３種消火設備	水蒸気消火設備・水噴霧消火設備・泡消火設備・不活性ガス消火設備・ハロゲン化物消火設備・粉末消火設備
第４種消火設備	大型消火器
第５種消火設備	小型消火器・乾燥砂・膨張ひる石・膨張真珠岩・水バケツ・水槽

●第１種消火設備

屋内消火栓設備

●第２種消火設備

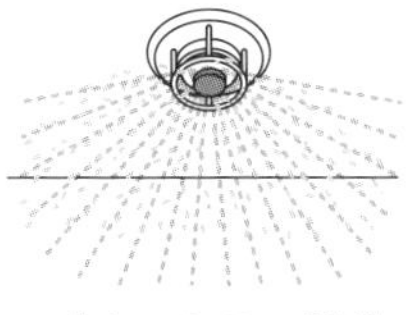

スプリンクラー設備

●第３種消火設備

泡消火設備（高発泡）

●第４種消火設備

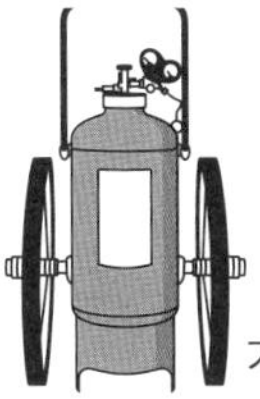

大型消火器

●第５種消火設備

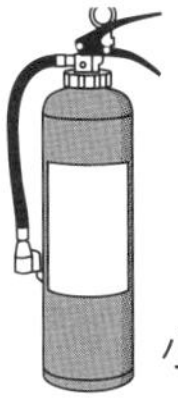

小型消火器

●政令別表第五

消火設備の区分			対象物の区分											
			建築物その他の工作物	電気設備	第一類の危険物		第二類の危険物			第三類の危険物		第四類の危険物	第五類の危険物	第六類の危険物
					アルカリ金属の過酸化物又はこれを含有するもの	その他の第一類の危険物	鉄粉、金属粉もしくはマグネシウム又はこれらのいずれかを含有するもの	引火性固体	その他の第二類の危険物	禁水性物品	その他の第三類の危険物			
第1種		屋内消火栓設備又は屋外消火栓設備	○			○		○	○		○		○	○
第2種		スプリンクラー設備	○			○		○	○		○		○	○
第3種		水蒸気消火設備又は水噴霧消火設備	○	○		○		○	○		○	○	○	○
第3種		泡消火設備	○			○		○	○		○	○	○	○
第3種		不活性ガス消火設備		○				○				○		
第3種		ハロゲン化物消火設備		○				○				○		
第3種	粉末消火設備	りん酸塩類等を使用するもの	○	○		○		○	○			○		○
第3種	粉末消火設備	炭酸水素塩類等を使用するもの		○	○		○	○		○		○		
第3種	粉末消火設備	その他のもの			○		○			○				
第4種又は第5種		棒状の水を放射する消火器	○			○		○	○		○		○	○
第4種又は第5種		霧状の水を放射する消火器	○	○		○		○	○		○		○	○
第4種又は第5種		棒状の強化液を放射する消火器	○			○		○	○		○		○	○
第4種又は第5種		霧状の強化液を放射する消火器	○	○		○		○	○		○	○	○	○
第4種又は第5種		泡を放射する消火器	○			○		○	○		○	○	○	○
第4種又は第5種		二酸化炭素を放射する消火器		○				○				○		
第4種又は第5種		ハロゲン化物を放射する消火器		○				○				○		
第4種又は第5種	消火粉末を放射する消火器	りん酸塩類等を使用するもの	○	○		○		○	○			○		○
第4種又は第5種	消火粉末を放射する消火器	炭酸水素塩類等を使用するもの		○	○		○	○		○		○		
第4種又は第5種	消火粉末を放射する消火器	その他のもの			○		○			○				
第5種		水バケツ又は水槽	○			○		○	○		○		○	○
第5種		乾燥砂			○	○	○	○	○	○	○	○	○	○
第5種		膨張ひる石又は膨張真珠岩			○	○	○	○	○	○	○	○	○	○

消火の困難性と消火設備

製造所等に設ける消火設備の種類は、その施設の**消火困難性に応じて**決められている。消火の困難性は、製造所等の規模、貯蔵し、又は取扱う危険物の品名と最大数量によって、著しく消火が困難な製造所等、消火困難な製造所等、その他のものという**３つに区分**されている。

●消火困難性に応じて設ける消火設備

消火の困難性	消火設備の種類				
	第１種	第２種	第３種	第４種	第５種
①著しく消火が困難と認められるもの	いずれか一種類			○	○
②消火が困難と認められるもの	−	−	−	○	○
①及び②以外のもの（移動タンク貯蔵所を除く）	−	−	−	−	○

（１）著しく消火が困難な製造所等の消火設備

著しく消火が困難な製造所等には、製造所、一般取扱所、屋内貯蔵所、屋外タンク貯蔵所、屋内タンク貯蔵所、屋外貯蔵所及び給油取扱所のうち、一定のもの及び、全ての移送取扱所があたる。**第１種**、**第２種**、**第３種**の消火設備のうちの**いずれか１種類**と、**第４種**、**第５種**の消火設備を設けるよう細かい規定がある。

覚えよう！

＜著しく消火が困難な製造所等の例＞
- ●延べ面積が1,000m^2以上の製造所、一般取扱所
- ●屋内貯蔵所のうち、軒高が６ｍ以上の平家建てのもの
- ●給油取扱所のうち、一方開放屋内給油取扱所で上階を有するもの又は顧客に自ら給油等をさせるもの
- ●全ての移送取扱所

（２）消火が困難な製造所等の消火設備

消火が困難な製造所等には、製造所、屋内貯蔵所、屋外タンク貯蔵所、屋内タンク貯蔵所、屋外貯蔵所、給油取扱所、第二種販売取扱所及び一般取扱所のうち、一定のものがあたる。**第４種**、**第５種**の消火設備を製造所等の区分に応じて設けるよう細かい規定がある。

覚えよう!

＜消火が困難な製造所等の例＞

- 延べ面積が600m^2以上1,000m^2未満の製造所、一般取扱所
- 屋外貯蔵所のうち、塊状の硫黄等のみを直接地盤面で貯蔵し、又は取扱うもので囲い内部面積が5m^2以上100m^2未満のもの
- 全ての第二種販売取扱所

（3）その他の製造所等の消火設備

製造所、一般取扱所、屋外貯蔵所、給油取扱所のうち、著しく消火が困難な製造所等、消火が困難な製造所等以外のものは**その他の製造所等**となる。また、屋外貯蔵所のうち、塊状の硫黄等のみを直接地盤面で貯蔵し、又は取扱うもので囲い内部面積が５m^2未満のもの、地下タンク貯蔵所、簡易タンク貯蔵所、移動タンク貯蔵所、第一種販売取扱所もその他の製造所等となる。その他の製造所等には、**第５種消火設備**を設ける。

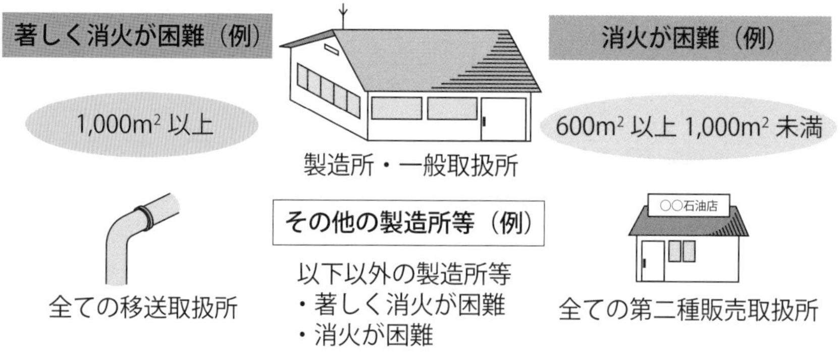

（4）消火設備の特例

その他の製造所等のうち、次の製造所等については、危険物の倍数等に関係なく、設ける消火設備が規定されている。

①地下タンク貯蔵所は、**第５種消火設備**を**２個以上**設ける。

②移動タンク貯蔵所は、**自動車用消火器**のうち、**3.5kg 以上の粉末消火器**又は**その他の消火器**を**２個以上**設ける。また、アルキルアルミニウム等を貯蔵し、又は取扱う移動タンク貯蔵所は、加えて150L 以上の乾燥砂等を設ける。

(5)電気設備の消火設備

電気設備に対する消火設備は、電気設備のある場所の面積**100m²**ごとに1個以上設ける。

所要単位

所要単位とは、消火設備の設置の対象となる建築物その他の工作物の規模又は危険物の量の基準の単位で、製造所等に必要となる消火設備の能力を定める場合に用いる。所要単位は、製造所等の構造、延べ面積又は危険物の量により決められた**1所要単位を用いて計算**して求める。

①製造所又は取扱所の建築物の所要単位

- 外壁が耐火構造のもの → 延べ面積 100m²
- 外壁が耐火構造でないもの → 延べ面積 50m²

を1所要単位とする。

②貯蔵所の建築物の所要単位

- 外壁が耐火構造のもの → 延べ面積 150m²
- 外壁が耐火構造でないもの → 延べ面積 75m²

を1所要単位とする。

③危険物の量

指定数量の10倍を1所要単位とする。

注意

製造所等の屋外の工作物の場合には、外壁を耐火構造とみなし、かつ、工作物の水平最大面積を建坪とする建築物とみなして所要単位を算出する。

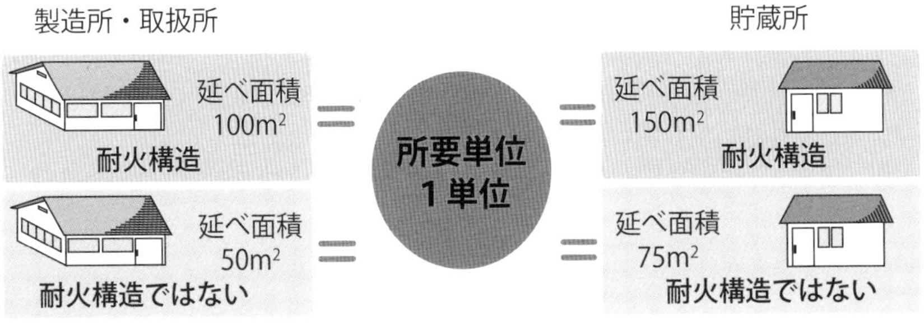

〈計算例〉
延べ面積が1,500m^2で、外壁が耐火構造である製造所の所要単位を計算する。

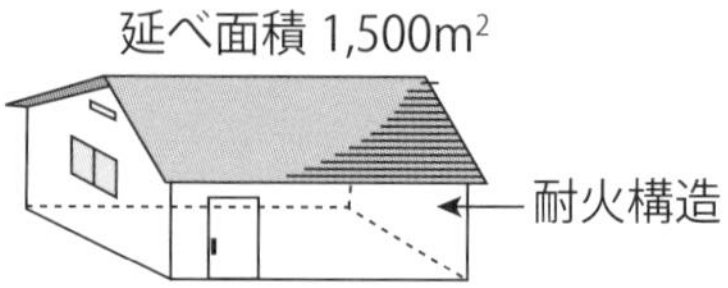

耐火構造の製造所の1所要単位は、延べ面積100m^2であるから、
1,500 ÷ 100 ＝ 15　(単位)となる。

能力単位

能力単位とは、所要単位に対応する**消火設備能力の基準単位**である。製造所等においては、所要単位に応じた能力単位を持つ消火設備を設けなければならない。

第5種消火設備のうち消火器以外の、水バケツや乾燥砂などの消火設備についての能力単位は次のように定められている。

①水バケツ又は水槽(電気設備・第四類の危険物を除く対象物に対する能力単位)

- 消火専用バケツ／8 L → 3個にて1.0能力単位
- 水槽(消火専用バケツ3個付)／80 L → 1.5能力単位
- 水槽(消火専用バケツ6個付)／190 L → 2.5能力単位

②乾燥砂、膨張ひる石又は膨張真珠岩(第一類から第六類までの危険物に対する能力単位)

- 乾燥砂(スコップ付)／50 L → 0.5能力単位
- 膨張ひる石又は膨張真珠岩(スコップ付)／160 L → 1.0能力単位

消火設備の設置基準

消火設備は、消火設備の種類ごとに定められている設置基準を満たさなければならない。

(1)第１種消火設備

第１種消火設備には、屋内消火栓と屋外消火栓がある。水源の水量とノズルの先端の**放水圧力**が規定以上となるように設置する。また、**ホース接続口までの距離**が次のように定められている。

屋内 消火栓設備	建築物の階ごとに、その階の各部分からホース接続口までの水平距離が25m 以下になるように設置
屋外 消火栓設備	防護対象物の各部分からホース接続口までの水平距離が40m 以下になるように設置

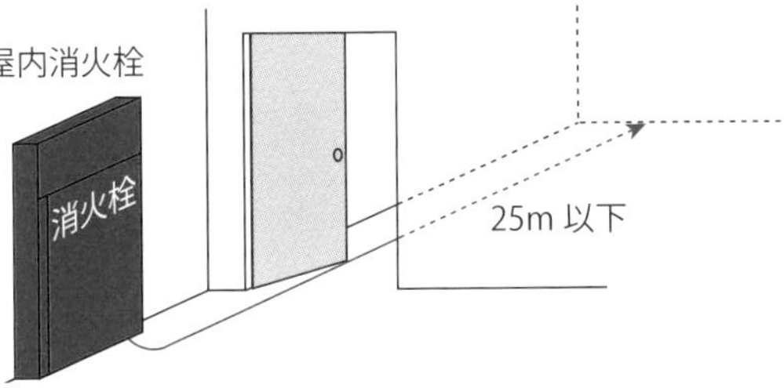

(2)第2種消火設備

第２種消火設備は、スプリンクラー設備である。スプリンクラーは**水源の量、放射圧力、毎分の放水量**が規定以上となるように設置する。

また、設置場所については、防護対象物の天井又は小屋裏とし、防火対象物の各部分から１つのスプリンクラーヘッドまでの水平距離は**1.7m 以下**とする。

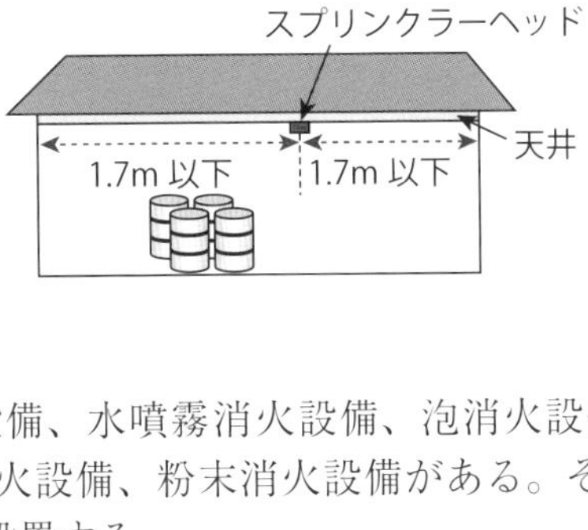

(3)第3種消火設備

第３種消火設備には、水蒸気消火設備、水噴霧消火設備、泡消火設備、不活性ガス消火設備、ハロゲン化物消火設備、粉末消火設備がある。それぞれの設備に応じた基準を満たすよう設置する。

(4)第４種消火設備

第４種消火設備は大型消火器で、防護対象物の各部分から消火設備に至る**歩行距離が30m 以下**になるように設置。

(5)第５種消火設備

第５種消火設備は、小型消火器のほか、乾燥砂、膨張ひる石、膨張真珠岩、水バケツ、水槽である。設置する製造所等により、次の基準を満たすよう設置する。[第5種消火設備の分類→ p.237]

●第５種消火設備の設置の基準

地下タンク貯蔵所、簡易タンク貯蔵所、移動タンク貯蔵所、給油取扱所、第１種又は第２種販売取扱所	有効に消火できる位置に設置
その他の製造所等	防護対象物の各部分から消火設備までの歩行距離が20m 以下になるように設置

注意

・第４種消火設備の設置の基準は、第１種、第２種、第３種の消火設備と併置する場合には適用しない。
・第５種消火設備の設置の基準は、第１種から第４種までの消火設備と併置する場合には適用しない。

要点整理

- 著しく消火が困難な製造所等には、第1種、第2種、第3種のうちいずれか1つの消火設備と、第4種、第5種の消火設備を設けなければならない。
- 延べ面積が1,000m² 以上の製造所、一般取扱所は著しく消火が困難な製造所等である。
- 地下タンク貯蔵所には第5種消火設備を２個以上設ける。
- 移動タンク貯蔵所には、自動車用消火器で粉末消火器3.5kg 以上のもの、又はその他の消火器を２個以上設ける。
- 屋内消火栓設備のホース接続口までの水平距離は25m 以下、屋外消火栓設備のホース接続口までの水平距離は40m 以下とする。
- スプリンクラーヘッドまでの水平距離は1.7m 以下とする。

2 警報設備・避難設備の基準

警報設備

警報設備は、**指定数量の倍数が10以上の危険物**を貯蔵し、又は取扱う製造所等において、火災や危険物の流出等の事故が起こった場合に、従業員等にその事実をすばやく知らせる設備である。

警報設備には、**自動火災報知設備、拡声装置、消防機関に報知できる電話、警鐘、非常ベル装置**の5つの区分がある。

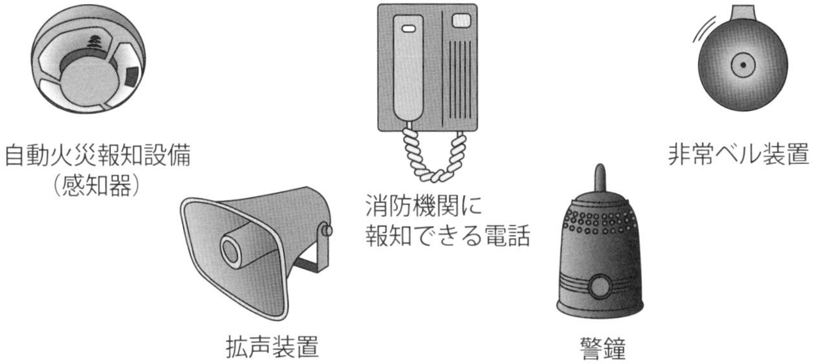

(1)自動火災報知設備が必要となる製造所等

次の製造所等では、火災が発生した場合、自動的に作動する火災報知設備を設置しなければならない。

●自動火災報知設備が必要となる製造所等

①製造所・一般取扱所	延べ面積500m²以上のもの、屋内で指定数量の倍数が100以上のもの等
②屋内貯蔵所	指定数量の倍数が100以上のもの(高引火点危険物を除く)、延べ面積が150m²を超えるもの、軒高が6m以上の平家建てのもの等
③屋外タンク貯蔵所	岩盤タンクを有するもの
④屋内タンク貯蔵所	階層設置の屋内タンク貯蔵所で著しく消火困難な製造所等に該当するもの
⑤給油取扱所	一方開放のもの、上部に上階を有するもの

(2)その他の警報設備が必要となる製造所等

自動火災報知設備が必要とならない製造所等のうち、危険物の指定数量の倍数が**10以上**のものにおいては、消防機関に報知できる電話、非常ベル装置、拡声装置、警鐘のうち1種類以上を設置する。

避難設備

給油取扱所のうち、次のようなものには火災が発生した場合に避難が容易ではないことから、避難設備として、**非常電源付の誘導灯**を設置しなければならない。

①給油取扱所のうち、建築物の2階の部分を店舗、飲食店又は展示場の用途に供するもの
②屋内給油取扱所のうち給油取扱所の敷地外に直接通ずる避難口が設けられ、かつ、壁等によって区画された事務所等の出入口

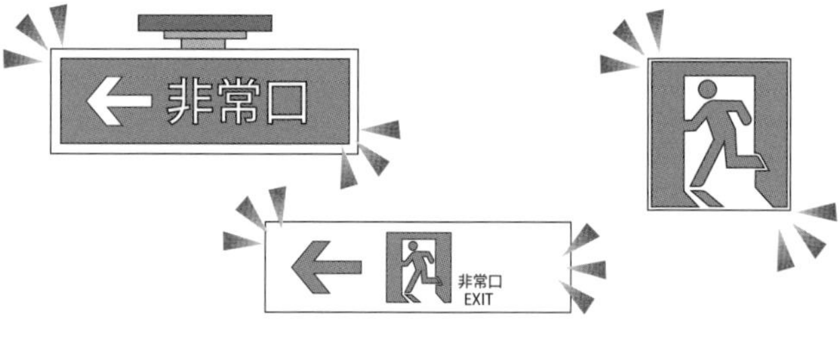

要点整理

- 危険物の指定数量の倍数が10以上の製造所等には、警報設備が必要である。
- 製造所等に設ける警報設備には、自動火災報知設備、拡声装置、消防機関に報知できる電話、警鐘、非常ベル装置の5区分がある。
- 延べ面積500m²以上の製造所と一般取扱所では、自動火災報知設備を設置しなければならない。
- 屋内貯蔵所で指定数量の100倍以上のもの、延べ面積が150m²を超えるもの、軒高が6m以上の平家建てのものは、自動火災報知設備を設置しなければならない。

3 貯蔵又は取扱いの共通基準

貯蔵又は取扱いの共通基準

製造所等において、危険物を貯蔵し、又は取扱う場合には、危険物の類別、数量にかかわらず、共通して次の基準を満たす必要がある。

①許可もしくは届出をした**品名以外**の危険物や、数量もしくは指定数量の**倍数を超える**危険物を貯蔵し、又は取扱ってはならない。
②みだりに火気を使用したり、**係員以外の者**を出入りさせない。
③整理及び清掃を行い、みだりに空箱等その他不必要な物件を置かない。
④貯留設備又は油分離装置に溜まった危険物は、**あふれないよう**随時くみ上げる。
⑤危険物のくず、かす等は**1日に1回以上**危険物の性質に応じて安全な場所で廃棄その他の処置をする。
⑥危険物を貯蔵し、又は取扱う建築物その他の工作物又は設備は、当該危険物の性質に応じ、**遮光**又は**換気**を行う。
⑦**温度計**、**湿度計**、**圧力計**等の計器を**監視**し、当該危険物の性質に応じた適正な温度、湿度又は圧力を保つ。
⑧危険物が漏れ、あふれ、又は飛散しないように必要な措置を講じる。
⑨危険物の変質、異物の混入等により当該危険物の危険性が増大しないよう必要な措置を講じる。
⑩危険物が残存し、又はそのおそれがある設備、機械器具、容器等を修理する場合は、安全な場所で危険物を完全に除去した後に行う。

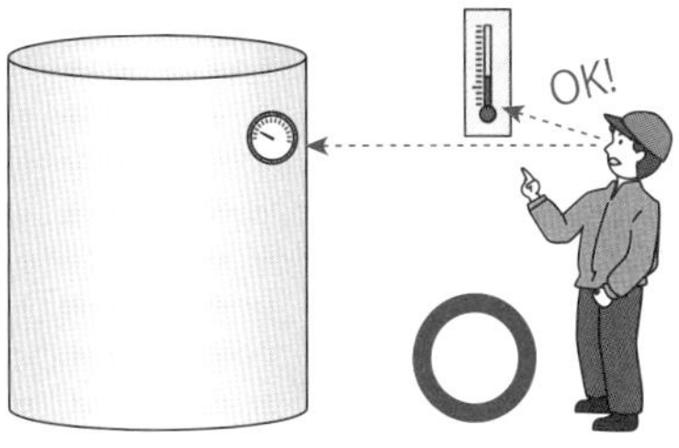

⑪危険物を容器に収納して貯蔵し、又は取扱うときは、その容器は、危険物の性質に適応し、かつ、**破損**、**腐食**、**裂け目**等のないものとする。
⑫危険物を収納した容器は、みだりに転倒させ、落下させ、衝撃を加え、又は引きずる等粗暴な行為をしない。
⑬可燃性の液体、可燃性の蒸気もしくは可燃性のガスが漏れ、もしくは滞留するおそれのある場所又は可燃性の微粉が著しく浮遊するおそれのある場所では、電線と電気器具を完全に接続し、かつ、火花を発する機械器具、工具、履物等を使用しない。
⑭危険物を保護液中に保存する場合は、危険物を**保護液から露出させない**。

貯蔵又は取扱いの類ごとの共通基準

製造所等において、危険物を貯蔵し、又は取扱う場合には、危険物の類に応じた次の基準を満たす必要がある。

第一類	・可燃物との接触、混合を避ける。 ・分解を促す物品との接近を避ける。 ・過熱、衝撃、摩擦を避ける。 ・アルカリ金属の過酸化物(含有するものを含む)は水との接触を避ける。	第二類	・酸化剤との接触、混合を避ける。 ・炎、火花、高温体との接近や過熱を避ける。 ・鉄粉、金属粉(含有するものを含む)、マグネシウム(含有するものを含む)は、水や酸との接触を避ける。 ・引火性固体は、みだりに蒸気を発生させない。
第三類	・自然発火性物品(アルキルアルミニウム、アルキルリチウム、黄りん等)は炎、火花、高温体との接近を避ける。また、過熱、空気との接触も避ける。 ・禁水性物品は水との接触を避ける。	第四類	・炎、火花、高温体との接近を避ける。 ・過熱を避ける。 ・みだりに蒸気を発生させない。
第五類	・炎、火花、高温体との接近を避ける。 ・過熱、衝撃、摩擦を避ける。	第六類	・可燃物との接触、混合を避ける。 ・分解を促す物品との接近を避ける。 ・過熱を避ける。

注意

この基準によらないことが通常である場合は、適用しなくてもよい。その場合は、災害の発生を防止するため十分な措置を講じなければならない。

貯蔵の基準

製造所等のうち、貯蔵所では、危険物を貯蔵する場合に、貯蔵又は取扱いの共通基準に加えて、次の基準を満たす必要がある。

(1)危険物以外の物品との貯蔵禁止と例外(貯蔵できる場合)

貯蔵所では、原則として**危険物以外の物品は貯蔵できない**が、次の場合には危険物と同時に貯蔵できる。

①屋内貯蔵所又は屋外貯蔵所において、法令で定める危険物と危険物以外の物品とをそれぞれ取りまとめて貯蔵し、かつ、**相互に 1 m 以上の間隔を置く**場合。

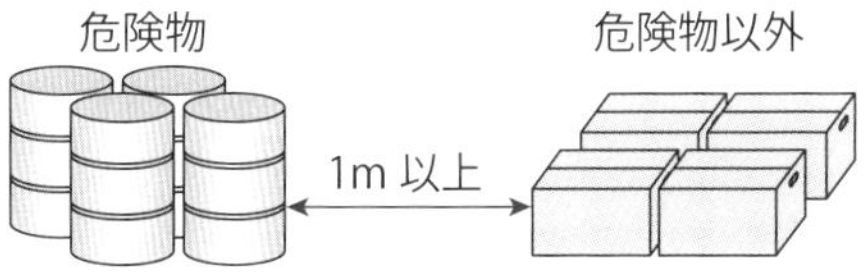

②第四類の危険物及び第六類の危険物を貯蔵し、又は取扱う屋外タンク貯蔵所、屋内タンク貯蔵所、地下タンク貯蔵所及び移動タンク貯蔵所において、当該それぞれの貯蔵所について法令で定める危険物以外の物品を、その構造及び設備に悪影響を与えないよう貯蔵する場合。

(2)類を異にする危険物の貯蔵

類を異にする危険物は、原則として同一の貯蔵所(耐火構造の隔壁で完全に区分された室が２つ以上ある貯蔵所では、同一の室)において**同時貯蔵できない**。ただし、屋内貯蔵所又は屋外貯蔵所において、危険物の類別ごとにそれぞれ取りまとめて貯蔵し、かつ**相互に 1 m 以上の間隔を置く**場合には、下表の組合せに限り同時貯蔵できる。

●同時貯蔵できる危険物の類の組合せ

第一類危険物のうち、アルカリ金属の過酸化物とその含有品を除くもの	第五類危険物
第一類危険物	第六類危険物
第二類危険物	自然発火性物品のうち黄りん又はこれを含有するもの
第二類危険物のうち引火性固体	第四類危険物
アルキルアルミニウム等	第四類危険物のうちアルキルアルミニウム又はアルキルリチウムのいずれかを含有するもの
第四類危険物のうち有機過酸化物又はこれを含有するもの	第五類危険物のうち有機過酸化物又はこれを含有するもの

(3)その他の貯蔵の基準

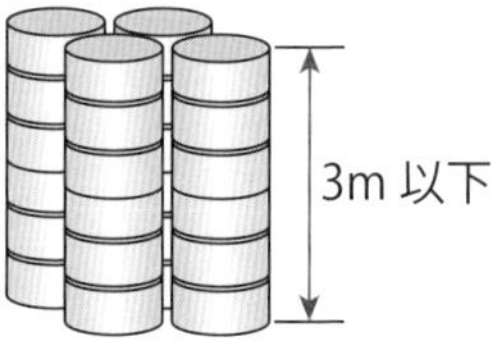

①屋内貯蔵所及び屋外貯蔵所では、危険物は原則として**容器に収納**して保存する（ただし、屋内貯蔵所で塊状の硫黄等を貯蔵する場合は例外）。

②屋内貯蔵所及び屋外貯蔵所で危険物を貯蔵する場合の容器の積み重ね高さは、原則として**3m 以下**とする。

注意

第四類危険物のうち第3石油類、第4石油類及び動植物油類を収納する容器のみを積み重ねる場合は4m 以下とし、機械により荷役する構造を有する容器のみを積み重ねる場合は6m 以下とする。

③屋内貯蔵所においては、容器に収納して貯蔵する危険物の温度が**55℃を超えない**ように必要な措置を講じる。

④屋外貯蔵所で危険物を収納した容器を架台の上で貯蔵する場合は、高さ**6m** を超えてはならない。

⑤屋外貯蔵タンク、屋内貯蔵タンク、地下貯蔵タンク又は簡易貯蔵タンクの**計量口**は、計量するとき以外は閉鎖しておく。

⑥屋外貯蔵タンク、屋内貯蔵タンク又は地下貯蔵タンクの**元弁**及び**注入口の弁**又は**ふた**は、危険物を入れ、又は出すとき以外は閉鎖しておく。

⑦屋外貯蔵タンクの周囲に設ける**防油堤の水抜口**は、**通常閉鎖**しておき、防油堤の内部に滞留し、又は滞水した場合は遅滞なく排出する。

⑧移動貯蔵タンクには、当該タンクが貯蔵し、又は取扱う**危険物の類**、**品名**、**最大数量**を表示する。

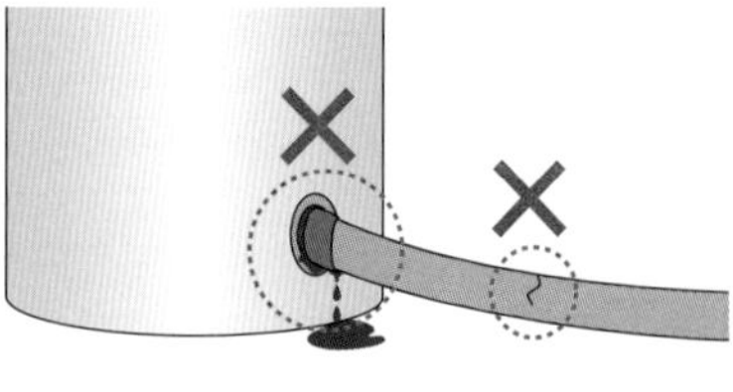

⑨移動貯蔵タンクの安全装置、配管は、さけめ、結合不良、極端な変形、注入ホースの切損等による漏れが起こらないようにし、使用時以外は**底弁を閉鎖**する。

⑩被けん引自動車に固定された移動貯蔵タンクは、被けん引自動車にけん引自動車を結合しておく。ただし、被けん引自動車を鉄道上又は軌道上の車両に積込み、又は車両から取り卸す場合で一定の措置を講じたときはその限りではない。

⑪積載式移動タンク貯蔵所以外の移動タンク貯蔵所では、危険物を貯蔵した状態で移動タンクの積替えを行わない。

⑫移動タンク貯蔵所には、**完成検査済証**、**定期点検記録**、**譲渡又は引渡し**

の届出書及び**品名・数量又は指定数量の倍数の変更の届出書**を備える。
⑬アルキルアルミニウム等を貯蔵し、又は取扱う移動タンク貯蔵所には、緊急時における連絡先等を記載した書類、防護服、ゴム手袋、弁等の締付け工具及び携帯用拡声器を備え付ける。
⑭**塊状の硫黄等**の屋外貯蔵所では、硫黄等を**囲いの高さ以下**とし、硫黄等があふれ、又は飛散しないように囲い全体を難燃性又は**不燃性のシートで覆い**、シートを**囲いに固着**しておく。[屋外貯蔵所の基準→ p.114]

製造、詰替え、消費、廃棄の基準

危険物を取扱う場合には、次のような製造、詰替え、消費、廃棄の基準を満たす必要がある。

(1)製造の基準

①蒸留工程では、危険物を取扱う設備の内部圧力の変動等により、液体、蒸気又はガスが**漏れないよう**にする。
②抽出工程では、抽出かんの内圧が異常に上昇しないようにする。
③乾燥工程では、危険物の温度が局部的に上昇しない方法で加熱し、又は乾燥する。
④粉砕工程では、危険物の粉末が著しく浮遊し、又は危険物の粉末が著しく機械器具等に附着している状態で当該機械器具等を取扱わない。

(2)詰替えの基準

①危険物を容器に詰替える場合は、**基準に適合する容器**に収納する。
②危険物の詰替えは、**防火上安全な場所**で行う。

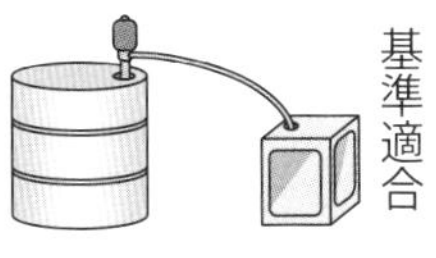

(3)消費の基準

①吹付塗装作業は、**防火上有効な隔壁等で区画された安全な場所**で行う。
②焼入れ作業は、危険物が危険な温度に達しないようにして行う。
③染色又は洗浄の作業は、可燃性の蒸気の換気をよくして行い、**廃液をみだりに放置しない**で安全に処置する。
④バーナーを使用する場合は、バーナーの逆火を防ぎ、危険物があふれないようにする。

(4)廃棄の基準

①焼却する場合は、安全な場所で、かつ、燃焼又は爆発によって他に危害又は損害を及ぼすおそれのない方法で行い、**見張り人**をつける。
②埋没する場合は、危険物の性質に応じ、安全な場所で行う。
③危険物は、**海中又は水中に流出させ、又は投下しない**。

注意
ほかに危害又は損害を及ぼすおそれのないとき、又は災害の発生を防止するための適当な措置を講じたときは除かれる。

製造所等別の取扱いの基準

(1)給油取扱所における取扱いの基準
(顧客に自ら給油等をさせる給油取扱所を除く)

製造所等は、その区分により定められている取扱いの基準を満たさなければならない。

①自動車等に給油するときは、**固定給油設備を使用**して**直接給油**する。
②自動車等に給油するときは、**自動車等の原動機を停止**させる。
③自動車等の一部又は全部が**給油空地からはみ出たままで給油しない**。
④固定注油設備から灯油もしくは軽油を容器に詰替え、又は車両に固定されたタンクに注入するときは、容器又は車両の一部もしくは全部が**注油空地からはみ出たままで行わない**。

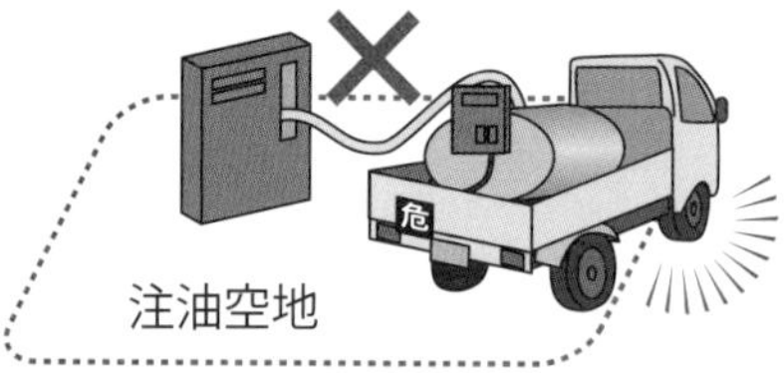

⑤移動貯蔵タンクから専用タンク又は廃油タンク等に危険物を注入するときは、移動タンク貯蔵所を専用タンク又は廃油タンク等の注入口の付近に停車させる。
⑥専用タンク又は簡易タンクに危険物を注入するときは、当該タンクに接続する**固定給油設備又は固定注油設備の使用を中止**するとともに、自動車等を当該タンクの注入口に近づけない。
⑦固定給油設備又は固定注油設備には、当該固定給油設備又は固定注油設備に接続する専用タンク又は簡易タンクの配管以外のものによって、危険物を注入しない。

⑧自動車等に給油するとき、移動貯蔵タンクから専用タンクに危険物を注入するときは、固定給油設備又は専用タンクの注入口もしくは通気管の周囲の一定の距離以内においては、他の自動車等が駐車することを禁止するとともに、自動車等の点検もしくは整備又は洗浄を行わない。
⑨給油空地、注油空地等には、自動車等が駐車又は停車することを禁止するとともに、避難上支障となる物件を置かない。
⑩自動車等の洗浄を行う場合は、引火点を有する液体の洗剤を使用しない。
⑪物品の販売等の業務は、原則として建築物の**1階のみ**で行う。
⑫給油の業務が行われていないときは、係員以外の者を出入りさせないため必要な措置を講じる。

(2)販売取扱所における取扱いの基準(第1種及び第2種)

①危険物は、法令に定める運搬容器に収納し、**容器のままで販売**する。
②塗料類、第一類の危険物のうち塩素酸塩類もしくは塩素酸塩類のみを含有するもの又は硫黄を配合室で配合する場合を除き、**危険物の配合又は詰替えを行わない**。

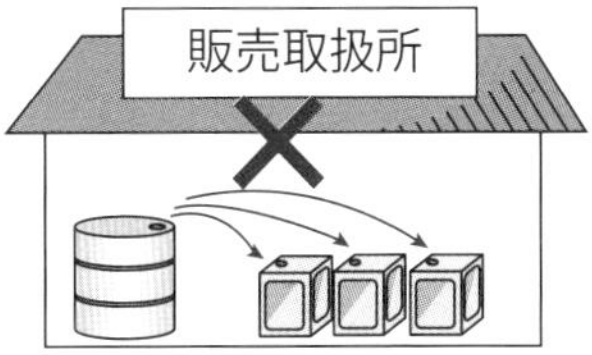

(3)移送取扱所における取扱いの基準

①危険物の移送は、危険物を移送するための配管及びポンプ並びにこれらに附属する設備の安全を確認した後に開始する。
②危険物の移送中は、**移送する危険物の圧力及び流量を常に監視し**、並びに**1日に1回以上**、危険物を移送するための配管及びポンプ並びに附属する設備の安全を確認する**巡視**を行う。
③移送取扱所を設置する地域で、地震を感知し、又は地震の情報を得た場合は、直ちに、災害の発生又は拡大を防止するため必要な措置を講じる。

(4)移動タンク貯蔵所における取扱いの基準(積載式移動タンク貯蔵所を除く)

①原則として移動タンクから液体の危険物を容器に詰替えない。

注意
引火点40℃以上の第四類危険物を、注入ホースの先端部に手動開閉装置を備えた注入ノズルで、安全な注油速度で基準を満たした運搬容器[→p.151]には詰替えてもよい。

②移動貯蔵タンクから危険物を貯蔵し、又は取扱うタンクに液体の危険物を注入するときは、注入口に移動貯蔵タンクの注入ホースを緊結する。

注意

指定数量未満のタンクに、注入ホースの先端部に手動開閉装置を備えた注入ノズルによって引火点が40℃以上の第四類の危険物を注入する場合は、例外として緊結しなくてよい。

③ガソリン、ベンゼンその他静電気による災害が発生するおそれのある液体の危険物を移動貯蔵タンクに入れ、又は、移動貯蔵タンクから出すときは、導線により移動貯蔵タンクと接地電極等の間を緊結して接地する。

④ガソリン、ベンゼンその他静電気による災害発生のおそれのある危険物を移動貯蔵タンクにその上部から注入するときは、注入管を用い、その注入管の先端を移動貯蔵タンクの底部に着ける。

⑤移動貯蔵タンクから、危険物を貯蔵し、又は取扱うタンクに**引火点40℃未満の危険物を注入**するときは、移動タンク貯蔵所の**原動機（エンジン）を停止**させる。

⑥ガソリンを貯蔵していた移動貯蔵タンクに灯油もしくは軽油を注入するとき、又は灯油もしくは軽油を貯蔵していた移動貯蔵タンクにガソリンを注入するときは、**注入速度を１m/秒以下**とするなど、静電気等による災害防止のための措置を講じる。

要点整理

- 危険物のくず、かす等は、１日に１回以上、危険物の性質に応じて安全な場所で廃棄等の処置をする。
- 危険物を保護液中で保存する場合は、保護液から露出させない。
- 貯蔵所では、原則として危険物以外は貯蔵できない。また、類を異にする危険物は原則として同時に貯蔵することはできない。
- 屋内貯蔵所、屋外貯蔵所では、危険物の容器の積み重ね高さは３m以下。
- 屋外貯蔵所で危険物の容器を架台の上で貯蔵する場合は、高さ６mを超えてはならない。
- 給油取扱所で自動車等に給油する場合は、自動車等の原動機を停止する。
- 移送取扱所では、１日１回以上、安全確認のための巡視を行う。

4 運搬及び移送の基準

危険物の運搬

危険物の運搬とは、危険物を車両等によってひとつの場所から他の場所に移すことをいう。危険物の運搬については、運搬容器の基準、積載方法の基準、運搬方法の基準が定められている。

注意
指定数量未満の危険物を運搬する場合も、この基準が適用される。

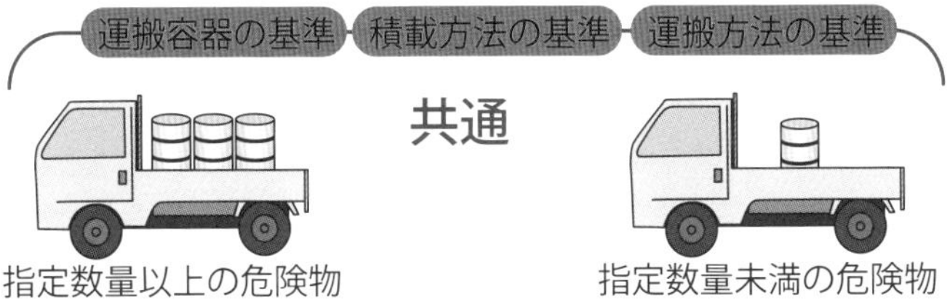

運搬容器の基準

危険物の運搬容器は、材質、構造、容積についての基準を満たさなければならない。

(1)運搬容器の材質

運搬容器の材質は、**鋼板**、**アルミニウム板**、ブリキ板、**ガラス**、金属板、**紙**、プラスチック、ファイバー板、ゴム類、合成繊維、麻、木又は陶磁器と定められている。

(2)運搬容器の構造と容積

運搬容器は、機械により荷役する構造を有する容器とそれ以外の容器に区分されている。両方の区分に共通する基準のほかに、区分ごとに、収納する危険物が固体であるか液体であるか、危険物の類別、危険等級により、**容器の種類**と**最大容積**についての基準が定められている。

①**運搬容器の構造の共通の基準**

- 運搬容器は、堅固で容易に破損するおそれのないものとする。
- 運搬容器は、その口から収納された危険物が漏れるおそれのないものとする。

②**機械により荷役する構造を有する運搬容器の構造の基準**

- 腐食等の劣化に対して保護され、危険物の内圧及び取扱い時又は運搬時の荷重によって当該容器に生じる応力に対して安全なものとする。
- 運搬容器の附属設備には収納した危険物が漏れないよう措置を講じる。
- 容器本体が枠で囲まれた運搬容器や下部に排出口を有する運搬容器は、一定の要件を満たしたものとする。

(3)運搬容器の性能試験

運搬容器は、**落下**試験、**気密**試験、**内圧**試験、**積み重ね**試験等において基準に適合する**性能**を有したものでなければならない。

積載の基準

危険物の運搬は、次のような積載方法の基準を満たさなければならない。

(1)運搬容器の表示

危険物は、運搬容器に収納して積載しなければならない。その場合の**運搬容器の外部**には、次のような**表示**をする。

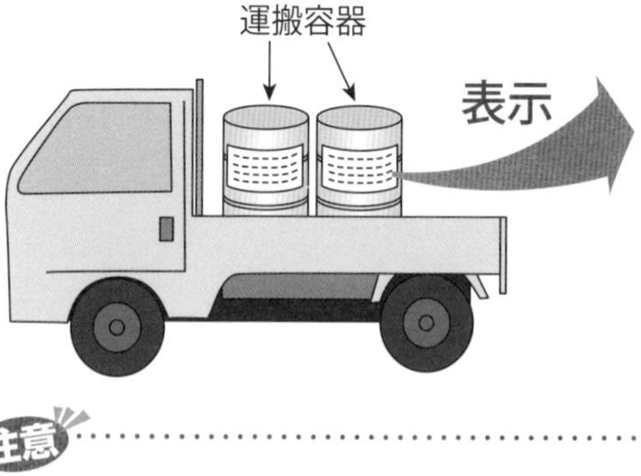

①危険物の**品名、危険等級**及び**化学名**
②第四類の危険物のうち水溶性のものは「水溶性」
③危険物の数量
④収納する危険物に応じた注意事項

注意

塊状の硫黄等を運搬するため積載する場合又は危険物を同じ敷地内の他の製造所等へ運搬する場合は、運搬容器に収納せずに積載できる。

●収納する危険物に応じて表示すべき注意事項

類別	品名又は性質	表示すべき注意事項
第一類	アルカリ金属の過酸化物又はこれを含有するもの	火気・衝撃注意、可燃物接触注意、禁水
	その他のもの	火気・衝撃注意、可燃物接触注意
第二類	鉄粉、金属粉もしくはマグネシウム又はこれらのいずれかを含有するもの	火気注意、禁水
	引火性固体	火気厳禁
	その他のもの	火気注意
第三類	自然発火性物品全て	空気接触厳禁、火気厳禁
	禁水性物品全て	禁水
第四類	全て	火気厳禁
第五類	全て	火気厳禁、衝撃注意
第六類	全て	可燃物接触注意

(2)機械により荷役する構造を有する運搬容器の表示

危険物を、機械により荷役する構造を有する運搬容器に収納して積載する場合、その運搬容器の外部には、次のような表示を加える。

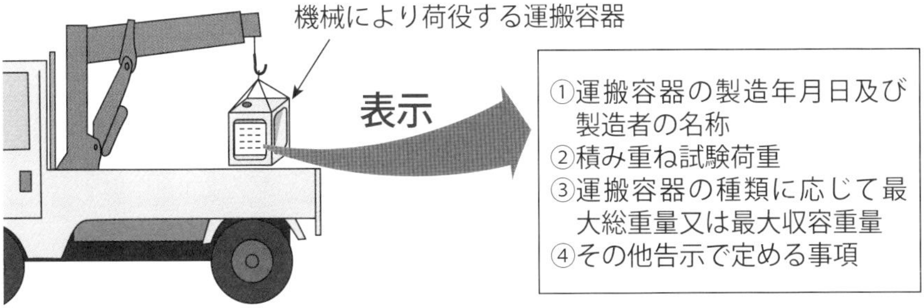

(3)収納の基準

危険物を運搬容器に収納して積載する場合には、次の収納の基準を満たさなければならない。

①危険物は、収納する危険物と危険な反応を起こさない等当該危険物の性質に適応した**材質**の運搬容器に収納する。

②危険物は、温度変化等により危険物が漏れないように原則として運搬容器を密封して収納する。

注意

温度変化等により危険物からのガスの発生によって運搬容器内の圧力が上昇するおそれがある場合は、発生するガスが毒性又は引火性を有する等の危険性があるときを除き、ガス抜き口を設けた運搬容器に収納することができる。

③**固体**の危険物は、原則として、運搬容器の**内容積の95％以下**の収納率で運搬容器に収納する。

④**液体**の危険物は、原則として、運搬容器の**内容積の98％以下**の収納率であって、かつ、**55℃の温度**において漏れないように十分な空間容積を有して運搬容器に収納する。

〈運搬容器の収納率〉

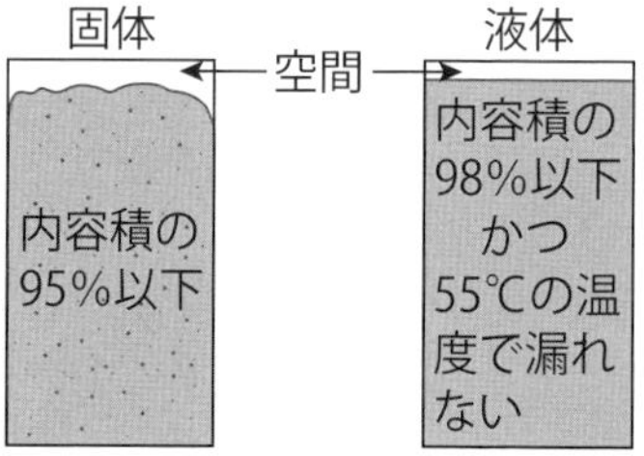

⑤次の危険物は、収納にあたって、特別な措置が必要となる。

●被覆等の特別な措置が必要となる危険物と必要な措置

特別な措置が必要となる危険物	必要な措置の内容
第一類の危険物、自然発火性物品(第三類)、第四類の危険物のうち特殊引火物、第五類の危険物又は第六類の危険物	日光の直射を避けるため遮光性の被覆で覆わなければならない。
第一類の危険物のうちアルカリ金属の過酸化物もしくはこれを含有するもの、第二類の危険物のうち鉄粉、金属粉もしくはマグネシウムもしくはこれらのいずれかを含有するもの又は禁水性物品	雨水の浸透を防ぐため防水性の被覆で覆わなければならない。
第五類の危険物のうち55℃以下の温度で分解するおそれのあるもの	保冷コンテナに収納する等適正な温度管理をしなければならない。
液体の危険物又は危険等級Ⅱの固体の危険物を機械により荷役する構造を有する運搬容器に収納して積載する場合	当該容器に対する衝撃等を防止するための措置を講じなければならない。(危険等級Ⅱの固体の危険物をフレキシブルの運搬容器、ファイバー板製の運搬容器及び木製の運搬容器以外の運搬容器に収納して積載する場合は除かれる)

⑥第三類の危険物の自然発火性物品は、不活性の気体を封入して密封する等**空気と接しない**ようにする。
⑦第三類の危険物の自然発火性物品以外の物品は、パラフィン、軽油、灯油等の保護液で満たして密封し、又は不活性の気体を封入して密封する等**水分と接しない**ようにする。

注意

アルキルアルミニウム等を収納する場合、機械により荷役する構造を有する運搬容器へ収納する場合には、さらに満たすべき基準がある。

(4)積載方法の基準

危険物を運搬容器に収納して積載する場合には、次の積載方法の基準を満たさなければならない。

①危険物が転落し、又は危険物を収納した運搬容器が落下し、転倒し、もしくは破損しないように積載する。
②運搬容器の**収納口は上に向ける**。
③危険物を収納した運搬容器を積み重ねる場合は、**高さを3m以下**としなければならない。
④危険物は、類を異にする他の危険物又は災害を発生させるおそれのある物品と混載しない。

●混載の適否（○は混載可能　×は混載禁止）

	第一類	第二類	第三類	第四類	第五類	第六類
第一類		×	×	×	×	○
第二類	×		×	○	○	×
第三類	×	×		○	×	×
第四類	×	○	○		○	×
第五類	×	○	×	○		×
第六類	○	×	×	×	×	

注意

この規定は、指定数量の1/10以下の危険物については適用しない。

運搬の基準

危険物の運搬は、次のような運搬方法の基準を満たさなければならない。

①危険物又は危険物を収納した運搬容器が著しく摩擦又は動揺を起こさないように運搬する。
②危険物の運搬中危険物が著しく漏れる等災害が発生するおそれのある場合は、災害防止のための応急措置を講じ、最寄りの消防機関へ通報する。
③指定数量以上の危険物を車両で運搬する場合には、次の規制がある。
- 車両の前後の見やすい箇所に、0.3m 平方の地が黒色の板に黄色で**「危」と表示した標識**を掲げなければならない。[標識→ p.130]
- 積替え、休憩、故障等のために車両を一時停止させるときは、安全な場所を選び、かつ、運搬する危険物の保安に注意する。
- 運搬する危険物に適応する**消火設備**を備える。

注意

品名又は指定数量を異にする２つ以上の危険物を運搬する場合は、それぞれの危険物の数量を当該危険物の指定数量で割って商を求め、その商の和が１以上であれば、指定数量以上の危険物を運搬しているとみなす。

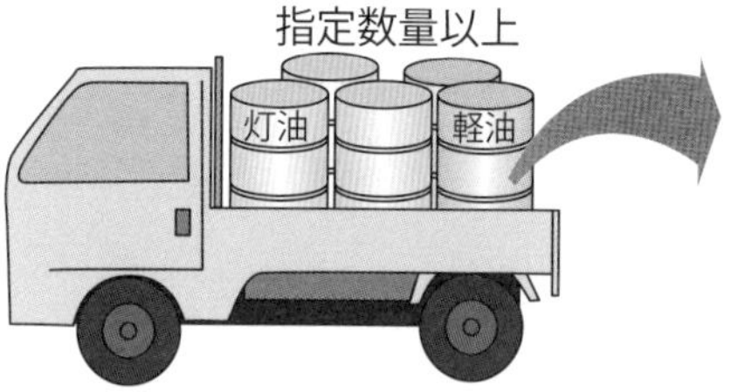

灯油 200L×3（個）
軽油 200L×2（個）} （指定数量 1,000L）

600÷1000＝0.6
400÷1000＝0.4 } 合わせて１

移送の基準

移動タンク貯蔵所（タンクローリー）で危険物を運ぶ行為のことを移送という。移送する危険物に応じた危険物取扱者が、**危険物取扱者免状を携帯**して乗車し、危険物の移送をする者は、次の基準を遵守する。
①**事前に**移動貯蔵タンクの底弁その他の弁、マンホール及び注入口のふた、消火器等の**点検**を十分に行う。

②長時間にわたるおそれのある移送の場合には、**２名以上の運転要員**を確保する。

注意

＜運転要員を２名以上確保する必要がある長時間運転にあたる移送＞

・１人の運転要員による連続運転時間（１回が連続10分以上で、かつ、合計が30分以上の運転の中断をすることなく連続して運転する時間）が、４時間を超える移送

・１人の運転要員による運転時間が、１日あたり９時間を超える移送

③移動タンク貯蔵所を休憩、故障等のため一時停止させるときは、**安全な場所**を選ぶ。

④移動タンク貯蔵所は、完成検査済証、定期点検記録、譲渡･引渡の届出書、品名・数量又は指定数量の倍数の変更の届出書を備え付ける必要がある。

⑤移動貯蔵タンクから危険物が著しく漏れる等の災害が発生するおそれのある場合には、災害を防止するため応急措置を講じ、最寄りの消防機関その他の関係機関に通報する。

⑥アルキルアルミニウム、アルキルリチウム等を移送する者は、移送の経路その他必要事項を記載した書面を関係消防機関に送付するとともに、当該書面の写しを携帯し、書面の記載内容に従う。

＊アルキルアルミニウム、アルキルリチウムは、危険等級Ⅰの危険物である。

要点整理

- 危険物を積載する場合の運搬容器の収納率は、固体が95％、液体が98％以下とする。
- 危険物を収納した運搬容器の積み重ねの高さは3m 以下とする。
- 移送する場合は、移送する危険物に応じ危険物取扱者が危険物取扱者免状を携帯して乗車する。
- 長時間にわたる移送には2名以上の運転要員を確保する。

SECTION 3　危険物に関するその他の基準

5 行政命令等

所有者等に対する措置命令

市町村長等は、危険物の製造所等が法令の規定に違反していると認められる場合には、**製造所等の所有者等**に対して**措置命令**をすることができる。

そして、措置命令をした場合は、標識を設置する等の方法によりその旨を公示する。

> **メモ**
> 市町村長等
> ＝ 市町村長、都道府県知事又は総務大臣のこと
> 製造所等
> ＝ 製造所、貯蔵所及び取扱所のこと
> 所有者等
> ＝ 所有者、管理者又は占有者のこと

(1)製造所等の基準に違反した場合の措置命令

①市町村長等は、製造所等が危険物の貯蔵又は取扱いの技術上の基準に違反している場合、製造所等の所有者等に対し、**基準に従って危険物を貯蔵し又は取扱うべきこと**を命ずることができる。

②市町村長等は、製造所等が、製造所等の位置、構造及び設備の基準に適合していない場合には、製造所等の所有者等に対し、**基準に適合するように修理し、改造し、又は移転すべきこと**を命ずることができる。

(2)危険物保安統括管理者又は危険物保安監督者の解任命令

市町村長等は、次のような場合に、製造所等の所有者等に対し、危険物保安統括管理者又は危険物保安監督者の**解任を命ずる**ことができる。

①危険物保安統括管理者もしくは危険物保安監督者が、消防法もしくは消防法に基づく命令の規定に違反したとき。

②危険物保安統括管理者もしくは危険物保安監督者にその業務を行わせることが**公共の安全の維持**もしくは**災害の発生の防止**に支障を及ぼすおそれがあると認めるとき。

(3)無許可貯蔵等の危険物に対する措置命令

次のような場合に、市町村長等は、製造所等の所有者等に対し、**危険物の除去その他危険物による災害防止のための措置をとるべきこと**を命ずることができる。

①指定数量以上の危険物を、製造所等の設置の**許可なく**貯蔵し、又は取扱っている場合。

②指定数量以上の危険物を、製造所等において仮貯蔵し、又は仮取扱いする**承認を受けることなく**貯蔵し、又は取扱っている場合。

注意

指定数量以上の危険物は危険物施設でなければ貯蔵又は取扱いできない。[→p.51]

(4)設置許可の取消し、又は使用停止命令

市町村長等は、次のような場合、製造所等の所有者等に対し、当該製造所等について、**設置許可を取消し**、又は**期間を定めて施設の使用停止を命ずる**ことができる。

①許可を受けずに製造所等の位置、構造又は設備を変更したとき。

②製造所等を設置したときや、位置、構造もしくは設備を変更したときに、許可後の完成検査を受けずに製造所等を使用したとき。

③製造所等の位置、構造及び設備についての修理、改造又は移転の措置命令に違反したとき。

④政令で定める屋外タンク貯蔵所又は移送取扱所の所有者等が保安検査を受けないとき。

⑤定期点検の実施、その記録の作成と保存がなされないとき。

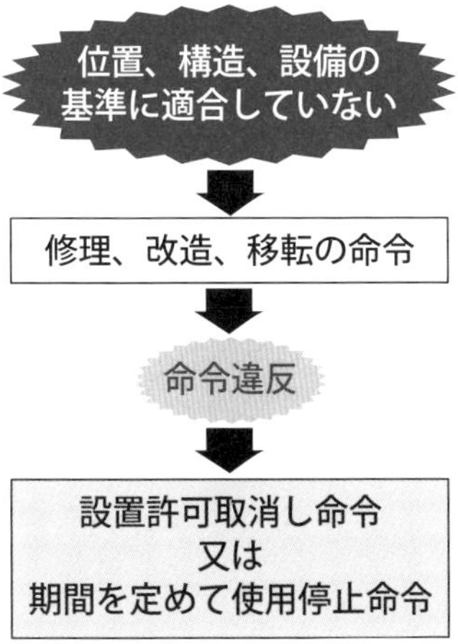

(5)使用停止命令

市町村長等は、次のような場合、製造等の所有者等に対し、当該製造所等について、**期間を定めてその使用の停止を命じる**ことができる。

①移動タンク貯蔵所以外の製造所等について、危険物の貯蔵又は取扱いの基準に違反しているとして基準に従うよう命じられたが、その命令に違反したとき。
②市町村長が管轄する区域の移動タンク貯蔵所が貯蔵又は取扱いの基準に違反しているとして基準に従うよう命じられ、その命令に違反したとき。
③定めるべき危険物保安統括管理者を定めないとき、又は、その者に危険物の保安に関する業務を統括管理させていないとき。
④定めるべき危険物保安監督者を定めないとき又は、その者に取扱作業の保安の監督をさせていないとき。
⑤危険物保安統括管理者、危険物保安監督者の解任命令に違反したとき。

(6)緊急停止命令

市町村長等は、公共の安全の維持又は災害の発生の防止のため緊急の必要があると認めるときは、製造所等の所有者等に対し、期間を定めることなく、製造所等の**使用を一時停止**すべきことを命じ、又はその**使用を制限**することができる。

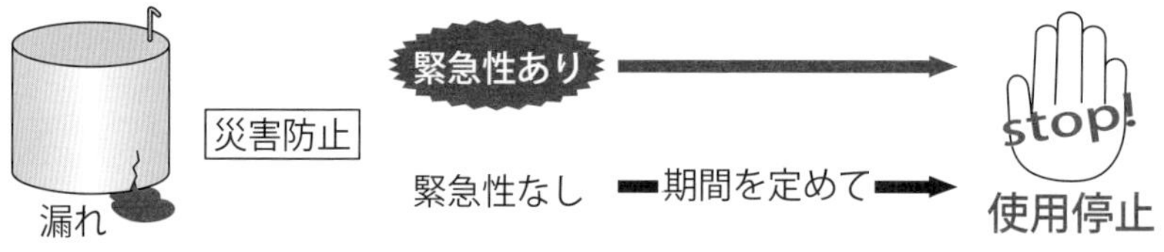

(7)その他の措置命令

市町村長等は、製造所等の所有者等に対し、次のような命令ができる。

①火災の予防のため必要があるときは、**予防規程の変更**を命令。
②管轄する区域にある移動タンク貯蔵所について、危険物の流出その他の事故が発生したときは、直ちに、**応急の措置**を講じるよう命令。
③製造所等の所有者等が、危険物の流出その他の事故が発生したときに応急の措置を講じない場合には、応急の措置を講ずるよう命令。
④危険物取扱者が消防法の規定に違反しているときは、免状を交付した**都道府県知事から免状の返納**を命じられることがある。[→ p.66]

立入検査

市町村長等は、危険物の貯蔵又は取扱いに伴う火災防止のために必要であると認める場合には、指定数量以上の危険物を貯蔵し、又は取扱っている場所(以下、この項目において貯蔵所等という)の所有者等に対し、次のようなことができる。

①資料の提出もしくは報告を求める。
②消防事務に従事する職員を貯蔵所等に**立ち入らせ**て、その位置、構造、もしくは設備及び危険物の貯蔵もしくは取扱いについて**検査**し、**関係者への質問**をする。
③消防事務に従事する職員を貯蔵所等に立ち入らせて、試験のために必要最少限度の危険物等を収去させる。

走行中の移動タンク貯蔵所の停止

消防吏員又は警察官は、危険物の移送に伴う火災防止のために特に必要であると認める場合には、**走行中の移動タンク貯蔵所を停止**させて、乗車している危険物取扱者に対し、**危険物取扱者免状の提示**を求めることができる。

事故発生時の措置

危険物の流出その他の事故が発生した場合、製造所等の所有者等は、災害発生の防止のための応急の措置を講じなければならず、事故を発見した者は、直ちに、消防署、市町村長の指定した場所、警察署又は海上警備救難機関に**通報**しなければならない。

また、市町村長等は、その事故(火災を除く)のうち火災が発生するおそれがあったものについて、**事故原因を調査**することができる。

罰則規定

指定数量以上の危険物を貯蔵し、又は取扱うにあたり、法令に違反した場合には、懲役又は罰金に処せられることがある。

●懲役又は罰金に処せられる場合の例

<table>
<tr><th>違反の内容</th><th>罰則の内容</th></tr>
<tr><td>指定数量以上の危険物を許可なく貯蔵し、又は取扱った場合</td><td>1年以下の懲役又は100万円以下の罰金</td></tr>
<tr><td>製造所等を無許可で設置した場合</td><td rowspan="5">6ヶ月以下の懲役又は50万円以下の罰金</td></tr>
<tr><td>無許可で製造所等の位置、構造又は設備を変更した場合</td></tr>
<tr><td>製造所等を完成検査前に使用した場合</td></tr>
<tr><td>危険物保安監督者の選任義務に違反した場合</td></tr>
<tr><td>予防規程の作成義務、変更命令に違反した場合</td></tr>
<tr><td>危険物の貯蔵又は取扱いの基準に違反した場合</td><td rowspan="3">3ヶ月以下の懲役又は30万円以下の罰金</td></tr>
<tr><td>危険物の運搬基準に違反した場合</td></tr>
<tr><td>危険物取扱者の無乗車による危険物の移送をした場合</td></tr>
<tr><td>危険物の品名、数量又は指定数量の倍数の変更の届出義務に違反した場合</td><td rowspan="4">30万円以下の罰金又は拘留</td></tr>
<tr><td>危険物保安統括管理者、危険物保安監督者の選解任届出義務に違反した場合</td></tr>
<tr><td>危険物取扱者免状の携帯義務に違反した場合</td></tr>
<tr><td>点検記録の作成及び保存の義務に違反した場合</td></tr>
</table>

要点整理

- 製造所等の所有者等に対する措置命令は、市町村長等が行う。
- 指定数量以上の危険物を設置許可なく貯蔵し、又は取扱っている場合には、その危険物の除去や災害防止の措置を命令できる。
- 製造所等が、無許可でその位置、構造又は設備を変更した場合には、設置許可の取消しや使用停止命令ができる。
- 火災防止のために必要と認められる場合には、消防吏員や警察官は、走行中の移動タンク貯蔵所を停止させることができる。
- 法令に違反した場合には懲役や罰金等に処せられる。

PART 2
基礎的な物理学及び基礎的な化学

SECTION 1　基礎的な物理学

1 物質の状態変化

物質の三態

物質は温度や圧力の条件により、固体、液体、気体という異なった状態になる。例えば、水(液体)は氷(固体)や、水蒸気(気体)になったりする。これら3つの状態を**物質の三態**といい、三態の間の変化を**物質の状態変化**という。

物質を構成している粒子は、分子間力や電気的な引力によって互いに集まろうとする。また、たえず**熱運動**も行っている。粒子の熱運動の状況は、外部から温度が加わったり奪われたりすることによって次のように変化するため、物質は異なる状態になる。

物質の状態変化のうち、「固体→液体」の変化を**融解**、「液体→固体」の変化を**凝固**、「液体→気体」の変化を**蒸発**、「気体→液体」の変化を**凝縮**、さらに、「固体→気体」の変化を**昇華**、「気体→固体」への変化を**凝華**という。

●物質の三態の変化と熱の出入り

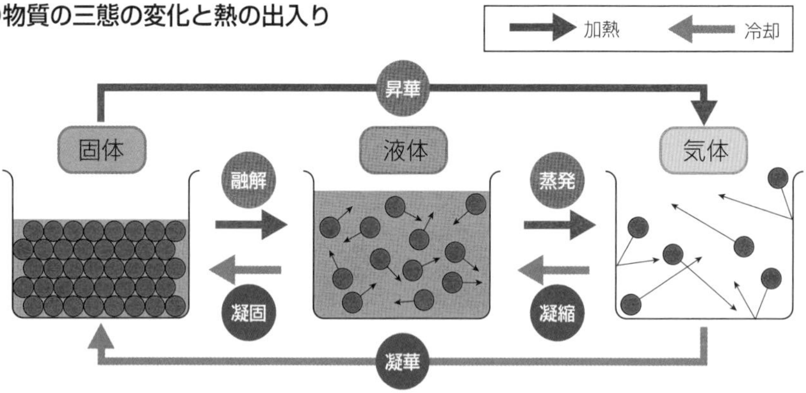

熱運動が弱く、粒子が集まって固体状態を呈する。	固体が加熱されると温度が上昇し、粒子の熱運動が活発になり液体になる。	液体を加熱すると、粒子の熱運動が粒子間の引力に打ち勝って、粒子は空間に飛び出し、自由に飛び回ることになる。

注意

物質の状態は、温度や圧力によって異なる。通常、普通の状態で液体であるとか、固体であるという場合の、「普通の状態」というのは、「20℃、1気圧の状態」をさす。これを「常温常圧」という。

融解と凝固

ある固体を加熱すると、その固体の温度が上昇し、融解して液体になる。融解している間は加熱し続けても温度は上昇せず、すべてが液体になってしまうと、その液体の温度は上昇し始める。これは、固体が液体に変化するために熱エネルギーが使われているためである。この熱エネルギーを**融解熱**といい、融解し始める温度を**融点**という。

逆に、液体を冷却して温度を下げていくとやがて凝固し始めるが、すべてが固体になるまで、その液体の温度は下がらない。これも、凝固中に放出される熱エネルギーが液体から固体への変化に使われるためである。この熱エネルギーを**凝固熱**といい、凝固し始める温度を**凝固点**という。

融点と凝固点は、同じ気圧の場合には同じ温度である。また、物質によって一定である。

覚えよう!

融解熱 → 固体から液体に融解するときに使われる熱エネルギー
凝固熱 → 液体から固体に凝固するときに放出される熱エネルギー

●水の状態変化と温度

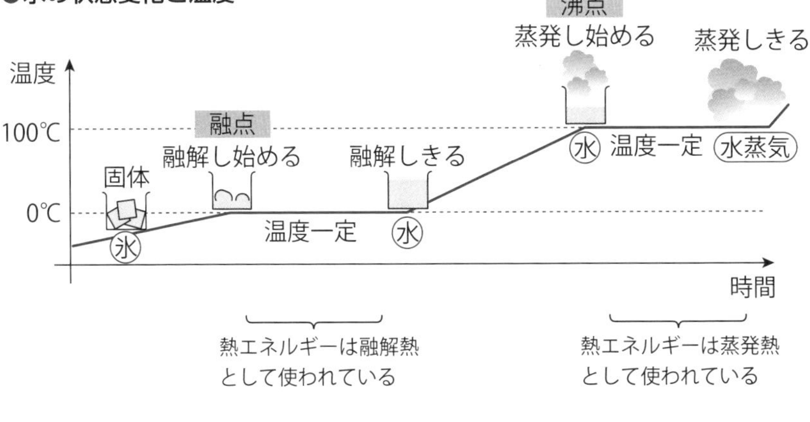

蒸発と蒸発熱

(1)沸騰と沸点

一定の圧力のもとで液体を加熱すると、液体の表面から蒸発(気化)するが、さらに温度を上げると液体の内部からも蒸発が始まり気泡が発生する。この状態を**沸騰**といい、沸騰の始まる温度を**沸点**という。

沸騰中は、液体から気体に変化するために熱エネルギーが使われるために、その液体の温度は上がらない。

● 1気圧における主な物質の沸点

水	100℃
エタノール	78℃
メタノール	65℃
二硫化炭素	46℃
プロパンガス	−45℃
ジエチルエーテル	35℃
過酸化水素	151℃

注意

沸点は、気圧が低くなれば低くなり、気圧が高くなれば高くなる。富士山頂での水の沸点は、100℃以下である。

(2)飽和蒸気圧

液体が蒸発するとき、開放された空間では液体がすべて気体になるまで蒸発が続く。一方、蒸気の占める空間が密閉空間の場合、蒸発がある程度まで進むと平衡状態になり、見かけ上、蒸発が止まる。このように液体と気体が平衡に共存するとき、蒸気の占めている空間は蒸気で飽和されている。このときの蒸気の示す圧力を**飽和蒸気圧**という。したがって、沸点とは、その液体の飽和蒸気圧が外気の圧力に等しくなる温度でもある。

●飽和蒸気圧

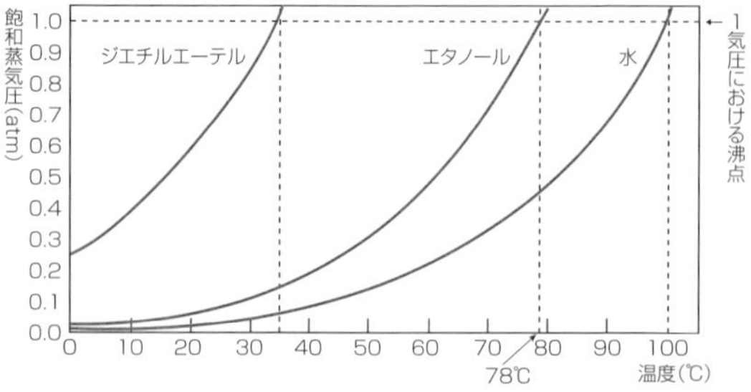

注意

液体の飽和蒸気圧は温度が高いほど高くなる。なお、不揮発性の物質を溶かすと沸点は高くなる。

(3)蒸発熱

液体が気体に変化するためには熱エネルギーが使われる。蒸発する場合には、その物体から熱を奪うため温度が下がる。液体1 gの物質が蒸発するために必要な熱エネルギーを**蒸発熱**という。[→ p.165]

●物質の蒸発熱(1気圧)

物　質	沸点(℃)	蒸発熱 (J/g)	物　質	沸点(℃)	蒸発熱 (J/g)
水	100	2257	アセトン	57	521
ジエチルエーテル	35	352	液体窒素	−196	199
エタノール	78	859	二硫化炭素	46	352
ベンゼン	80	394	ハロン 1301	−57.7	119
酢　酸	118	405	水　銀	358	297

覚えよう!

水の蒸発熱は大きいため冷却効果が大きく、また、液体から水蒸気になると体積が約1,700倍にも膨張して、発生蒸気が空気と置き換わって酸素欠乏の状態になることから、消火剤として有効に利用できる。

(4)昇華

固体が液体の状態を経ずに気体になることを**昇華**といい、その変化の過程で放出したり、吸収したりする熱を**昇華熱**という。

昇華熱は、融解熱と蒸発熱をあわせたものとほぼ等しい値である。

●昇華の例

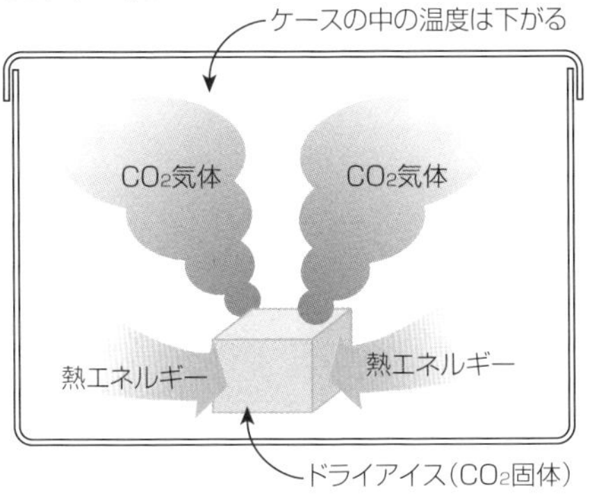

注意

ドライアイスが保冷に使われるのは、昇華するために必要とする熱エネルギーを周りの空気から奪った結果、温度が下がることを利用している。

潮解と風解

一部の固体物質は、空気中に放置すると、空気中の水分を吸収して湿って溶解する(溶けてくる)。この現象を**潮解**といい、その性質を**潮解性**という。

また、結晶水を含んだ物質を空気中にそのまま置いておくと、自然に結晶水の一部または全部を失ってしまう。これを**風解**といい、その性質を**風解性**という。

●潮解性・風解性のある物質

潮解性	塩素酸ナトリウム、過塩素酸ナトリウム、過酸化カリウム、亜塩素酸カリウム、三酸化クロム、亜硝酸カリウム、亜硝酸ナトリウム、硝酸ナトリウム、メタ過よう素酸、過マンガン酸ナトリウム
風解性	結晶炭酸ナトリウム、結晶硫酸ナトリウム

注意

潮解性や風解性のある物質は、空気中にそのまま放置せず、ビンや缶に入れて密封した状態で保管しなければならない。

水の性質と状態変化

(1)水の分子と性質

水は、2個の水素原子と1個の酸素原子からなる分子である。酸素、水素は、いずれも無色、無臭、無味の気体である。[原子→p.196、分子→p.199]

水素は可燃性なので、水素と空気または酸素と混合したものに点火すると爆発する。酸素は、それ自体は燃えないが、他の物質を燃焼させるという**支燃性**がある。また、水素は**最も軽い物質**である。

水は、沸点、融点ともに高く、また、比熱が大きい。水の比熱を1とすると、大抵の他の液体は0.5くらい、金属は0.1以下である。

●水の物理的性質

沸点	融点	水の密度	氷の密度	比熱	蒸発熱
100℃	0℃	1.00g/cm^3 (4℃)	0.917g/cm^3 (0℃)	4.19J/g・℃ (15℃)	40.7kJ/mol (100℃)

(2)水の状態変化と体積

水は温度と圧力の変化に伴って、「氷(固体)→水(液体)→水蒸気(気体)」と変化する。水から氷に凝固するときには、**体積が増加**し**密度は小さく**なる。その後温度が上がるにつれて体積は再び増加する。

覚えよう!

水は、4℃で体積が最小(密度最大)になり、1cm^3の質量は1gである。

●水の温度と比重

温度(℃)	比重
−10	0.9979
0	0.9999
4	1.0000
10	0.9997
20	0.9982
30	0.9957
40	0.9922
50	0.9880
60	0.9833
80	0.9718
100	0.9584

●水の温度と体積の関係

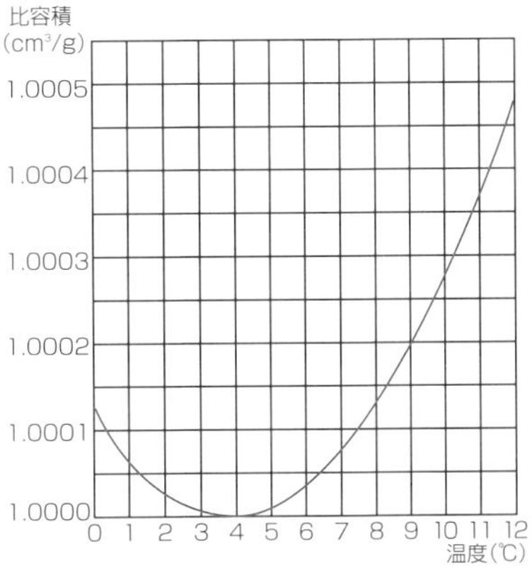

要点整理

- 物質の状態変化には、熱エネルギーが使われるため、融点や沸点に達すると、加熱しても温度の変化が起こらない状態になる。
- 沸点とは、その液体の飽和蒸気圧が外気の圧力に等しくなる温度である。気圧が低くなれば低くなり、気圧が高くなれば高くなる。
- 飽和蒸気圧は温度が高いほど高くなる。
- 蒸発熱とは、液体1gの物質が蒸発するために必要な(吸収する)熱エネルギーである。
- 固体物質が空気中の水分を吸収して溶解することを潮解という。
- 結晶水を含んだ物質が空気中で結晶水の一部または全部を失うことを風解という。
- 水は、沸点、融点ともに高く、比熱が大きい物質である。

2 密度・比重・圧力

密度と比重

(1)密度

密度とは、単位体積あたりの物質の質量をいう。固体や液体の密度は、1 cm^3あたりの質量で表し、気体や蒸気の密度は1Lあたりの質量で表す。したがって、次の式で表される。

覚えよう!

$$\text{固体・液体の密度} = \frac{\text{質量(g)}}{\text{体積(cm}^3\text{)}} \qquad \text{気体・蒸気の密度} = \frac{\text{質量(g)}}{\text{体積(L)}}$$

(2)固体・液体の比重

固体と液体の比重は、その物質の密度と、1気圧、4℃の純粋な水の密度の比をいう。したがって、物質の比重は、次の式で求めることができる。なお、1気圧4℃の純水の密度は1 g/cm^3であるから、比重は密度から単位を省略した数値となる。

覚えよう!

$$\text{物質の比重} = \frac{\text{物質の質量}}{\text{物質と同体積の、1気圧、4℃の純水の質量}}$$

(3)気体(蒸気)の比重

気体や蒸気の比重は、標準状態(0℃、1気圧)における、気体や蒸気の重さと空気1Lの重さ(約1.293 g /L)との比で表し、次の式で求めることができる。

覚えよう!

$$\text{気体(蒸気)比重} = \frac{\text{気体(蒸気)の密度(g/L、0℃ 1気圧)}}{\text{空気の密度(g/L、0℃ 1気圧)}} \fallingdotseq \frac{\text{気体(蒸気)の分子量}}{\text{空気の平均分子量}}$$

●固体・液体の比重

	物　質	比　重
液体	水(4 ℃)	1.00
	エタノール(20 ℃)	0.8
	二硫化炭素(0 ℃)	1.3
	ベンゼン(20 ℃)	0.9
	ガソリン	0.65～0.75
固体	黄リン	1.82
	塩素酸カリウム	2.3
	氷	0.917

●気体の比重

物　質	比　重
空気	1.00
二酸化炭素	1.53
一酸化炭素	0.97
プロパンガス	1.50
ハロン 1011	4.46

注意
水に溶けない物質で比重が 1 未満のものは水に浮く。

圧力

(1)圧力の単位

圧力とは、単位面積あたりに働く力をいう。国際単位の Pa（パスカル）で表し、1 Pa は、1 m^2 に 1 N（ニュートン）の力が作用するときの圧力をいう。圧力は下の式で求められる。

覚えよう!

$$圧力(Pa) = \frac{力(N)}{断面積(m^2)}$$

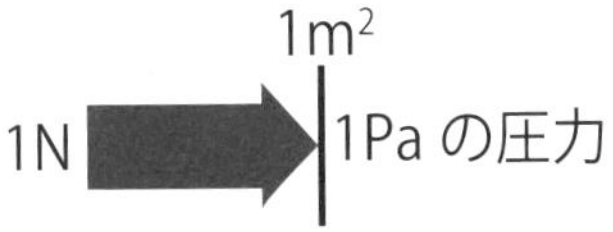

(2)パスカルの原理

密閉した容器に入れた液体や気体に圧力を加えると、すべての方向にその圧力と同じ大きさの圧力が伝わる。これを**パスカルの原理**という。

一方、固体の場合には、圧力が加わった方向にだけしか伝わらない。

要点整理

●比重と気体(蒸気)比重

〔比重〕
- 固体や液体の密度と純粋な水の密度の比をいう。
- 4℃、1 気圧の純水が基準（比重 1）。

〔気体(蒸気)比重〕
- 気体や蒸気の重さと空気の重さの比をいう。
- 0℃、1 気圧の空気が基準（気体比重 1）。

3 気体の性質

液化（凝縮）と臨界温度・臨界圧力

気体は一定の温度以下に冷却して強く圧縮すると液体になる。これを**液化**という。一般に液化は、一定の温度以下にならないと起こらない現象で、その温度を**臨界温度**という。また、臨界温度で液化するために必要な最小の圧力を**臨界圧力**という。臨界温度と臨界圧力は、物質によって異なる。

●臨界温度と臨界圧力

物質名	臨界温度（℃）	臨界圧力（気圧＝atm）
空気	−140.7	37.2
水	374.1	218.5
二酸化炭素	31.1	73.0
アンモニア	132.4	112
メタン	−82.5	45.8

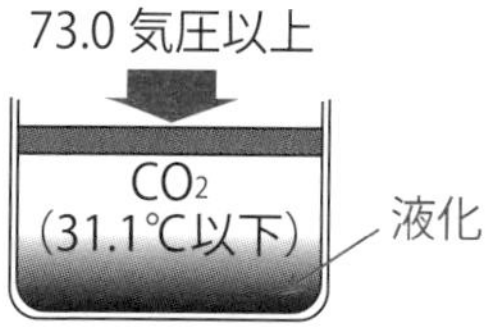

注意

臨界温度以下では臨界圧力より小さい圧力で液化する。

気体の法則

（1）ボイルの法則

温度を一定に保った状態で、一定質量の気体にかける圧力(P)を変化させると気体の体積(V)は、右下のグラフのように圧力に反比例して変化する。これを**ボイルの法則**といい、式に表すと次のようになる。

覚えよう！

ボイルの法則（k_a は一定）

$V=\dfrac{k_a}{P}$ または、$PV=k_a$

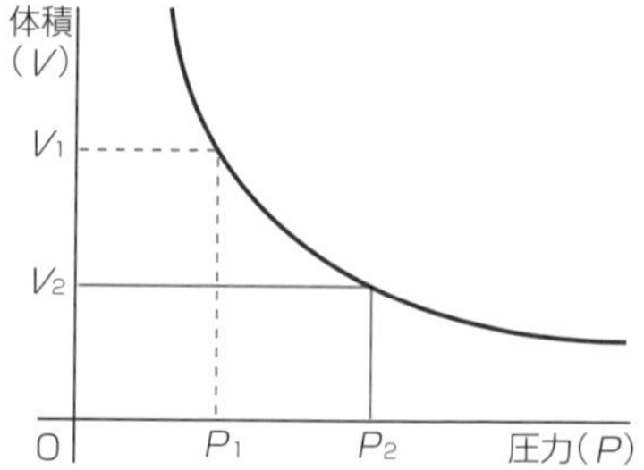

(2)シャルルの法則

圧力を一定に保った状態で、一定質量の気体の温度(T)を上げると、下のグラフのように、気体の体積(V)は正比例して変化する。その変化の割合は、温度が1℃上昇すると、0℃における体積の273分の1ずつ膨張し、温度を1℃下げると、0℃における体積の273分の1ずつ収縮する。これを**シャルルの法則**といい、式に表すと次にようになる。

覚えよう!

シャルルの法則(k_b は一定)

$V = k_b T$

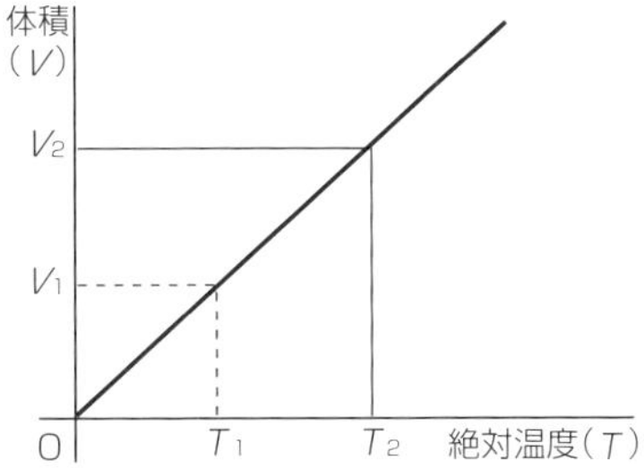

(3)ボイル・シャルルの法則

ボイルの法則とシャルルの法則から、一定質量の気体の体積(V)は、圧力(P)に反比例し、絶対温度(T)に比例するといえる。これを**ボイル・シャルルの法則**といい、式に表すと次のようになる。

覚えよう!

ボイル・シャルルの法則

$$\frac{P_1 \times V_1}{T_1} = \frac{P_2 \times V_2}{T_2} \ (=\text{一定})$$

注意

－273℃では、すべての気体の体積が0となり、－273℃以下の温度は存在しない。[温度→p.176]

〈計算例〉

100 hPaで温度が77℃の気体10kLに圧力をかけて200 hPaにしたとき、温度を測ると7℃であった。このときの体積は何kLになっているかを求める。

求める体積をxkLとすると、ボイル・シャルルの法則により、次の式が成り立つ。

$100 \times 10/(273 + 77) = 200 \times x/(273 + 7)$

これを計算する。

$1000/350 = 200x/280$

$280000/350 = 200x$, $800 = 200x$, $x = 4$(kL)

したがって、体積は4kLである。

(4)アボガドロの法則

1 mol（モル）の気体の体積は、標準状態（0℃ 1 気圧）では、すべて**22.4L**である。その中には**約6.02×10^{23}**（個）の気体分子を含んでいる。この数を**アボガドロ数**という。

注意

mol は物質量の単位で、原子・分子・イオンなどの粒子がアボガドロ数（6.02×10^{23}）個集まったまとまりが 1 mol である。[→ p.202]

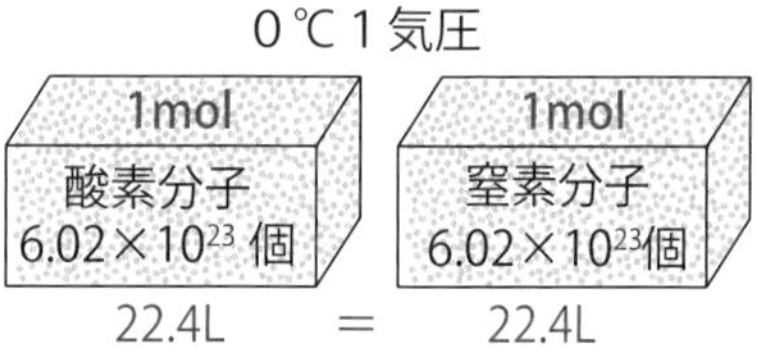

(5)気体定数

標準状態であれば、1 mol の気体の体積はどの気体でも一定であるため、ボイル・シャルルの法則から、**気圧・体積・絶対温度の関係は一定の割合**に保たれる。その割合を**気体定数**（R）といい、0.082（atm・L/mol・K）である。

温度と圧力が一定であれば、気体の物質量 n mol の体積は 1 mol のときの n 倍になる。これを、n mol の気体の体積を V として式に表したものが気体の**状態方程式**である。また、物質量 n は、質量 w（g）をその分子量 M で割って求められるから $n=w/M$ として状態方程式を表せる。

覚えよう！

n mol の気体の状態方程式

$$PV = nRT = \frac{w}{M}RT$$

メモ

圧力、体積、物質量、温度の４つの量のうち３つが定まれば、状態方程式により、残りの１つの量は求めることができる。

〈計算例〉

15℃ 1 気圧の酸素 1 mol の体積を求める。
求める体積を x として、状態方程式にそれぞれを代入する。

$$1 \times x = 1 \times 0.082 \times (273 + 15)$$
$$x = 23.616$$

したがって、体積は23.616L である。

(6) ドルトンの法則

A、B、C……という気体の混合気体の全圧力(P)は、成分気体A、B、C……の分圧、P_A、P_B、P_C……の和に等しくなる。これを**ドルトンの法則**または**分圧の法則**といい、式に表すと次のようになる。また、混合気体の分圧は、各成分気体の**物質量の割合**に比例する。

覚えよう!

ドルトンの法則

$P = P_A + P_B + P_C + \cdots\cdots$

注意

分圧とは、混合気体の成分気体が、混合気体と同じ体積を占めたときの圧力である。

〈計算例〉

水素(H_2) 3mol、窒素(N_2) 5molを容積100Lの容器に入れ、27℃に保った場合の、混合気体の全圧と、各気体の分圧を求める。

状態方程式により全圧(P)を求める。

$P \times 100 = (3 + 5) \times 0.082(273 + 27)$　$P = 1.968$

次にドルトンの法則により、分圧を求める。

水素　$1.968 \times 3/8 = 0.738$

窒素　$1.968 \times 5/8 = 1.23$

要点整理

- **ボイル・シャルルの法則**：一定質量の気体の体積は、圧力に反比例し、絶対温度に比例する。
- **アボガドロの法則**：1molの気体の体積は標準状態ではすべて22.4Lである。また、アボガドロ数の分子が含まれている。
- すべての気体は標準状態では、気圧・体積・絶対温度の関係は一定の割合に保たれる。
- **ドルトンの法則**：混合気体の全圧力は成分気体のそれぞれの分圧の和に等しい。
- 混合気体の分圧は、各成分気体の物質量の割合に比例する。

4 温度と湿度

温　度

物質の温冷の度合を示す尺度を**温度**という。日常生活の温度は摂氏（℃）で計測するが、温度には他に華氏温度、絶対温度がある。

●温度表示の種類

絶対温度 [K]		摂氏温度 [℃]		華氏温度 [°F]
373	=	100	=	212
273	=	0	=	32
253	=	−20	=	−4
0	=	−273	=	−459

覚えよう!

- **絶対温度**：絶対零度（0K）を基準とした尺度。絶対零度とは分子や原子の運動が止まった状態の温度で、理論上はこれよりも低い温度は存在しない。
- **摂氏温度**：氷の融点（水の凝固点）を0℃、水の沸点を100℃として100等分したもの。
- **華氏温度**：氷の融点（水の凝固点）を32 °F、水の沸点を212 °Fとし、その間を180等分したもの。

湿　度

(1)飽和水蒸気量

湿度は、空気の乾湿の度合を示す尺度で、空気中に含まれる水蒸気量で表す。一定の温度の空気に含むことができる水蒸気の量には限界がある。その限界量を**飽和水蒸気量**という。

飽和水蒸気量は、温度が高くなると多くなるので、空気中の水蒸気の量が同じであれば、温度が高いほうが湿度が低く、温度が低いほうが湿度が高くなる。

●各気温における飽和水蒸気量

（単位：g/m³）

気温	飽和水蒸気量
−10℃	1.95
0℃	4.8
10℃	9.4
20℃	17.3
30℃	30.4

注意

温度が低いと、空気中に含むことができる水蒸気の量は多くないから、冬は湿度が低くても、洗濯物は乾きにくい。

(2)絶対湿度と相対湿度

湿度には、**絶対湿度**と**相対湿度**がある。

絶対湿度は、1気圧で単位体積（$1\,m^3$）あたりに含まれる空気中の水蒸気量のことである。一方、相対湿度は、空気中に含まれる水蒸気量と飽和水蒸気量の比を百分率（%）で表したものである。

メモ

日常生活で通常用いられている湿度は相対湿度である。

覚えよう！

$$相対湿度(\%) = \frac{現在の水蒸気量}{現在の温度の飽和水蒸気量} \times 100$$

(3)実効湿度

家の柱やたたみなどの湿り気は、外界の湿度に影響されるが、空気の変化よりも変化のスピードが遅い。したがって、火災が発生しやすいかどうかについては、過去数日間の湿度を考慮する必要がある。

実効湿度は、数日前からの湿度を考慮して計算する湿度で、火災予防を目的とした乾燥注意報はこの湿度をもとにして出されている。

要点整理

- 温度表示の種類には、摂氏温度、華氏温度、絶対温度があり、日常は摂氏温度が使われる。
- 絶対零度は、－273℃である。
- 飽和水蒸気量は、温度が高くなると多くなる。
- 湿度には絶対湿度と相対湿度があり、日常は相対湿度が使われる。
- 相対湿度は、水蒸気量÷飽和水蒸気量×100で求める。

5 熱量と比熱

熱　量

温度の異なる２個の物質を接触させると、高温の物質は冷え、低温の物質は温まる。これは熱エネルギーが高温の物質から低温の物質に移ったためである。移動する熱エネルギーの量を**熱量**といい、単位をジュール（J）で表す。

また、高温の物質から低温の物質へと熱エネルギーが移り、同一の温度となってエネルギーの移動がなくなった状態を**熱平衡**という。

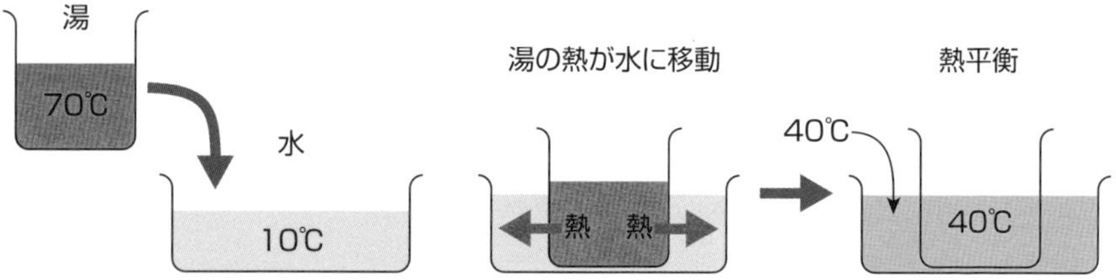

熱容量と比熱

(1)熱容量

物質を温めて、外部から熱を加えたとき、物質の温度が１℃上がるために必要な熱量のことをその物質の**熱容量**という。物質には温まりやすいものと温まりにくいものがあり、熱容量は物質によって異なる。

覚えよう!

物質に Q（J）の熱を加えたとき、その物質の温度が t_1（℃）から t_2（℃）になったとすると、そのときの熱容量 C は、次の式で求めることができる。

$$C = \frac{Q}{(t_2 - t_1)} \quad (\mathrm{J}/℃ \quad \text{または} \quad \mathrm{cal}/℃)$$

(2)比熱

物質の温まりやすさを表す指標として、**比熱**がある。比熱とは、その**物質１gの熱容量**(温度が１℃高くなるために必要な熱量)である。１気圧の状態で、1gの水の温度を１℃上げるために必要な熱量(熱容量)は**約4.186J**(≒１cal)である。

覚えよう!

質量m (g)の物質の比熱がc (J/g·℃)とすると、熱容量C は、次の式で求めることができる。

$$C = c \cdot m \quad (\mathrm{J}/℃ \quad \text{または} \quad \mathrm{cal}/℃)$$

このことから、同じ質量であれば比熱が大きい物質ほど熱容量が大きくなることがわかる。また、**比熱の大きい物質は温まりにくく、冷めにくい**ことがわかる。水は、他の物質に比べて非常に比熱が大きく、温まりにくい物質である。

●主な物質の比熱

物　質	比熱(J/g·℃)
水(15℃)	4.19
水素(20 ℃)	14.30
エタノール(20 ℃)	2.37
鉄(0 ℃)	0.44
アルミニウム(0 ℃)	0.88
コンクリート(室温)	約0.84

(3)気体のモル比熱

気体の場合には、体積を一定にして熱を与えた場合と、そうでない場合で比熱の値が異なる。[mol → p.174]

定積モル比熱：１molの気体を、**体積を一定**にした状態で、温度を１℃上げるために必要な熱量

定圧モル比熱：１molの気体を、**圧力を一定**にした状態で、温度を１℃上げるために必要な熱量

要点整理

- 熱容量は、物質の温度を1℃上げるために必要な熱量で、物質によって異なる。
- 比熱は、物質１gの熱容量で、比熱が大きいほど温まりにくい。
- 水は比熱が大きい物質で、15℃の水の比熱は4.19 (J/g・℃)≒1cal/g・℃である。
- 気体の比熱には、定積モル比熱と定圧モル比熱がある。

SECTION 1　基礎的な物理学

6 熱の移動と熱膨張

熱の移動

熱の移動には、伝導、対流、放射(ふく射)の３つがある。

(1)伝導

熱が物質中を次々と伝わっていく現象を**伝導**という。鉄の棒の一端を炎等で熱すると熱が次々に伝わり、棒の他端の温度が上昇する現象は**熱伝導**である。熱伝導の度合を表す数値を**熱伝導率**といい、この数値が大きいものほど、その物質が熱を伝えやすい。一般に固体は熱伝導率が大きく熱が伝わりやすい。それに比べて液体や気体は熱伝導率が小さく熱が伝わりにくい。

熱伝導率 大　固体 ＞ 液体 ＞ 気体　小 熱伝導率

●いろいろな物質の熱伝導率

		物質	温度(℃)	熱伝導率		物質	温度(℃)	熱伝導率
固体	金属	銀	20	0.998	液体	水	20	0.00140
		銅	20	0.923		水	80	0.00164
		金	20	0.708		エタノール	0	0.000435
		アルミニウム	20	0.487		ジエチルエーテル	0	0.000330
		亜鉛	0	0.269		灯油	0	0.000361
		鉄	20	0.116		ヒマシ油	4	0.000432
	その他	硫黄	0	0.00065	気体	空気	0	0.0000533
		木材(カシ)	15	0.0005		空気	20	0.0000565
		木材(マツ)	30	0.00033		空気	100	0.0000682
		氷	0	0.00499		水蒸気	0	0.0000404
		コンクリート	0	0.002		水蒸気	100	0.0000518
		土	20	0.00033		二酸化炭素(炭酸ガス)	20	0.000036

(2)対流

液体や気体は、加熱されるとその部分が膨張して密度が小さくなって軽くなるため上昇し、その後に、重い低温度の部分が流れ込んでくる。こうして**流体が循環**し**対流**が起こる。

ストーブによって部屋の空気全体が温まるのは対流の結果である。

(3)放射(ふく射)

一般に、熱せられた物体が放射熱を出して他の物体に熱を与えることを**放射**(**ふく射**)という。放射では、直接熱が移動するので**真空中でも伝わる**。また、熱放射線は、光の一種で、直進する性質があり、物体にあたると吸収されたり反射されたりするが、物体に吸収されたものが温度を上昇させる。太陽光線は熱放射線の代表例である。

注意

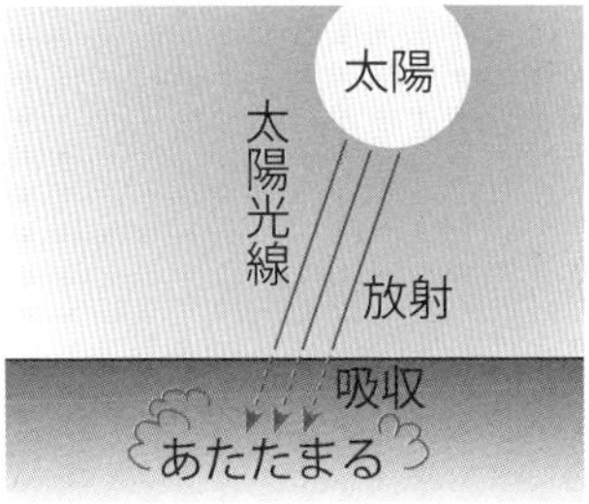

熱膨張

一般に物体は温度が高くなるにつれてその体積が増える。この現象を**熱膨張**といい、その割合を**熱膨張率**という。

(1)線膨張と体膨張

温度の上昇によるその物体の2点間の距離の変化を**線膨張**といい、その割合を**線膨張率**という。線膨張率は固体の場合だけ考えられる。

温度上昇に伴う体積の変化を**体膨張**といい、その割合を**体膨張率**という。体膨張率は線膨張率の約3倍である。

覚えよう!

線膨張後の長さ l の求め方

- l_0 : 0℃のときの長さ
- α : 線膨張率
- t : 上昇した温度

$$l = l_0(1 + \alpha t)$$

体膨張後の体積 V の求め方

- V_0 : 0℃のときの体積
- β : 体膨張率
- t : 上昇した温度

$$V = V_0(1 + \beta t)$$

(2)液体の体膨張

容器の膨張を考慮する必要がある。液体の容器に対する相対的膨張を**見かけの膨張**といい、見かけの膨張と容器の膨張を加算したものを**真の膨張**という。

(3)気体の体膨張

固体や液体と比較して膨張が非常に大きい。また、**気体の体膨張率**はほぼ一定で、平均すると、**約1/273(0.00366)**である。

気体の断熱変化

(1)断熱膨張と断熱圧縮

気体を外部との間で熱の移動がない状態にした場合の物質の変化を**断熱変化**という。膨張する場合の変化が**断熱膨張**、圧縮する場合の変化が**断熱圧縮**である。

断熱膨張すると、外部に対して力が働き内部の熱エネルギーが減少し、温度が下がる。逆に、断熱圧縮すると、外部から力が働き内部の熱エネルギーが増加し、温度が上がる。

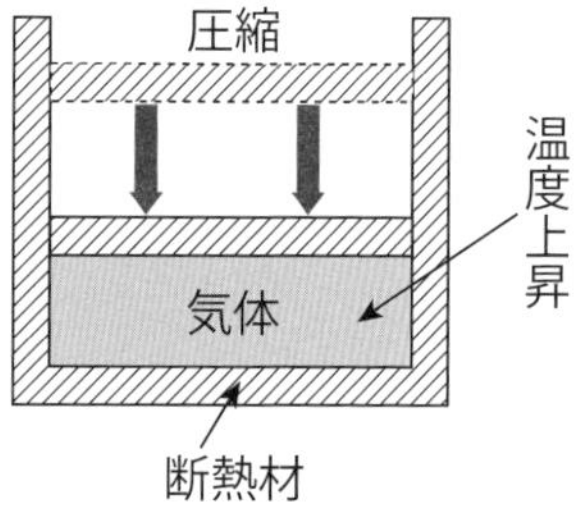

(2)エネルギー保存の法則

外部とのエネルギーの移動がない状態であれば、変化の前と後で、そのエネルギー量の総和に変化はない。これを**エネルギー保存の法則**という。エネルギー保存の法則は、熱エネルギーだけでなく、力学的エネルギー、化学的エネルギー、電気エネルギーについてもあてはまる。

要点整理

- 熱の移動の仕方には、伝導、対流、放射(ふく射)の3つがある。
- 熱伝導率が大きい物質は熱を伝えやすい。
- 熱放射線は直進し、真空中でも放射熱は伝わる。
- 気体の体膨張率は、どの物質でもほぼ一定で約1/273である。
- 断熱膨張では温度が下がり、断熱圧縮では温度が上がる。

7 電　気

電流と電圧

(1)オームの法則

電流Iは、**単位時間に導線を通過する電気量**でその強さを表し、単位は**アンペア**(A)を用いる。電圧Eは、電流を流すために電線に与える**電気的な高低**(圧力)のことで、単位は**ボルト**(V)である。

同じ電線に流れる電流の大きさは電圧に比例する。抵抗Rは、導線の材料の性質や断面積、長さによって一定の数値となる。この数値を**電気抵抗**といい、単位は**オーム**(Ω)を用いる。

注意

1A：電線に100Vの電圧で電気を流して100Wの電球が点灯するときの電気量。

1Ω：1Vの電圧を加えた場合に1Aの電流が流れる導線の抵抗。

覚えよう!

電流Iと電圧Eの関係を式で表せば、次のようになる。これをオームの法則という。

$$\text{電流}I\,(\mathrm{A}) = \frac{\text{電圧}E(\mathrm{V})}{\text{抵抗}R(\Omega)}$$

(2)ジュールの法則

電気をよく通す物質を**導体**(金属など)、電気を通さない物質を**不導体**(ゴム、エボナイトなど)という。導体とは抵抗が小さい物質で、不動体とは抵抗が大きな物質ということができる。

電気が流れると、導線には電圧、電流の両方に比例した量の熱が発生する。これを**ジュールの法則**といい、発生する熱を**ジュール熱**という。

覚えよう!

ジュール熱は、電圧E、電流I、時間tにより求めることができる。

$$\text{ジュール熱}Q\,(\mathrm{J}) = \text{電圧}E\,(\mathrm{V}) \times \text{電流}I\,(\mathrm{A}) \times \text{時間}t\,(\mathrm{s})$$

電気火花

電気火花は放電の仕方によって、スパーク、アーク、高電圧の火花放電に分けられる。スパークとアークはいずれも放電エネルギーは小さいが、引火性液体の蒸気などは引火しやすい。高電圧の火花放電は、放電全体のエネルギーは大きくないが、局所的には大きなエネルギーとなる。

①スパーク

電動機の整流子、自動調節リレー等の有接点の開閉等に伴って発生する微小火花のことである。

②アーク

電気回路の開閉、短絡、漏電、線路の断線、電球の破壊等によって両極間の気体中を電流が流れるときに生ずる短時間の気体放電で、強い発熱発光を伴う。

③高電圧の火花放電

高電圧によって周囲の空気の絶縁性を一部分破壊した結果起こる火花放電のことである。

電気設備の設置

電気設備は、電気機器から熱が発生したり、火花が発生することにより危険物が発火する火源となり得る。

したがって、製造所等に電気設備を設ける場合には、可燃性蒸気、ガス、微粉が滞留するおそれがない場所に設置しなければならない。作業の工程上やむを得ない場合には、電気設備を**防爆構造**とし、必要最小限度の設備としなければならない。

(1)危険場所(ガス蒸気危険場所)

爆発や燃焼を発生させるだけの量の可燃性のガスが空気と混合している場所で、少しの火花でも爆発や燃焼事故が起こるおそれのある場所のことである。

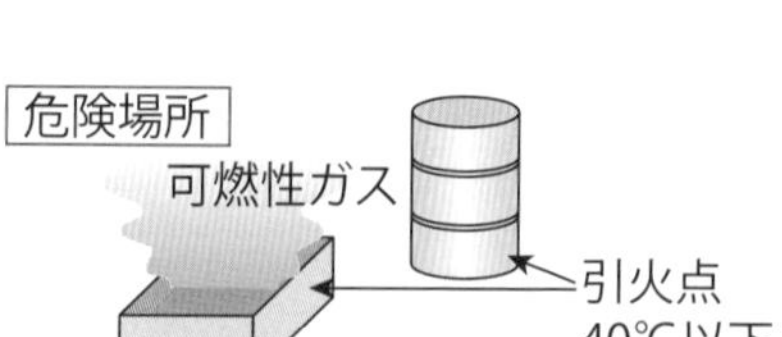

覚えよう!

＜製造所等の場合の危険場所の範囲＞

①引火点40℃以下の危険物を貯蔵し、又は取扱う場所

②引火点40℃を超える危険物の可燃性液体を引火点以上の状態で貯蔵し、又は取扱う場所

(2)防爆構造

防爆構造には、次のような種類がある。

耐圧防爆構造	内部で爆発が生じた場合でもその圧力に耐えることができ、外部の可燃性ガス(蒸気)に引火するおそれがない構造
油入防爆構造	火花、アークまたは点火源となり得る部分を油の中に納めた構造
内圧防爆構造	内部に保護気体として窒素や炭酸ガス等を圧入した構造
安全増防爆構造	運転中に点火源として作用してはならない電気機器に、絶縁性能または温度上昇について、特に安全度を増加した構造
特殊防爆構造	外部の可燃性ガスへの引火を防止できることが試験などによって確認された構造
本質安全防爆構造	運転中および事故時に発生する火花、アークまたは、熱により、爆発性ガスに点火するおそれがないことが点火試験その他によって確認された構造

要点整理

- **オームの法則**：回路に流れる電流の大きさは電圧に比例する。
- **ジュールの法則**：電流が流れると、電圧、電流の両方に比例した量の熱(ジュール熱)が発生する。
- 金属などの導体は抵抗が小さく、ゴム、エボナイトなどの不導体は抵抗が大きい。
- 製造所等では、可燃性蒸気、ガス、微粉が滞留するおそれがない場所に電気設備を設置しなければならない。やむを得ず設置する場合は防爆構造とする。

8 静電気

静電気

静電気は、電気的に絶縁された2つの異なる物質を摩擦して離したときに、一方には正(+)の電荷が、他方には負(−)の電荷が帯電することで発生する。静電気は、物体にたまったまま移動しない電気で、そのまわりの空間に静電界をつくり、静電エネルギーを蓄えている。

(1)静電気と絶縁抵抗

静電気は、絶縁抵抗が大きい物質ほど発生しやすい。有機高分子材料や石油系の各種原料及び製品の大部分は電気絶縁性が大きいため、静電気が発生しやすい。したがって、災害の原因になる危険性も高いので十分な注意が必要である。

注意
帯電状態の静電気が空気中に放電されると、付近に滞留する引火性蒸気または粉じん等に引火または爆発し、火災となる危険性がある。(静電気災害)

●主な物質の抵抗率

試　料	抵抗率 (Ω・m)	相対湿度 (%)	気温 (℃)	試　料	抵抗率 (Ω・m)	相対湿度 (%)	気温 (℃)
シクロヘキサン	2.1×10^{12}	58	9.0	酢酸ブチル	9.2×10^{6}	54	27.7
石油ベンジン	2.7×10^{11}	53	27.7	メタノール	$<4\times10^{4}$	54	27.7
ミネラルスピリット	2.6×10^{11}	54	28.1	ブチルアルコール	$<4\times10^{4}$	54	27.7
ベンゼン(90%)	1.6×10^{11}	54	26.8	アセトン	$<4\times10^{4}$	54	27.7
トルエン	2.5×10^{11}	54	27.0	メチルエチルケトン	$<4\times10^{4}$	—	—
キシレン	2.8×10^{11}	54	28.0	メチルイソブチルケトン	$<4\times10^{4}$	54	27.7
二硫化炭素	7.5×10^{9}	57	10.0	四塩化炭素	1.0×10^{12}	57	9.5
酢酸エチル	1.7×10^{5}	54	27.7				

(2)静電気の発生の種類

①**接触帯電**…2つの物質を接触させてから離す際の帯電現象
②**流動帯電**…管内を液体が流動する際の帯電現象
③**沈降帯電**…流体中を別の液体あるいは固体が沈降する際の帯電現象
④**破砕帯電**…固体を砕くときに静電気が発生する現象
⑤**噴出帯電**…液体が高速でノズル等から噴出する際に帯電する現象
⑥**誘導帯電**…帯電した物体の近くに置かれた物体が、帯電物体の影響で二次的に帯電する現象

(3)静電気災害の防止

製造所等においては、静電気災害を防止するために、次のような方法で静電気を発生させないこと、蓄積状態にしないことが必要である。

①発生を少なくする方法

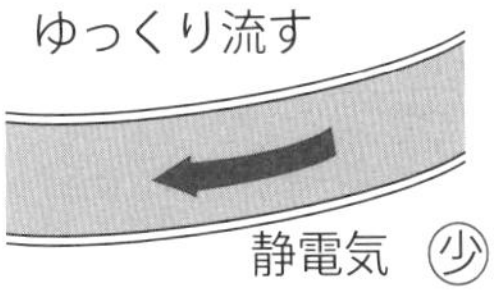

- **摩擦を少なく**する。(発生防止)
- 接触する2つの**物質を選択**する。(抑制効果)
- **導電性材料**を使用する。(漏えい効果)
- 液体の**流速を制御**する。(抑制効果)
- **除電剤**を使用する。(漏えい効果および中和効果)

②蓄積を生じないようにする方法

- 室内湿度を**約75%以上**に保つ(湿度が高いと静電気が発生しにくく、また発生しても物体の表面の水分を通して漏えいし、帯電を防止できる)。
- 電気的に**導線**を接続し、**接地**(アース)する。
- 緩和時間をおき**放出中和**する。
- **帯電防止服、帯電防止靴**を着用する。
- 室内空気を高圧、放射線、静電誘導等により**イオン化**し、静電気を除去する。

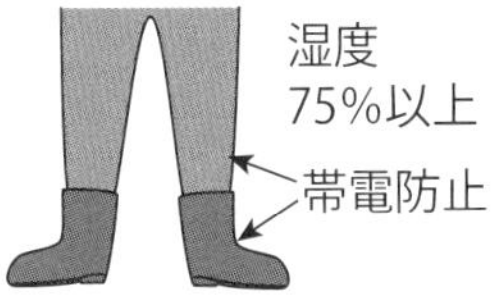

要点整理

- 静電気は、絶縁抵抗が大きい物質ほど発生しやすい。
- 有機高分子材料、石油系の原料や製品の大部分は、静電気を発生しやすい。
- 静電気災害防止には、静電気を発生させない、蓄積させない。
- 静電気災害防止には危険物の摩擦を避け、乾燥させない状態にする。

1 物質の変化

物質の変化

物質は温度や圧力等のまわりの条件によって変化する。その変化は大きく**物理変化**と**化学変化**に分類できる。

(1)物理変化

ある物質に加える温度や圧力等の条件を変えた場合に、別の物質に変わるのではなく、物質の外観、大きさ等、単に**状態や形が変化する**だけの変化を**物理変化**という。物理変化には、**気化**、**液化**、**潮解**、**風解**、**融解**、**凝縮**、**凝固**、**昇華**、**溶解**等がある。[→ p.164]

《物理変化の例》
①氷がとけて水になる。[融解](右図)
②砂糖が水に溶けて砂糖水になる。[溶解]
③ドライアイスを放置すると
　炭酸ガスになる。[昇華]
④空気を冷やすと、水滴になる。[凝縮]

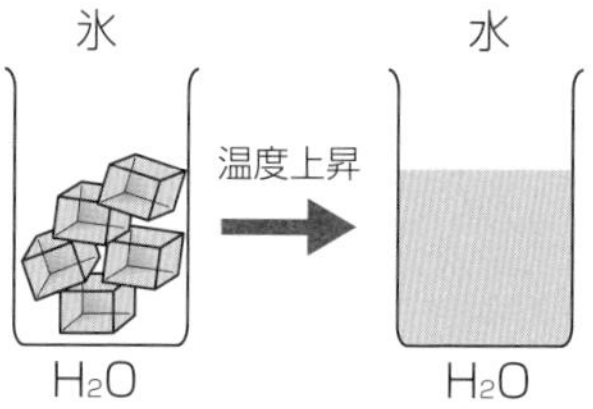

(2)化学変化

ある物質が本来の性質を失い、**新しい性質をもつ異なる物質になる**変化を**化学変化**という。化学変化には、**化合**、**分解**、**置換**、**複分解**、**付加**、**重合**等がある。

《化学変化の例》
①鉄くぎのさび。[化合](右図)
②水を電気分解すると、酸素と水素になる。[分解]
③ベンゼンと硝酸でニトロベンゼンをつくる。[置換]
④アセチレンからベンゼンをつくる。[重合]

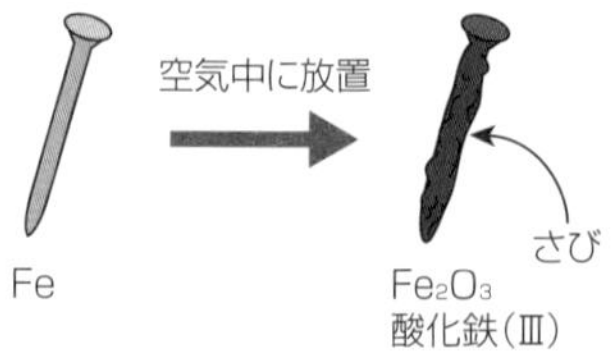

名称	変化の内容	例
化合	２種類以上の物質が結びついて、別の新しい物質を生じる変化	水素と酸素が結合して水になる。 $2H_2 + O_2 \longrightarrow 2H_2O$
分解	１つの物質が分かれて、もとの物質と性質の異なる２種類以上の新しい物質ができる変化	水を分解すると水素と酸素になる。 $2H_2O \longrightarrow 2H_2 + O_2$
置換	化合物を構成している原子または原子団が、他の原子または原子団で置き換わる変化	亜鉛に塩酸を加えると塩化亜鉛と水素になる。 $Zn + 2HCl \longrightarrow ZnCl_2 + H_2$
複分解	２種類の化合物がその成分である原子または原子団を交換して、２種類の新しい化合物になる変化	食塩に硫酸を加えると塩化水素を発生し、硫酸ナトリウムになる。 $2NaCl + H_2SO_4 \longrightarrow 2HCL + Na_2SO_4$
付加	有機物の二重結合、三重結合に、水素、ハロゲン、水、アルコール、酸等の原子または原子団が結合する反応	エチレンに臭素を付加させると1,2-ジブロモエタンができる。 $CH_2 = CH_2 + Br_2 \longrightarrow BrCH_2CH_2Br$
付加重合	連続的に付加反応を繰り返して結合し大きな分子ができる反応	エチレン同士の付加を繰り返してポリエチレンができる。 $CH_2 = CH_2 + CH_2{=}CH_2$ $\longrightarrow CH_2 - CH_2 - CH_2 - CH_2 -$
縮合	官能基をもつ２個以上の有機化合物が、簡単な構造をもつ分子を生成・分離して、互いに結合する反応	酢酸とエタノールが反応して酢酸エチルができる。 $CH_3COO - H + HO - C_2H_5$ $\longrightarrow CH_3COOC_2H_5 + H_2O$
縮合重合	小さい分子量の有機物で二重結合、三重結合している物質が繰り返して縮合して大きい分子量の物質をつくる反応	フェノールとホルムアルデヒドが縮合を繰り返してフェノール樹脂ができる。

要点整理

- 物理変化には、気化、液化、潮解、風解、融解、凝縮、凝固、昇華、溶解等がある。変化の前後で物質の化学式は変わらない。
- 化学変化には、化合、分解、置換、複分解、付加、重合等がある。変化の前後で物質の化学式が変わる。

2 物質の種類

純物質と混合物

物質は大きく分けると純物質と混合物に分けることができる。

純物質とは、1種類の物質からできているもので、水、酸素、窒素、ナトリウム、鉄などがあげられる。

混合物とは、2種類以上の純物質が混じりあった物質で、空気、ガソリンなどがあげられる。

単体と化合物

純物質は、さらに単体と化合物に分けることができる。

単体とは、1種類の元素からできている純物質で、水素、酸素、窒素、塩素などがあげられる。これ以上**分解できない**。[元素→ p.192]

化合物とは、2種類以上の元素が結合してできている純物質で、水、塩化水素、塩化ナトリウム、硫酸などがあげられる。化合物は、電気分解や熱分解などの化学的な方法によってその物質に含まれている**2種類以上の単体に分解できる**。

●単体、化合物、混合物の例

物質	純物質	単体	水素、酸素、窒素、塩素、鉄、リン、硫黄、銅、亜鉛、ナトリウム等
		化合物	水、アンモニア、塩化水素、ベンゼン、塩化ナトリウム、硫酸、エタノール等 
	混合物		空気、ガソリン、軽油、灯油、食塩水、インク、牛乳、セルロイド等 

同素体と異性体

(1)同素体

同じ種類の元子で構成されている単体でも、性質の異なる物質が２種類以上存在する場合、これらは互いに**同素体**という。

〈同素体の例〉

O（酸素）：酸素、オゾン	P（リン）：赤リン、黄リン	C（炭素）：ダイヤモンド、黒鉛

(2)異性体

分子式が同じ化合物であっても、その性質や分子内の構造が異なる物質をいう。異性体には、**構造異性体**や**立体異性体**がある。[分子→ p.199]

①構造異性体

分子の構造式が異なっているために生じる異性体のことで、炭素骨格や官能基の位置、官能基の種類が異なっている。

②立体異性体

分子の立体構造が異なっているために生じる異性体のことである。

〈例〉　C_2H_6O の構造異性体

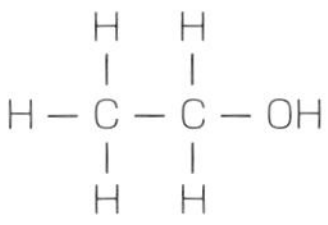

エタノール

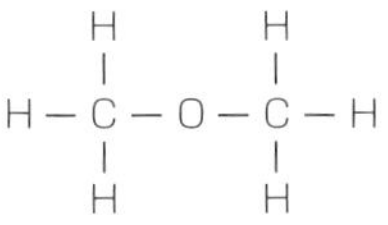

ジメチルエーテル

〈例〉　$CH_3CH=CHCH_3$の立体異性体

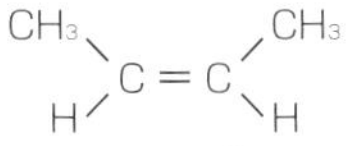

シス−2−ブテン

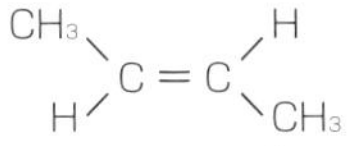

トランス−2−ブテン

要点整理

- 混合物は、2種類以上の純物質が混じりあった物質である。
- 単体は、１種類の元素からできている純物質で、それ以上分解することができない。
- 化合物は、2種類以上の元素が結合してできている純物質で、電気分解や熱分解で２種類以上の単体に分解することができる。
- 同素体は同じ原子で構成されているが性質が異なっている。
- 異性体には、構造異性体と立体異性体がある。

3 元素

元素記号と元素の周期表

元素とは、物質を構成している基本的成分で、元素の種類を表すための記号が**元素記号**である。元素の表記は右のように元素記号、原子番号、質量数を表す。[原子番号→ p.196]

元素の周期表(以下周期表)は、元素を原子番号の順に並べたときに、性質の似た原子が周期的に出現することに着目してつくられた。行は周期(1から7まで)を、列は族(1から18まで)を表している。

注意

元素には現在わかっているもので100余りがある。周期表を発表したのはロシアの化学者メンデレーエフである。

●元素の周期表

族 / 周期	1	2	3	4	5	6	7	8	9	10	11	12	13	14	15	16	17	18
1	$_{1}$H																	$_{2}$He
2	$_{3}$Li	$_{4}$Be											$_{5}$B	$_{6}$C	$_{7}$N	$_{8}$O	$_{9}$F	$_{10}$Ne
3	$_{11}$Na	$_{12}$Mg											$_{13}$Al	$_{14}$Si	$_{15}$P	$_{16}$S	$_{17}$Cl	$_{18}$Ar
4	$_{19}$K	$_{20}$Ca	$_{21}$Sc	$_{22}$Ti	$_{23}$V	$_{24}$Cr	$_{25}$Mn	$_{26}$Fe	$_{27}$Co	$_{28}$Ni	$_{29}$Cu	$_{30}$Zn	$_{31}$Ga	$_{32}$Ge	$_{33}$As	$_{34}$Se	$_{35}$Br	$_{36}$Kr
5	$_{37}$Rb	$_{38}$Sr	$_{39}$Y	$_{40}$Zr	$_{41}$Nb	$_{42}$Mo	$_{43}$Tc	$_{44}$Ru	$_{45}$Rh	$_{46}$Pd	$_{47}$Ag	$_{48}$Cd	$_{49}$In	$_{50}$Sn	$_{51}$Sb	$_{52}$Te	$_{53}$I	$_{54}$Xe
6	$_{55}$Cs	$_{56}$Ba	ランタノイド 57-71	$_{72}$Hf	$_{73}$Ta	$_{74}$W	$_{75}$Re	$_{76}$Os	$_{77}$Ir	$_{78}$Pt	$_{79}$Au	$_{80}$Hg	$_{81}$Tl	$_{82}$Pb	$_{83}$Bi	$_{84}$Po	$_{85}$At	$_{86}$Rn
7	$_{87}$Fr	$_{88}$Ra	アクチノイド 89-103															

アルカリ金属（1族の網掛け）

アルカリ土類金属（2族の網掛け）

□は非金属元素、他は金属元素

□は遷移元素、他は典型元素

ハロゲン（17族の網掛け）

貴ガス（18族の網掛け）

典型元素と遷移元素

元素は、大きく**典型元素**と**遷移元素**に分かれる。

(1)典型元素

周期表の1族、2族、12族から18族の元素のことで、原子番号が増えるにしたがって、**価電子**の数が規則的に変化するため、元素の性質も規則的に変化する。

注意
価電子は、電子殻の一番外側にある電子のことで、元素の化学的性質を決める。[電子殻→ p.196]

(2)遷移元素

周期表の3族から12族の元素のことで、原子番号が増えても電子が内側の層に移動して価電子の数がほとんど変わらないため、元素の性質の変化が不規則である。ただし、12族は遷移元素に含めない場合がある。

金属元素と非金属元素

元素は、別な分類の仕方をすると、金属元素と非金属元素に分けることができる。典型元素には、**金属元素**と**非金属元素**があるが、遷移元素はすべて金属元素である。

(1)金属元素と非金属元素の比較

金属元素と非金属元素の単体には、それぞれ次のような特性がある。

	金属元素	非金属元素
状態	常温で固体。(水銀を除く)	低温で気体のものが多い。
イオン化傾向	陽イオンになりやすい。	陰イオンになりやすい。(貴ガスを除く)
光沢	特有の光沢をもつ。	光を反射しない。
熱や電気の伝導	導体である。	不導体である。(炭素は例外)
比重	大きい。(ナトリウムなどは例外)	小さい。
その他の性質	展性、延性がある。融点が高い。 無機酸に溶けやすい。	固体のものはもろい。 無機酸には溶けない。

(2)金属の比重と融点

主な金属の比重と融点は下表のとおりである。比重が4よりも小さい金属を**軽金属**、4よりも大きい金属を**重金属**という。また、融点の低い金属は、製造所等の材料には適さない。

> **注意**
> 合金の融点は、成分金属の融点よりも低くなる。

●金属の比重と融点

比重	Pt 21.4　Au 19.3　Hg 13.5　Ag 10.5　Cu 8.96　Fe 7.87　Zn 7.13　Ba 3.5　Al 2.7　Mg 1.74　Ca 1.55　Na 0.97　K 0.86　Li 0.53
融点(℃)	W 3400　Pt 1700　Fe 1540　Cu 1083　Au 1064　Ag 962　Ca 848　Al 660　Mg 650　Pb 328　Na 98　K 64　Hg −38.8

(3)イオン化傾向

金属原子が水または水溶液中で陽イオンに変わるとき、なりやすさは金属の種類によって異なる。そのなりやすさの度合を**イオン化傾向**という。イオン化傾向を大小で並べると、次のようになる。[イオン→ p.197]

●イオン化傾向の順の図

Li > K > Ca > Na > Mg > Al > Zn > Fe > Ni > Sn > Pb >(H)> Cu > Hg > Ag > Pt > Au

大　イオン化傾向　小

(4)金属の腐食

鉄は、土壌中では、もとの鉄鉱石(酸化鉄)に戻ろうとする。これが金属の**腐食**という現象である。腐食は、**湿気、酸性、塩分**が強い環境では進みやすい。また、異なった金属と接触したり、迷走電流が流れている土壌中でも進む。腐食すると、危険物が漏れるなどの事故につながるので、鋼製のタンクや管には、次のような腐食防止対策を施す。

腐食防止対策	①施工時に塗覆装面にキズをつけないようにする。 ②埋設に使う砂は、山砂とする。　③地下水と触れないようにする。 ④コンクリート貫通部には、さや管を設ける。 ⑤配管をピット内に設ける。　⑥異種金属との接触や接合を避ける。 ⑦電気防食設備を設けるか、防食剤を活用する。

その他の分類（同族元素）

(1)アルカリ金属

周期表の１族元素のうち水素を除くリチウム、ナトリウム、カリウム、ルビジウム、セシウム、フランシウムの６元素を**アルカリ金属**という。アルカリ金属の原子は価電子を１個もつため、１価の陽イオンになりやすいという性質がある。アルカリ金属の単体は銀白色で軟らかく融点が低く、空気中ではすぐに酸化する。また、常温で水と激しく反応して水素を発生し、その反応熱で発火するという危険性がある。

(2)アルカリ土類金属

周期表の２族元素のベリリウム、マグネシウム、カルシウム、ストロンチウム、バリウム、ラジウムの6元素を**アルカリ土類金属**という。単体は銀白色の軽金属で、常温で水と反応して水素を発生し、水酸化物となって強塩基性を示す。

(3)ハロゲン元素

周期表の17族の元素、フッ素、塩素、臭素、ヨウ素、アスタチンの5元素を**ハロゲン元素**という。ハロゲンの単体は有毒であるが、電子親和力が強いため、ハロゲンの化合物は消火剤として広く利用されているものがある。また、陰イオンになりやすく、酸化作用が強く、水素や金属と反応しやすい。

(4)貴ガス

周期表の18族の元素、ヘリウム、ネオン、アルゴン、クリプトン、キセノン、ラドンの6元素を**貴ガス**という。貴ガスは、不活性ガスで、イオンになりにくく他の原子と結合しにくい性質がある。

要点整理

- 元素には、典型元素(1、2、12～18族)と遷移元素(3～12族)がある。
- 典型元素には金属元素と非金属元素がある。遷移元素はすべて金属元素である。
- 比重が4よりも小さいものは軽金属、4よりも大きいものは重金属である。
- 金属は、常温で固体であり、光沢をもち、展性、延性があって、電気の導体である。
- ハロゲン元素は電子親和力が強いため消火剤に適している。

SECTION 2　基礎的な化学

4 原　子・イオン

原　子

原子とは、物質を構成する粒子で、これ以上分けることのできない最小のものである。

(1)原子の構造

原子は、原子核とそのまわりを取り巻く電子からできている。さらに原子核は、陽子と中性子からできている。

電子は、原子核のまわりにある、K殻、L殻といういくつかの電子殻(電子が回る層)にあって、最外殻の電子殻にある電子を**価電子**という。価電子は原子の性質を決める役割を果たしており、価電子の数が同じ原子は似た性質をもつ。

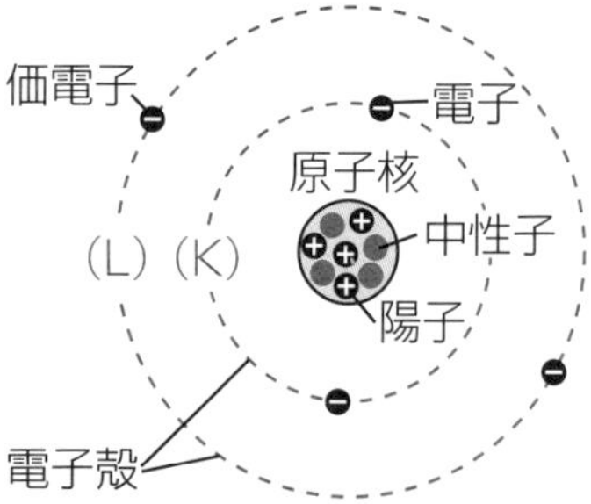

●原子の模式図

注意

電子は負〔−〕、陽子は正〔＋〕の電気を帯びており、中性子は電気的中性である。電子と陽子の数は同じなので、原子は電気的には中性である。

(2)原子番号と原子の質量

原子番号は、原子核に含まれる陽子の数を表している。同じ元素の原子は同数の陽子をもっている。例えば、原子番号1の水素は陽子を1個もっており、原子番号8の酸素は陽子を8個もっている。

電子は原子核とはくらべようもないほど軽いため、**原子の質量**は、原子核の質量と等しいと考えてよい。つまり、陽子と中性子の質量を合わせたものが原子の質量である。

注意

陽子と中性子の質量はほぼ同じである。

メモ

元素を原子番号の順に並べたものが周期である。

(3)同位体

原子番号が同じ元素の原子(陽子の数が同じ)であるのに、中性子の数が異なっている原子が存在する。これらを互いに**同位体**という。同位体は、電子の数が同じであるため、化学的性質は同じで、同じ元素として扱われるが、質量が異なる。

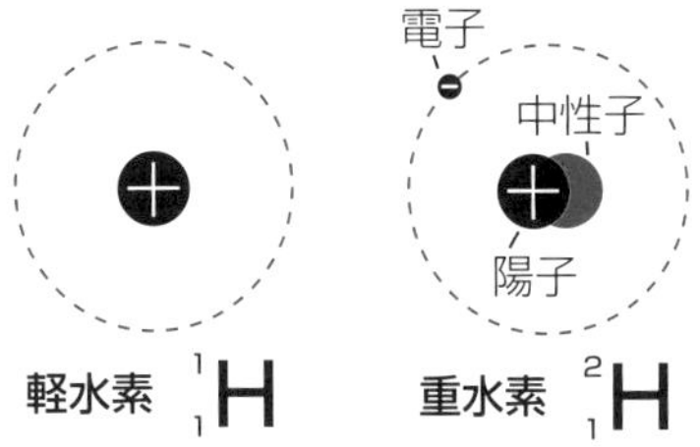

●水素の同位体

イオン

(1)陽イオンと陰イオン

原子は電気的に中性であるが、例えば、L殻の**価電子の数が1～3個**の原子は**価電子を失いやすい**性質があり、原子から電子がとれるとその原子は〔+〕の電気を帯びる。これが陽イオンである。逆に、L殻の**価電子が6～7の原子**は**電子を受け取りやすい**性質があり、電子を受け取ると〔−〕を帯び、陰イオンとなる。このように、電気を帯びた原子を**イオン**という。

また、2個以上の原子が結合した原子団から電子がとれたり、受け取ったりしたものも同様にイオンという。原子のイオンは**単原子イオン**、原子団のイオンは**多原子イオン**という。

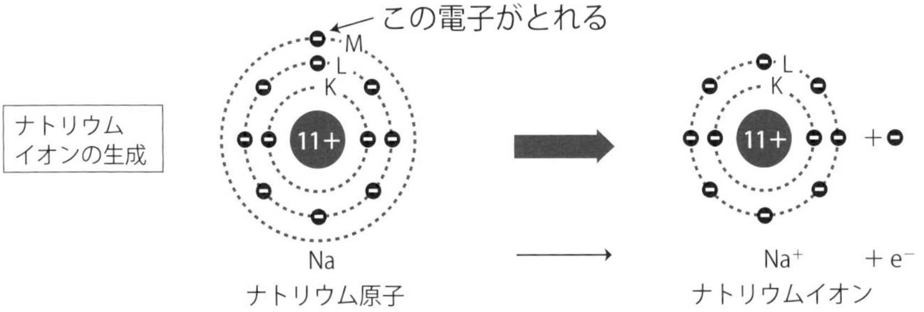

(2)イオンの化学式

イオンになるとき失ったり受け取ったりする電子の数を**価数**という。**帯びている電気**と価数をつけて表したものを**イオンの化学式**という(ただし、価数の1は省略して表す)。

また、陽イオンは元素名に「イオン」をつけて呼び、陰イオンは元素名に「～化物イオン」をつけて呼ぶ[→p.198]。

●イオンの価数と名称の例

	1価	2価
陽イオン	H^{+}　（水素イオン）	Mg^{2+}（マグネシウムイオン）
	Na^{+}　（ナトリウムイオン）	Zn^{2+}（亜鉛イオン）
	NH_4^{+}（アンモニウムイオン）	Ca^{2+}（カルシウムイオン）
陰イオン	F^{-}　（フッ化物イオン）	O^{2-}　（酸化物イオン）
	Cl^{-}　（塩化物イオン）	S^{2-}　（硫化物イオン）
	OH^{-}（水酸化物イオン）	CO_3^{2-}（炭酸イオン）

（3）イオン結合と組成式

陽イオンと陰イオンが静電気力によって引き合ってできる結合を**イオン結合**という。イオン結合の物質は、陽イオンと陰イオンが交互に並んで結合している集団で1つの粒子ではないから、いくつのイオンが結合しているのかは決められない。そこで、陽イオンと陰イオンの成分元素を最も簡単な整数比で表す。これが**組成式**である。

〈例〉

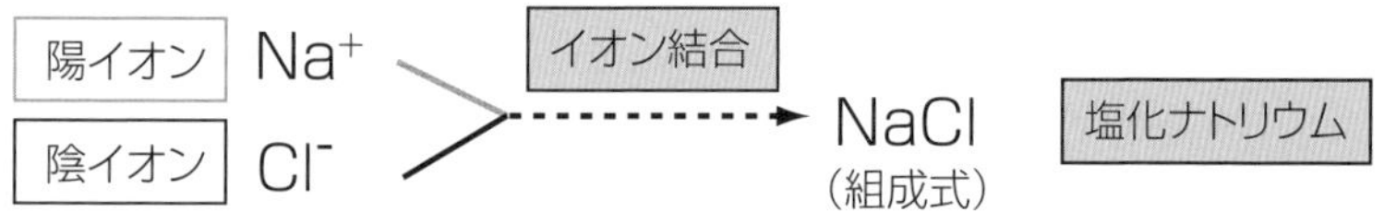

要点整理

- 原子は、原子核と電子からできており、原子核は陽子と中性子からできている。
- 電子は〔－〕、陽子は〔＋〕の電気を帯びているが、中性子は電気的中性である。
- 原子の質量はほとんど陽子と中性子の和の質量と等しい。
- 原子番号＝陽子の数＝電子の数で、原子の性質は電子の数で決まる。
- 同じ原子番号でも、中性子の数が異なっている原子を同位体という。同位体は、化学的性質は同じだが、質量が異なる。
- 原子または原子団の電子がとれて[＋]の電気を帯びたものが陽イオン、電子を受け取って[－]を帯びたものが陰イオンである。

5 分　子

分　子

分子はいくつかの**原子が共有結合した粒子**で、電気的には中性である。分子は、物質の特性をもつ最小の単位である。

(1)共有結合

原子には、価電子を原子同士で何個かずつ出し合って、それらを共有して、**最外殻の電子の数が安定した状態**になろうとする性質がある。こうしてできる結びつきを共有結合といい、結びついてできた分子は電気的には中性である。共有結合のうち、水素分子のように価電子を1個ずつ出し合う共有結合を**単結合**という。

H 水素原子　H 水素原子　H_2 水素分子

(2)二重結合・三重結合

二酸化炭素分子のように価電子を2個ずつ出し合う共有結合を**二重結合**という。また、窒素分子のように価電子を3個ずつ出し合う共有結合を**三重結合**という。

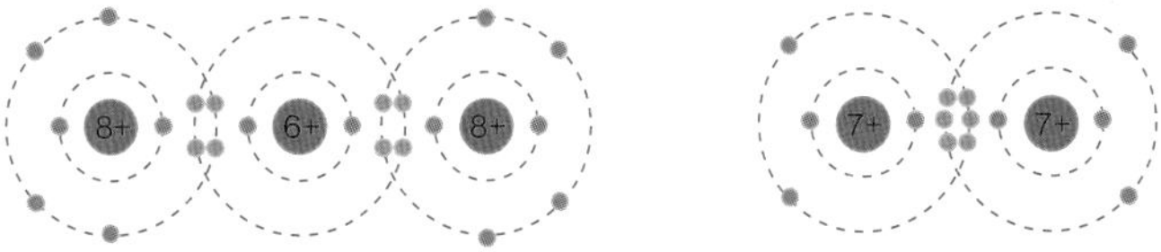

CO_2 二酸化炭素分子(二重結合)　N_2 窒素分子(三重結合)

分子式と構造式

(1)分子式

分子は、結合している原子の数や種類によって性質が変わる。そこで、分子を表すためには、含まれている**原子の種類**と**原子の数**がわかるような式を用いる。これを**分子式**という。

(2)価標と構造式

分子を構成する原子間の共有結合を**価標**と呼ばれる線で示したものを**構造式**という。価標は2個の原子が共有している**一対の価電子**を表しており、二重結合の価標は2本、三重結合の価標は3本である。

(3)原子価

原子1個が**共有結合するときに使う価電子数**をその原子の**原子価**という。原子価の数は価標の本数と同じである。

〈アンモニア分子の分子式と構造式〉

分子式	構造式
NH_3	H | H－N－H

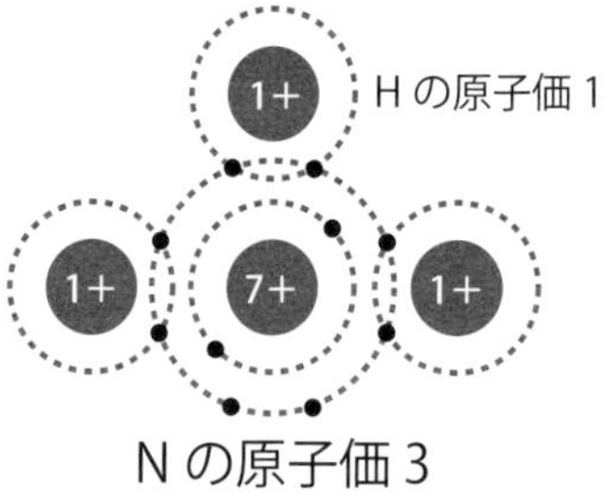

要点整理

- 分子は、原子が共有結合してできた粒子で、物質の特性をもつ最小の単位である。
- 共有結合した原子は、価電子を共有し安定した状態になっている。
- 共有結合において2個の価電子を共有するものを二重結合、3個の価電子を共有するものを三重結合という。
- 分子式は、分子に含まれる原子の種類と数を表したものである。
- 構造式は共有結合の状態を価標の数で表したものである。

6 原子量・分子量・物質量

原子量

原子の質量は、元素の種類によって決まっているが、大変小さいため、そのまま用いることは不便がある。そこで、通常は**炭素原子の質量を12としたときの相対質量**を原子の質量として用いる。

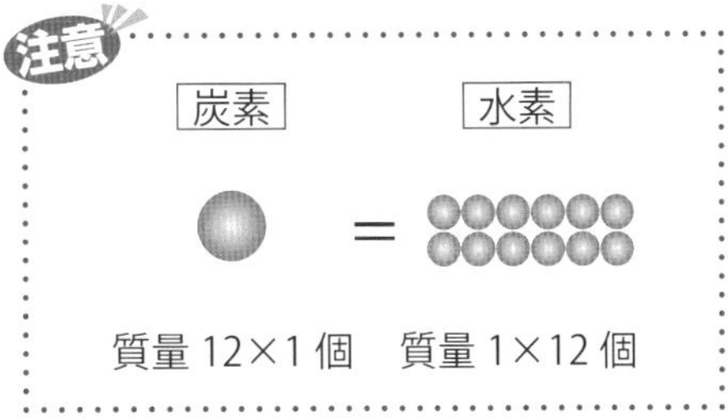

また、自然界の元素には同位体[→ p.197]が混ざっているため、本来なら同位体ごとの質量を計算してから、その物質の質量を計算しなければならない。しかし、それでは不便であるから、同位体の存在する比率とそれぞれの同位体の相対質量から求めた平均値(概数)をその元素の**原子量**として用いている。

●主な元素の元素記号と原子量(原子量は平均値)

元　素　名	元素記号	原子量	元　素　名	元素記号	原子量
水　　素	H	1	ナトリウム	Na	23
炭　　素	C	12	硫　　黄	S	32
窒　　素	N	14	塩　　素	Cl	35.5
酸　　素	O	16	カリウム	K	39

分子量・式量

分子の中に含まれている元素の原子量の総和を、その物質の**分子量**という。分子量は分子式から計算できる。

塩化ナトリウムや塩化カルシウムのようなイオン結合の物質の質量は、**式量**(組成式量)で表す。また、イオンについても同じように式量(イオン式量)で求められる。組成式量やイオン式量のことを**化学式量**ともいう。

〈計算例〉

二酸化炭素　(CO_2)の分子量→ 12＋16×2＝44

一酸化炭素　(CO)の分子量→ 12＋16＝28

ナトリウムイオン　(Na^+)の式量→ 23(Na の原子量と同じ)

三酸化窒素イオン　(NO_3^-)の式量→ 14＋16×3＝62.0

塩化カルシウム　($CaCl_2$)の式量→ 40＋35.5×2＝111

物質量

物質が反応する場合には、その物質中にいくつの粒子(原子、分子、イオン)が含まれているかが重要となる。そこで原子量の基準となっている**炭素12 g の中に含まれる原子の数**を基本として粒子の量(数)の単位としている。その原子の数は、**6.02×10^{23}**(個)で、単位は mol(モル)という。**原子、分子、イオンの粒子の量を mol で表したものが物質量**である。また、1 mol あたりの質量は原子量、分子量、式量に g (グラム)をつけたものである。

●炭素と水素の物質量と質量

	炭素		水素	
原子量	12		1	
物質量	1 mol	2 mol	1 mol	2 mol
質量	12g	24g	1g	2g

注意

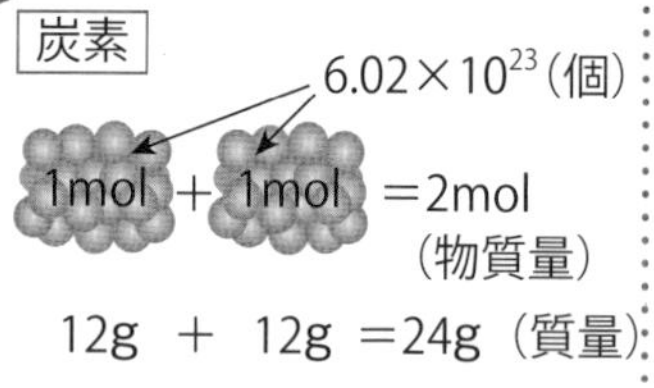

要点整理

- 原子量は、炭素原子(同位体)の質量を12としたときの相対質量で、単位はない。
- 分子量(分子の質量)、イオンやイオン結合をした物質の質量(式量)は、含まれている全原子の原子量の総和で求められる。
- 1 mol はその物質を構成する粒子がアボガドロ数個の集団
- 原子量・分子量・式量に g をつけたものがその物質 1 mol の質量

7 化学の基本法則と化学反応式

化学の基本法則

(1)質量保存の法則(質量不変の法則)

物質間に化学変化が起こるとき、その化学変化の前後における物質の質量の総和は同じである。これを**質量保存の法則**または質量不変の法則という。

〈例：2molの水素と1molの酸素が化合して2molの水ができる場合〉

$2H_2 + O_2 \longrightarrow 2H_2O$

反応前の質量は、2×(1×2)+16×2=36

反応後の質量は、2×(1×2+16)=36

となり、変化前と変化後の質量の総和は同じである。

(2)倍数比例の法則

A、B 2つの元素が化合してできた化合物が何種類かあるとき、Aの元素の一定質量と化合しているBの元素の質量は、**簡単な整数の比**になる。これを**倍数比例の法則**という。

〈例：水(H_2O)と過酸化水素(H_2O_2)の場合〉

水における水素と酸素の質量比は、2：16=1：8

過酸化水素における水素と酸素の質量比は、2：32=1：16

したがって、水素と化合する酸素の質量の比は、8：16=1：2となり、簡単な整数の比になっている。

(3)定比例の法則

ある1つの化合物の中で**化合している元素の質量の比は一定**である。これを**定比例の法則**という。

例えば、水は常に水素の質量と酸素の質量が1：8の比で構成され、この比は、どのような方法でつくられた水でも一定である。

(4)アボガドロの法則

すべての気体は、同温同圧において、同体積内に同じ数の分子を含む。これをアボガドロの法則という。また、すべての気体 1 mol は、0℃ 1 気圧（標準状態）のもとでの体積が**約22.4L** で、その中に6.02×10^{23}個（**アボガドロ数**）の気体分子を含む。[→ p.174]

化学式

化学式とは、成分元素の種類や結合の仕方等、元素記号を組み合わせて物質の構造を示す式の総称である。化学式には、分子式、組成式、示性式、構造式などがある。

①分子式 [→ p.200]

分子を構成している成分原子を、元素記号で表したもので、原子の数をそれぞれの元素記号の右下につけて表す。ただし、原子数が1つの場合は1を省略する。

②組成式 [→ p.198]

物質を構成する原子やイオンの種類と個数の比を最も簡単な整数の比で表したもの。

③示性式

分子式の中から特有の性質を示す基を抜き出し、その分子の中にどのような基が含まれているかを表した化学式で、価標を省略して書いた構造式。

④構造式 [→ p.200]

分子内での原子の結合状態を直線（価標）で表した化学式で、価標は、二重結合の場合は２本、三重結合の場合は３本で表す。

〈例〉 エタノールの４つの化学式

①分子式 C_2H_6O

②組成式 C_2H_6O

③示性式 C_2H_5OH

④構造式

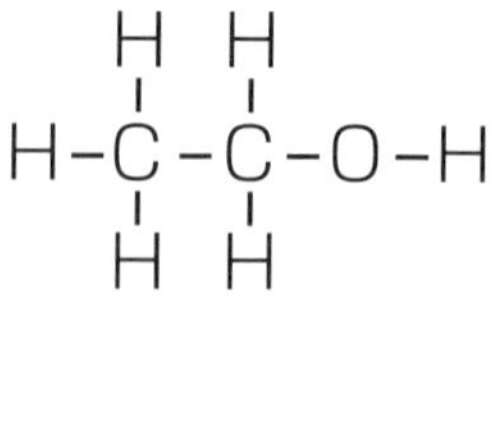

化学反応式

(1)化学反応式のつくり方

化学式を使って化学変化における反応する物質と生じる物質の関係を表した式を**化学反応式**という。化学反応式は次の３つの規則に基づいて表される。

①**左辺には反応する物質**の化学式を、加法の記号(＋)で書き、**右辺には生成する物質**の化学式を書いて両辺を矢印(⟶)で結ぶ。
②両辺のそれぞれの**原子の数が等しく**なるように化学式の前に分子数を表す係数をつける。最も簡単な整数になるようにする(係数１は省略)。
③反応の前後で変化しない物質(触媒等)は化学反応式の中に書かない。

〈例〉　エタン (C_2H_6)が酸素(O_2)と反応して二酸化炭素(CO_2)と水(H_2O)が生じる場合の化学反応式をつくる。(分数法)

$$C_2H_6 + O_2 \longrightarrow CO_2 + H_2O$$

$$C_2H_6 + O_2 \longrightarrow \mathbf{2}CO_2 + \mathbf{3}H_2O$$

① CとHの数をそろえるために右辺に係数をつける。

$$C_2H_6 + \frac{\mathbf{7}}{\mathbf{2}}O_2 \longrightarrow 2CO_2 + 3H_2O$$

② 右辺のOが7になるので左辺のOに $\frac{7}{2}$ をつける。

$$\mathbf{2}C_2H_6 + \mathbf{7}O_2 \longrightarrow \mathbf{4}CO_2 + \mathbf{6}H_2O$$

③ 係数を整数にするためにそれぞれを2倍する。

〈例〉　アンモニア (NH_3)と酸素(O_2)が化合して一酸化窒素と水が生じる場合の化学反応式をつくる。(未定係数法)

①各物質の係数を、a、b、c、dとして化学反応式をつくる。
$$aNH_3 + bO_2 \rightarrow cNO + dH_2O$$
②窒素原子Nの係数から、**$a = c$** とわかる。
③水素原子Hの係数から、**$3a = 2d$** とわかる。
④酸素原子Oの係数から、**$2b = c + d$** とわかる。
⑤b、c、dをaを用いて表す。

$$d = \frac{3}{2}a \qquad 2b = a + \frac{3}{2}a = \frac{5}{2}a \qquad b = \frac{5}{4}a$$

以上より、$a : b : c : d = 1 : \frac{5}{4} : 1 : \frac{3}{2} = \mathbf{4 : 5 : 4 : 6}$

したがって、$\mathbf{4}NH_3 + \mathbf{5}O_2 \rightarrow \mathbf{4}NO + \mathbf{6}H_2O$ とわかる。

(2)化学変化の量的関係

化学変化では、反応物の量により生成物の量が変わるが、化学反応式の係数は、**反応する粒子の数の割合**を表しており、化学反応式から各物質の物質量と質量の関係がわかる。また、気体であれば体積の関係もわかる。

化学反応式	2CO	+	O_2	→	$2CO_2$
物質量の関係	2 mol		1mol	→	2 mol
質量の関係	2×28 g		32 g	→	2×44 g
標準状態での気体の体積の関係	2×22.4L		22.4L	→	2×22.4L

〈計算例〉プロパン(C_3H_8)4.4 gが完全燃焼して二酸化炭素の気体と水が発生したとき、反応した酸素の物質量はいくらか。また、発生した二酸化炭素の体積は、標準状態で何Lか。

この化学変化の化学反応式は、$C_3H_8 + 5O_2 \longrightarrow 3CO_2 + 4H_2O$
プロパンの1mol の物質量は、12×3+8=44
したがって、4.4 gは0.1mol である。
プロパンと酸素の係数の比は、1:5なので、酸素の物質量は、0.5mol となる。
次に二酸化炭素との係数の比は、1:3なので、
二酸化炭素の物質量は0.3mol であり、体積は22.4L ×0.3=6.72L となる。

要点整理

- **質量保存の法則**:化学変化の前後で物質の質量の総和は一定である。
- **倍数比例の法則**:A、B2つの元素でできた化合物があるとき、A の元素の一定質量と化合している B の元素の質量は、簡単な整数の比になる。
- **定比例の法則**:ある1つの化合物の中で化合している元素の質量の比は一定である。
- **アボガドロの法則**:すべての気体は、同温同圧において、同体積内に同じ数の分子を含む。
- 化学式には分子式・組成式・示性式・構造式などがある。
- 化学反応式の両辺にある同じ種類の原子の数は同じである。

8 熱化学

反応熱

物質が化学変化する場合には、必ず**熱の出入りを伴う**。熱を発生する反応を**発熱反応**といい、逆に吸収する反応を**吸熱反応**という。そして、反応時に出入りする熱量を**反応熱**という。反応熱は、発生する場合によって次のようなものに分類できる。

●反応熱の分類

燃焼熱	物質1molが酸素と反応して完全燃焼するときに発生する熱量
生成熱	化合物1molがその成分元素の単体から生じるときに発生または吸収する熱量
中和熱	水溶液中で、水素イオン1molと水酸化物イオン1molから水1molが生じる中和反応で発生する熱量
溶解熱	物質1molを触媒に溶かしたときに発生または吸収する熱量

熱化学方程式

化学反応式の⟶を＝に置き換え、**右辺に反応熱を書き加えた式を熱化学方程式**という。発生する場合には(＋)、吸収する場合には、(－)の符号をつけて区別する。また、物質の化学式には、固体であれば(固)、液体であれば(液)、気体であれば(気)を書き添える。熱化学方程式の係数は、物質量を表すが、注目する物質(下の例では水素)1molの反応熱について表すため、他の物質の係数が分数になることがある。

〈例〉　水素が酸素と反応して水になる場合の熱化学方程式

H_2(気) ＋ $\frac{1}{2}O_2$(気) ＝ H_2O(液)＋ 286kJ　(燃焼熱)

ヘスの法則(総熱量保存の法則)

(1)ヘスの法則

反応物質と生成物質が同じであれば、どのような変化の過程を経ても、反応熱の量は変わらない。これを**ヘスの法則(総熱量保存の法則)**という。

〈例〉

❶酸化カルシウム 1 mol が塩化水素と反応して直接塩化カルシウムと水が生じる反応の反応熱

$$CaO\ (固) + 2HCl\ (液) = CaCl_2\ (液) + H_2O\ (液) + 194kJ$$

❷酸化カルシウム(固) 1 molが水と反応して水酸化カルシウムとなり、さらに塩化水素と反応して塩化カルシウムと水を生じる反応の反応熱

$$CaO\ (固) + H_2O\ (液) = Ca(OH)_2\ (固) + 65kJ$$

$$Ca(OH)_2\ (固) + 2HCl\ (液) = CaCl_2\ (液) + 2H_2O\ (液) + 129kJ$$

以上より、①と②の反応熱は等しい。

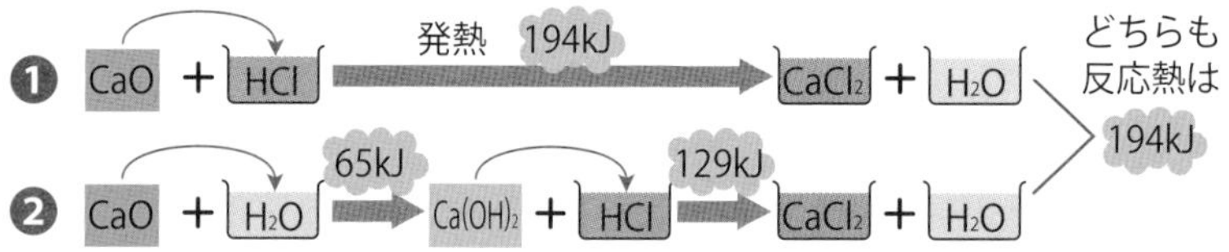

(2)ヘスの法則と反応熱

ヘスの法則を利用することにより、熱化学方程式は連立方程式と同様に扱うことができる。この計算方法を利用することによって、**直接測定しなくても反応熱を計算で求める**ことができる。

〈計算例〉

上の例の酸化カルシウムが塩化水素と反応して塩化カルシウムと水を生じる場合の生成熱 Q は、❷の 2 つの熱化学方程式から求めることができる。

$$\begin{array}{rlllll} & CaO & + \cancel{H_2O} & = \cancel{Ca(OH)_2} & + & 65kJ \\ +) & \cancel{Ca(OH)_2} & + 2HCl & = CaCl_2 & + \cancel{2}H_2O & + 129kJ \\ \hline & CaO & + 2HCl & = CaCl_2 & + H_2O & + 194kJ \end{array}$$

結合エネルギーと反応熱

分子の共有結合を切断するために必要となるエネルギーを**結合エネルギー**といい、**1 mol あたりの値**で表す。逆に原子が結合して分子になる場合には、結合エネルギーと同じ量のエネルギーを放出する。結合を切断する場合は**吸熱反応**で、結合する場合は**発熱反応**である。

ヘスの法則と合わせて考えると、反応熱は次のように計算できる。

覚えよう!

反応熱＝(生成物の結合エネルギーの和)－(反応物の結合エネルギーの和)

〈計算例〉

水素と塩素から塩化水素が発生する反応の反応熱を計算する。結合エネルギーは、水素が435kJ、塩素が243kJ、塩化水素が431kJ である。

化学反応式は、$H_2 + Cl_2 \longrightarrow 2HCl$ である。

熱化学方程式は、H_2(気) + Cl_2(気) = 2HCl(気) + Q

これは、1mol の H_2の結合と、1mol の Cl_2の結合を切って、HCl の結合2mol をつくることと考えて、反応熱を求める。

$$-435-243=-862+Q$$

したがって、$Q=-678-(-862)=+184$となり、184kJ の発熱反応となる。

要点整理

- 化学変化は必ず熱の出入りを伴い、その熱を反応熱という。
- 反応熱には、燃焼熱、生成熱、中和熱、溶解熱がある。
- ヘスの法則(総熱量保存の法則)：反応物質と生成物質が同じであれば、どのような変化の過程を経ても、反応熱の量は変わらない。
- 結合エネルギーとは、分子の共有結合を切断するために必要となるエネルギーのことで、1 mol あたりの値で表す。

9 反応の速さと化学平衡

反応速度

反応速度は、単位時間における反応物質あるいは生成物質の濃度の変化で表される。化学反応は、反応する**粒子同士が衝突**して起こっており、その衝突の頻度が高くなれば速くなる。それぞれの反応によって速度は異なるが、同じ反応であっても、反応に関与する物質の状態、**濃度**、**温度**、**圧力**、**触媒の有無**などの条件により異なる。

①**濃度が高いほど**衝突頻度が高くなるため反応速度は速い。
②**圧力が高くなると**単位体積あたりの粒子数が増えるため、反応速度が速くなる。
③**温度が高いほど**粒子の熱運動が速くなるため反応速度は速い。
④**触媒により**活性化エネルギーが小さくなれば反応は速くなる。

注意
活性化エネルギーは、活性化状態（原子の組み換えが可能な状態）になるまでに必要な最低限のエネルギーのことである。

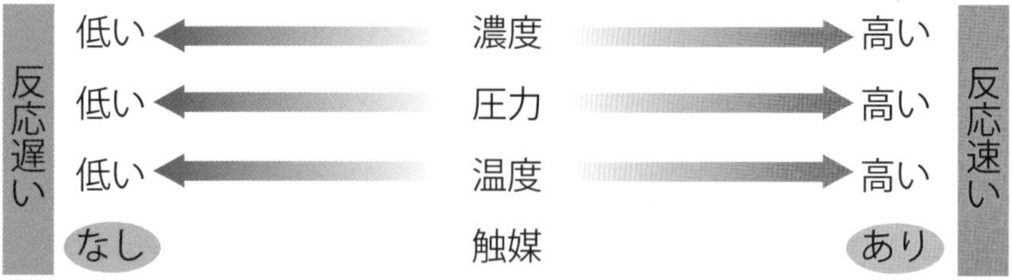

化学平衡

(1)正反応と逆反応

化学反応において、化学反応式の左辺から右辺へ進行する反応を**正反応**、右辺から左辺へ進行する反応を**逆反応**という。また、正反応と逆反応が同時に進行している反応を**可逆反応**という。一方、正反応のみが起こり逆反応が起こらない反応を**不可逆反応**という。

(2)化学平衡の法則(質量作用の法則)

可逆反応が進行している場合に、正反応の速さと逆反応の速さが同じであるために、**外見的には反応が進行していない状態**を**化学平衡**という。

〔A〕+〔B〕⇄〔C〕+〔D〕の可逆反応が化学平衡の状態にある場合、正反応(→)の速さ v_1、逆反応(←)の速さ v_2、とそれぞれの mol 濃度〔A〕〔B〕〔C〕〔D〕は、次のような関係になる。[mol 濃度→ p.202]

覚えよう!

反応の速さ (k₁,k₂は速度定数)	平衡状態	化学平衡の法則
$v_1 = k_1$〔A〕〔B〕 $v_2 = k_2$〔C〕〔D〕	k_1〔A〕〔B〕$= k_2$〔C〕〔D〕	$\dfrac{〔C〕〔D〕}{〔A〕〔B〕} = \dfrac{k_1}{k_2} = K$(一定)

(3)ルシャトリエの法則(平衡移動の原理)

化学平衡にある反応に関して、温度、圧力、濃度の条件を加えると、加えられた条件を打ち消す方向に移ってまた平衡状態になる。これを**ルシャトリエの法則**または**平衡移動の原理**という。

〈例〉

①濃度を増す	→	加えた成分の濃度を減少する方向へ反応が進行して平衡状態になる。
②気体の圧力を増す	→	気体の分子数が減少する方向へ反応が進行して平衡状態になる。
③温度を上げる	→	温度を下げる反応(吸熱反応)の方向へ反応が進行して平衡状態になる。

要点整理

- 濃度が高くなる、圧力が高くなる、温度が高くなる、触媒が使われるという条件では、化学反応の速度は速くなる。
- 可逆反応において、正反応の速さと逆反応の速さが同じであるために、外見的には反応が進行していない状態を化学平衡という。
- 化学反応が平衡状態にあるとき、温度、圧力、濃度の条件を加えると加えた条件を打ち消す方向に反応が進行して平衡状態になる。

10 溶液と濃度

溶解と溶解度

(1)溶解

液体に他の物質が溶けて均一な液体になることを溶解といい、その液体を**溶液**という。また、溶かしている液体を**溶媒**、溶液に溶けている物質を**溶質**という。

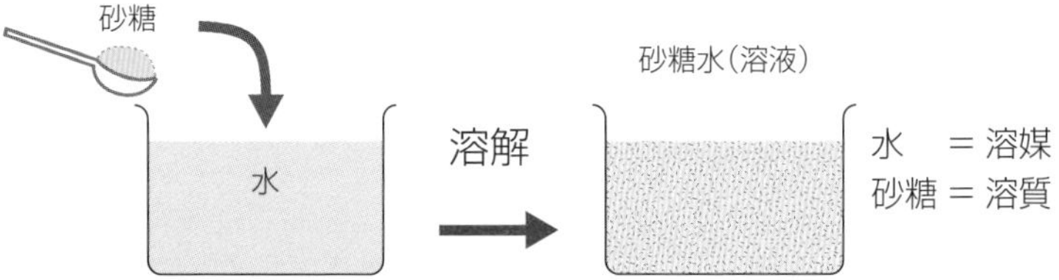

(2)固体の溶解度

ある温度において一定量の溶媒に溶ける溶質の量には限度がある。**溶媒100 gに溶けることができる最大の量**をその物質のその温度における溶解度といい、温度と溶解度の関係をグラフにしたものを溶解度曲線という。一般に、**固体の溶解度は温度が高くなるほど大きくなる**。

●固体の溶解度曲線

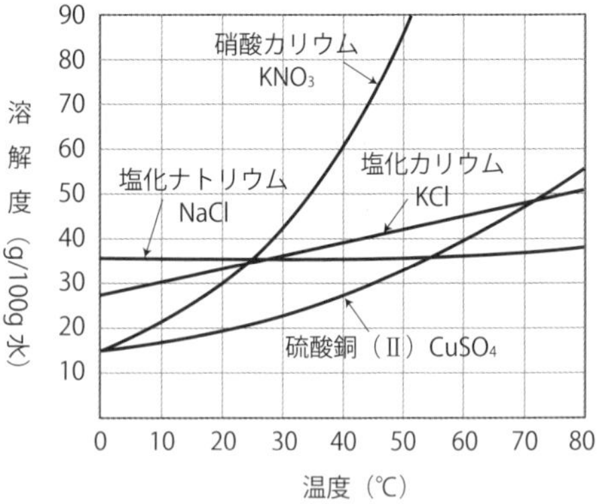

(3)飽和溶液

ある溶媒に、ある溶質が溶解度まで溶けている溶液を**飽和溶液**といい、溶解度まで溶けていない溶液を**不飽和溶液**という。

注意

飽和溶液の温度を下げると溶解度が低くなるため、溶けきらない溶質が固体になって析出する。

(4)気体の溶解度

気体の溶解度は、ある温度においてある気体の分子が単位体積の溶媒に溶解する最大の質量を標準状態の体積に換算した値、または、分圧が 1 atm のとき溶媒 1L に溶ける物質量のどちらかで表す。

覚えよう!

> 一定温度においては、一定量の溶媒に溶ける気体の質量は圧力に比例する。これをヘンリーの法則という。

濃度

(1)溶液の濃度

溶液に含まれる溶質の量の割合を濃度といい、表し方によって、**パーセント濃度、モル濃度、質量モル濃度**などがある。

パーセント濃度	溶液 100 g中に含まれる溶質のg数 ※溶質が溶液の場合には、体積で表す	パーセント濃度(%)$=\dfrac{\text{溶質の重さ(g)}}{\text{溶液の重さ(g)}}\times 100$
モル濃度	溶液1L 中に溶けている溶質の物質量	モル濃度(mol/L)$=\dfrac{\text{溶質の物質量(mol)}}{\text{溶液の体積(L)}}$
質量モル濃度	溶媒1kg に溶けている溶質の物質量	質量モル濃度(mol/kg)$=\dfrac{\text{溶質の物質量(mol)}}{\text{溶媒の質量(kg)}}$

〈計算例〉

① 100 gの水に10 gの食塩を溶かした溶液の濃度は何%かを計算する。

$$\text{パーセント濃度}=\frac{\text{溶質の重さ}}{\text{溶液の重さ}}\times 100=\frac{10}{100+10}\times 100=9.1$$

以上より、9.1%となる。

②次に、この食塩水の濃度を20%にするためには、食塩を何 g 溶かせばよいかを計算する。求める量を x として式をつくり、計算して求める。

$$20=\frac{10+x}{100+10+x}\times 100 \qquad x=15$$

以上より、15g となる。

(2)規定度(規定濃度)

酸または塩基の水溶液の濃度は、**規定度**(規定濃度)を用いて表す。規定度は、溶液1L中に溶けている溶質のグラム当量数である。

注意

水素イオン、または水酸化物イオンの1molに相当する酸または塩基の質量を1グラム当量という。1グラム当量は、酸や塩基の1molの質量をその価数で割ったものである。

覚えよう!

$$\text{規定度}=\frac{\text{溶質の質量(グラム当量)}}{\text{溶液の体積(L)}}$$

〈計算例〉

水酸化ナトリウムの1規定度の溶液2Lの中に含まれる質量を計算する。

水酸化ナトリウムの式量は、23＋16＋1＝40

価数は1なので、1グラム当量は40 g
2Lの溶液に含まれる質量は、40×2＝80　したがって、80 gである。

(3)ラウールの法則

溶液の沸点は純溶媒のときよりも高くなる。この現象を**沸点上昇**という。また、溶液の凝固点は、純溶媒凝固点よりも低くなる。この現象を**凝固点降下**という。薄い非電解質[→ p.215]の溶液の沸点上昇度と凝固点降下度は質量モル濃度に比例する。これを**ラウールの法則**という。

要点整理

- 液体に他の物質が溶けて均一な液体になることを溶解、その均一となった液体を溶液、溶けている物質を溶質、溶かしている液体を溶媒という。
- 溶解度とは、一定温度の溶媒に溶ける溶質の量の限度のことで、一般に固体の溶解度は温度が高くなるほど大きくなる。
- 溶質が溶解度まで溶けている溶液を飽和溶液という。
- **ヘンリーの法則**：一定量の溶媒に溶ける気体の質量は圧力に比例する。
- パーセント濃度は溶液100 g中に含まれる溶質のg数、モル濃度は溶液1L中に溶けている溶質の物質量である。

11 酸と塩基・中和

酸と塩基

(1)酸、塩基の定義

①**酸**とは、水に溶けると電離して**水素イオン**〔H^+〕を生じる物質、または、他の物質に水素イオン〔H^+〕を与えることができる物質をいう。水溶液は**酸性**を示し、青色リトマス試験紙を**赤く変化**させる。

②**塩基**（**アルカリ**）とは、水に溶けると電離して**水酸化物イオン**〔OH^-〕を生じる物質、または他の物質から水素イオン〔H^+〕を受け取ることのできる物質をいう。水溶液は**塩基性**（**アルカリ性**）を示し、赤色リトマス試験紙を**青く変化**させる。

注意
水溶液中で物質がイオンになる現象を電離という。電離する物質を電解質、電離しない物質を非電解質という。

(2)酸、塩基の価数

1個の酸が水に溶けるとき、生ずることのできる**水素イオン**〔H^+〕の数を、その酸の**価数**（**塩基度**）という。また、1個の塩基が水に溶けるとき、生ずることのできる**水酸化物イオン**〔OH^-〕、または、受け取ることのできる**水素イオン**〔H^+〕の数を塩基の価数（酸度）という。

●主な酸と塩基

分類／価数	物質名（酸）	化学式	物質名（塩基）	化学式
1　価	塩酸	HCl	アンモニア	NH_3
	酢酸	CH_3COOH	水酸化ナトリウム	$NaOH$
	硝酸	HNO_3	水酸化カリウム	KOH
2　価	硫酸	H_2SO_4	水酸化銅（Ⅱ）	$Cu(OH)_2$
	炭酸	H_2CO_3	水酸化カルシウム	$Ca(OH)_2$
	硫化水素	H_2S	水酸化バリウム	$Ba(OH)_2$
3　価	ホウ酸	H_3BO_3	水酸化アルミニウム	$Al(OH)_3$
	リン酸	H_3PO_4	水酸化鉄（Ⅲ）	$Fe(OH)_3$

電離度と酸・塩基の強弱

物質を水に溶かした場合、溶解している物質(溶質)のすべてが水溶液中で電離しているわけではなく一部が電離しているだけである。電離している物質の溶質に対する割合を**電離度**といい、次の式で求めることができる。

覚えよう!

$$電離度=\frac{電離した電解質物質量}{溶けている電解質(溶質)全体の物質量}$$

電離度の大きい物質は酸や塩基としての性質が強く現れる。それを、**強酸・強塩基**という。逆に電離度の小さい物質は酸や塩基としての性質が弱く、**弱酸・弱塩基**という。

●主な酸と塩基の強弱による分類

強酸	HCl、H_2SO_4	強塩基	NaOH、KOH、$Ca(OH)_2$ $Ba(OH)_2$
弱酸	CH_3COOH、HClO、H_2CO_3 H_2S、H_3BO_3	弱塩基	NH_3 、$Cu(OH)_2$ 、$Al(OH)_3$ $Fe(OH)_3$

pH(水素イオン指数)

(1)酸・塩基の濃度とpH

酸性でも塩基性(アルカリ性)でも、その水溶液中には水素イオン〔H^+〕と水酸化物イオン〔OH^-〕を含んでいる。〔H^+〕と〔OH^-〕は反比例するので、**濃度の積は温度が同じであれば一定**で、水素イオンの濃度がわかれば、水酸化物イオンの濃度もわかる。そこで、水溶液中の酸性・塩基性の強弱の度合を表す指標として水素イオン指数(pH)を用いる。**pH7が中性**で、pHの数値が小さくなるほど酸が強くなり、大きくなるほどアルカリが強くなる。

●酸・アルカリの強弱とpH値

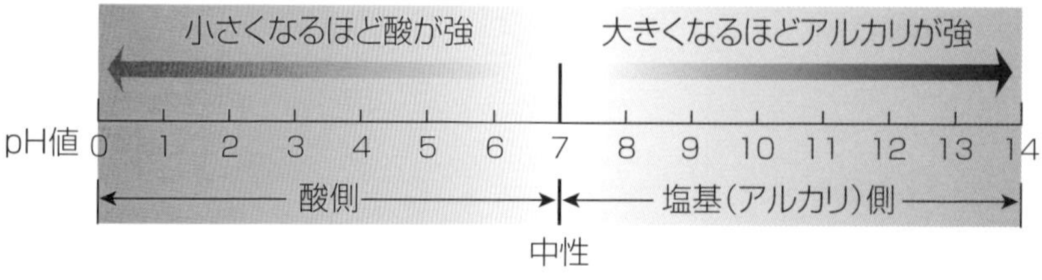

(2) pH 指示薬(酸塩基指示薬)

pH により色調が変化する色素は溶液の pH を調べる **pH 指示薬**(酸塩基指示薬)として用いられる。それぞれの指示薬は**変色域**(色調が変わる pH の範囲)が異なるので、確認したい pH に合った指示薬を使う。

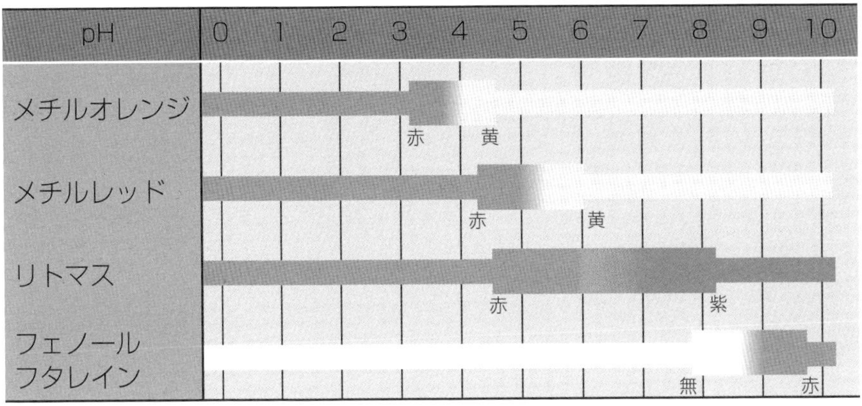

中　和

(1)酸性酸化物・塩基性酸化物

水に溶けたときに水と反応して酸性を示し、塩基と反応して塩を生じる酸化物を酸性酸化物という。逆に水素イオンを受け取り、塩基性(アルカリ性)を示し、酸と反応して塩を生じる酸化物を塩基性酸化物という。

注意

非金属元素は酸性酸化物が多く、金属元素は塩基性酸化物が多い。

(2)中和

酸と塩基が反応すると、酸の〔H^+〕と塩基の〔OH^-〕が反応して水 H_2O と塩が発生し、酸と塩基が互いの性質を打ち消しあう。この反応が中和である。このとき、酸から生じる〔H^+〕の物質量と塩基から発生する〔OH^-〕の物質量は等しいので、次のような式が成り立つ。

覚えよう!

(酸の価数)×(酸の物質量) ＝ (塩基の価数)×(塩基の物質量)

(酸の価数)×(酸の物質量) … 〔H^+〕の物質量

(塩基の価数)×(塩基の物質量) … 〔OH^-〕の物質量

〈例〉
2価の酸である硫酸からは〔H^+〕が2mol生じる。これをちょうど中和するには〔OH^-〕も2mol必要である。したがって1価の塩基なら2mol、2価の塩基なら1mol必要となる。

酸		塩基		塩		水
H_2SO_4	+	$Ca(OH)_2$	⟶	$CaSO_4$	+	$2H_2O$
(2価)1mol		(2価)1mol				
H_2SO_4	+	$2NaOH$	⟶	Na_2SO_4	+	$2H_2O$
(2価)1mol		(1価)2mol				

また、水溶液に含まれる酸や塩基の物質量は、**モル濃度と体積の積**で求めることができる。したがって a 価の酸と b 価の塩基の中和では、次の式が成立する。

覚えよう!

$acV = bc'V'$ ［ c：酸のモル濃度(mol／L)　V：酸の体積(cm^3)
c'：塩基のモル濃度(mol／L)　V'：塩基の体積(cm^3) ］

(3)塩

中和のときに生じる陽イオンと陰イオンが反応してできる化合物を**塩**という。酸の水素原子を他の陽イオンで置き換えた構造の化合物、または、塩基のOH基を他の陰イオンで置き換えた構造の化合物である。

塩のうち、**2価以上**の酸でHが残っているものが**酸性塩**、**2価以上**の塩基でOHが残っているものが**塩基性塩**、HもOHも**残っていない**ものは**正塩**である。

要点整理

- 電離して水素イオン〔H^+〕を生じるものが酸で、水溶液は酸性。
- 電離して水酸化物イオン〔OH^-〕を生じるものが塩基(アルカリ)で、水溶液は塩基性(アルカリ性)。
- pH7が中性で、pHの数値が小さくなるほど酸が強く、大きくなるほどアルカリが強くなる。
- 中和では、酸と塩基が反応して水と塩が発生する。このとき、酸から生じる〔H^+〕と塩基から生じる〔OH^-〕の物質量は等しい。

12 酸化と還元

酸化と還元

(1)酸化と還元の定義

物質が酸素と化合して酸化物になることを**酸化**という。一方、酸化物が酸素を失うことを**還元**という。

酸化と還元は、水素の授受、電子の授受から見ると、水素を失う反応、電子を失う変化が酸化であり、水素を得る反応、電子を得る変化が還元である。

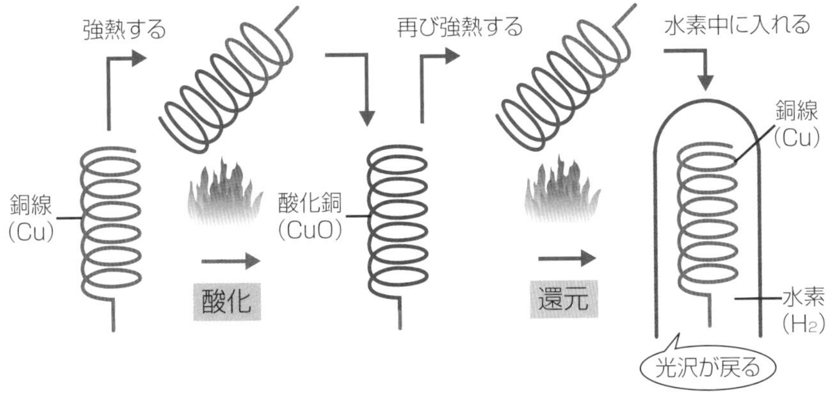

酸素を得る　酸化

$2Cu + O_2 \longrightarrow 2CuO$

酸素を失う　還元

$CuO + H_2 \longrightarrow Cu + H_2O$

〈例〉

硫化水素が酸素と反応して硫黄を生じる反応

(水素と結びつく)　還元

$2H_2S + O_2 \longrightarrow 2S + 2H_2O$

酸化　(水素を失う)

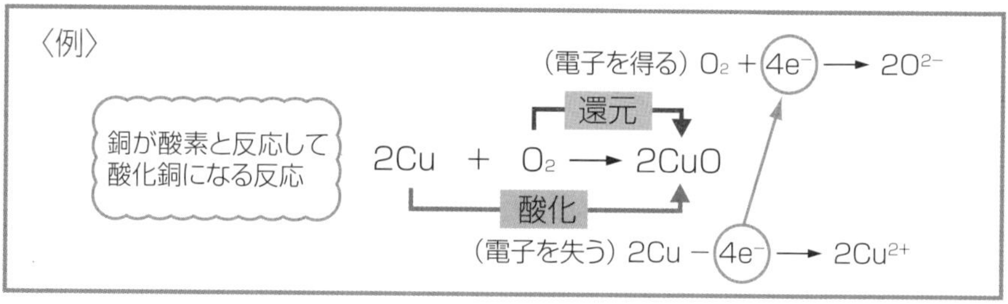

(2)酸化還元反応

酸化と還元は1つの反応の中で必ず対になって同時に起こっており、まとめて酸化還元反応という。

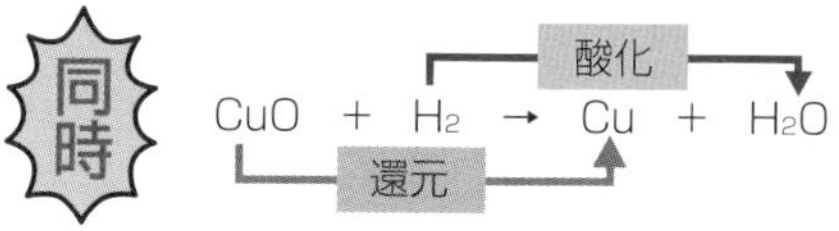

(3)酸化剤と還元剤

反応相手の物質を酸化する性質をもつ物質を**酸化剤**といい、反応相手の物質を還元する性質をもつ物質を**還元剤**という。

酸化剤は、相手の物質を酸化すると同時に自身は還元され、還元剤は相手の物質を還元すると同時に自身は酸化される。

●酸化剤や還元剤になりやすい物質

酸化剤	還元剤
酸素、過酸化水素、塩素酸カリウム、硝酸	水素、一酸化炭素、ナトリウム、カリウム

要点整理

● 酸化・還元の定義のまとめ

	O(酸素)	H(水素)	e^-(電子)
酸化	O と結びつく	化合物が H を失う	e^-を失う
還元	酸化物が O を失う	H と結びつく	e^-を受け取る

● 酸化と還元は1つの反応の中で必ず同時に起こる。
● 酸化剤は、反応相手の物質を酸化し、自身は還元される。
● 還元剤は、反応相手の物質を還元し、自身は酸化される。

13 有機化合物

有機化合物の特性

(1)有機化合物と無機化合物

一般に炭素を含む化合物を有機化合物といい、炭素を含まない化合物を無機化合物という。有機化合物は、炭素、酸素、水素等からなっているが、この他、窒素やリン等を含むものもある。

注意
一般に、有機化合物という場合は、一酸化炭素、二酸化炭素、炭酸を除く。

(2)有機化合物の特性

①一般に可燃性であり、空気中で燃えて二酸化炭素と水を生ずる。
②融点および沸点の低いものが多い。
③有機溶媒によく溶け、水に溶けにくいものが多い。
④多くは非電解質 [→ p.215] である。
⑤一般に分子量が大きくなるにつれ沸点は高くなる。
⑥化学式が同じであっても性質の異なる異性体 [→ p.191] が存在する。

有機化合物の分類

有機化合物の分類には、炭素の構造によるものと官能基によるものがある。

(1)炭素の構造による分類

有機化合物は、炭素原子の骨格となる構造の違いにより大きく**鎖式化合物**と**環式化合物**に分類できる。

鎖式化合物のうち、炭素と炭素の結合がすべて単結合でできているものを**鎖式飽和化合物**といい、二重結合や三重結合のような不飽和結合を含むものを**鎖式不飽和化合物**という。

環式化合物には、**脂環式化合物**と**芳香族化合物**があり、脂環式化合物には鎖式化合物と同じように、炭素と炭素の結合のしかたにより、**脂環式飽和化合物**と**脂環式不飽和化合物**がある。

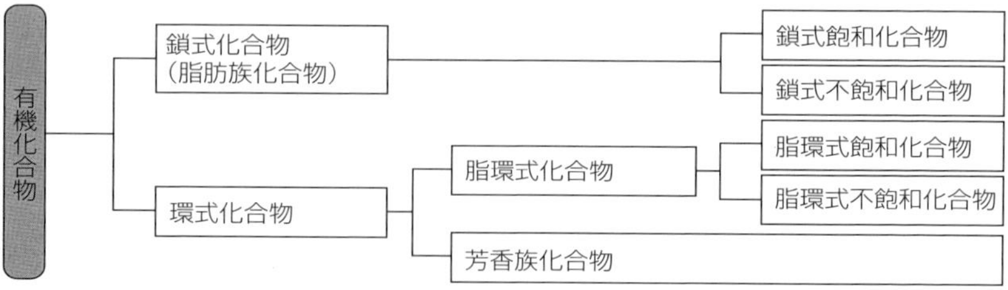

①鎖式化合物

脂肪族化合物ともいい、骨格をなす炭素の配列やそれを支える各種の基の配列が鎖をつなげたように、１本の線状になっているものをいう。

〈例〉

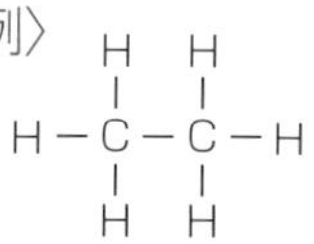

鎖式飽和化合物
〔エタン〕

鎖式不飽和化合物
〔アセチレン〕

②環式化合物

環式化合物は、六角形の環状の構造をもつ化合物である。正六角形のベンゼン環をもつ芳香族化合物とそれ以外の環式化合物に分けられる。

〈例〉

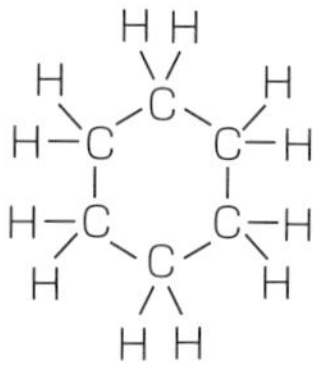

脂環式飽和化合物
〔シクロヘキサン〕

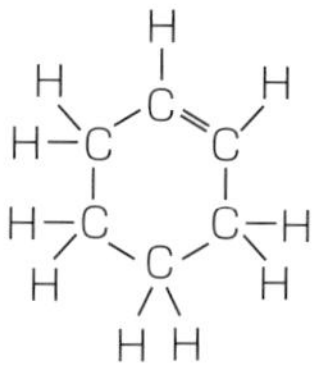

脂環式不飽和化合物
〔シクロヘキセン〕

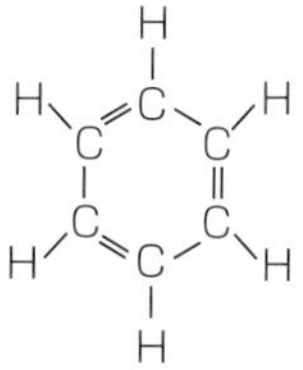

芳香族化合物
〔ベンゼン〕

(2)官能基による分類

有機化合物の性質は、特定の性質をもつ原子または原子団によって決まる。この特定の性質をもつ原子または原子団を**官能基**という。官能基は、それを含む有機化合物に特有の化学反応を起こさせる中心となるもので、**同じ官能基をもつ有機化合物は、似た性質をもっている**。したがって有機化合物は、官能基の種類によって次ページのように分類することができる。

また、有機化合物を表す場合の化学式は、その性質がわかりやすいように、官能基を分けて書いた示性式を用いることが多い。

●官能基(特定の性質を示す結合も含む)と化合物の例

官能基 式	化合物群の名称	化合物の例	化合物の性質など
メチル基 $-CH_3$			疎水性
エチル基 $-C_2H_5$			疎水性
ヒドロキシル基 $-OH$	アルコール	C_2H_5OH エタノール	水溶液は中性、親水性
	フェノール類	C_6H_5OH フェノール	酸性、親水性 ナトリウムと反応する。
アルデヒド基 $-CHO$	アルデヒド	HCHO ホルムアルデヒド CH_3CHO アセトアルデヒド	還元性
カルボキシル基 $-COOH$	カルボン酸	CH_3COOH 酢酸	水溶液は酸性、親水性
カルボニル基 (ケトン基) $>CO$	ケトン	CH_3COCH_3 アセトン	親水性
ニトロ基 $-NO_2$	ニトロ化合物	$C_6H_5NO_2$ ニトロベンゼン	中性、疎水性
アミノ基 $-NH_2$	アミン	$C_6H_5NH_2$ アニリン	水溶液は弱塩基性
スルホン基 $-SO_3H$	スルホン酸	$C_6H_5SO_3H$ ベンゼンスルホン酸	水溶液は酸性
フェニル基 $-C_6H_5$			疎水性

要点整理

- 有機化合物は、融点および沸点が低い。
- 有機化合物は有機溶媒によく溶け、水に溶けにくい。
- 有機化合物は、炭素原子の結合の仕方により鎖式化合物と環式化合物に分類できる。
- 有機化合物の性質を決めるのは、官能基という原子や原子団である。

1 燃　焼

燃焼の原理

(1)燃焼の定義

一般に、**燃焼**とは、熱と光の発生を伴う急激に進む酸化反応をいう。

(2)燃焼の三要素

燃焼が起こるためには、①**可燃性物質**、②**酸素供給体（支燃物）**、③**熱源（点火源）**の３つの条件がすべてそろう必要があり、これらを**燃焼の三要素**という。さらに**燃焼の継続**を加えて四要素ということもある。

①**可燃性物質**……ガソリン、木材などの酸化されやすい物質

燃焼は酸化反応の一種であるから、酸化されやすい物質が燃焼しやすいといえる。燃料を含め酸化されやすい物質を**可燃性物質**といい、有機化合物の大半は可燃性物質である。

②**酸素供給体（支燃物）**……空気、酸化剤、過酸化物など

酸化反応の一種である燃焼には、一定濃度（限界酸素濃度）以上の酸素が必要である。空気には、約21％の酸素が含まれており、燃焼の酸素供給体として一般的に知られているものである。

そのほか、第一類危険物、第六類危険物のように化合物の中の酸素が酸素供給体となる場合や、第五類危険物のように可燃物自体に酸素を含んでいて酸素が周りから供給されなくても燃焼できるものもある。

覚えよう！

●酸素の性質

注意

限界酸素濃度は可燃性物質の種類によって異なるが、二酸化炭素を添加して消火する場合には、酸素濃度を通常14～15%以下にする。また、窒素を添加する場合には、酸素濃度を10～12%以下にする。

③熱源（点火源）……**マッチ、静電気、火花**など反応を起こさせるもの

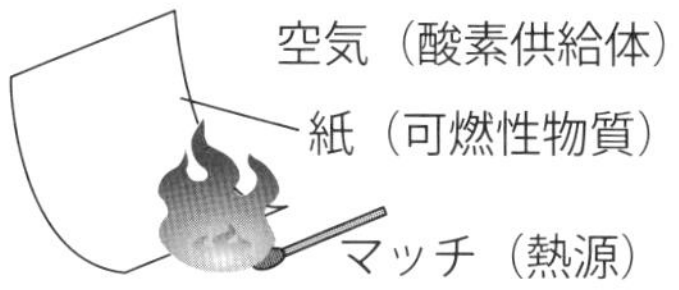

熱源（点火源）とは、可燃性物質と酸素を結びつけ、反応を起こさせるためのエネルギーである。単に**熱エネルギー**、**点火エネルギー**ともいわれる。

燃焼の分類

(1)完全燃焼と不完全燃焼

燃焼には酸素が必要であるが、その供給が十分であれば**完全燃焼**し、不足していれば、**不完全燃焼**となる。これは、固体、液体、気体、いずれの燃焼においても共通している。

(2)気体の燃焼

気体の燃焼には、可燃性の気体がある一定の濃度［燃焼範囲→ p.232］で空気と混合される必要があり、混合のされかたにより異なった燃焼となる。

可燃性の気体が空気中に放出されたのちに空気と混合されながら燃焼する場合は、拡散燃焼を起こし、**定常燃焼**となる。これは、日常我々が利用している都市ガスやプロパンガス等の燃焼で、管理されている燃焼である。

一方、あらかじめ可燃性の気体と空気が混合されている場合には、炎が速やかに伝播するため、密閉した空間においては温度や圧力も高まり、爆発する危険性がある。このような管理されていない燃焼を**非定常燃焼**という。

(3)液体の燃焼

灯油や軽油等の可燃性液体は、液体そのものが燃えるのではなく、可燃性液体の表面から蒸発した可燃性蒸気が空気と混合し、なんらかの熱源によって燃焼する。このような燃焼を**蒸発燃焼**という。

(4)固体の燃焼

①表面燃焼……**木炭、コークス**等の燃焼

可燃性の固体がその表面で酸素と反応し、表面から中の方へ燃えていく燃焼で、高温を保ちながら静かに燃焼する。

②分解燃焼……**紙、木材、石炭**等の燃焼

可燃性の固体が加熱されて熱分解を起こし、その際発生する可燃性ガスが燃焼すること。分解燃焼のうち、その物質中に酸素を含有していることにより、外部から酸素の供給を必要とせず、熱源だけで燃焼するものを**自己燃焼**または**内部燃焼**という。

③蒸発燃焼……**硫黄、ナフタレン**等の燃焼

固体を熱したとき、熱分解を起こすことなく、そのまま蒸発してその蒸気が燃焼すること。

燃焼の難易

燃焼の難易は、**着火の難易**と**燃焼の継続の難易**の２面について考える必要があるが条件により変化するので、ここでは区別せずにまとめる。

●燃えやすさと条件

燃焼	酸化されやすさ	酸素との接触面積	発熱量（燃焼量）	熱伝導率	含有水分	可燃性蒸気発生	周囲温度
易	高	大	大	小	少	多	高
難	低	小	小	大	多	少	低

要点整理

- 燃焼は、熱と光の発生を伴う酸化反応である。
- 燃焼の三要素は、①可燃性物質、②酸素供給体（支燃物）、③熱源。
- 空気には酸素が約21％含まれており、燃焼の一般的な酸素供給体である。
- 気体の燃焼には、管理されている普通の燃焼である定常燃焼と管理されていない燃焼である非定常燃焼がある。
- 液体の燃焼は、蒸発燃焼である。固体の燃焼は、表面燃焼、分解燃焼、蒸発燃焼に分類できる。

SECTION 3　燃焼及び消火に関する基礎的な理論

2 引火点・燃焼点・発火点

引火点

引火点とは、空気中において可燃性物質(主に液体)に火を近づけたとき、その物質から**発生した可燃性蒸気が燃えるために必要な最低の温度**のことをいう。また、可燃性液体を加熱または冷却していくとき、液面付近の可燃性蒸気濃度が燃焼範囲[爆発範囲→ p.231]の下限界に達したときの液温でもある。可燃性液体の温度が引火点より高ければ、熱源により引火する危険性がある。また、空気中で液体を燃やし続けるには、液温を**引火点より少し高く保つ**必要がある。

●主な物質の引火点

物　質	引火点
二硫化炭素	−30℃以下
アセトン	−20℃
ベンゼン	−11.1℃
トルエン	4℃
メタノール	11℃
エタノール	13℃
ガソリン	−40℃以下

注意

引火点の低い可燃性液体を引火性液体と呼んでいる。引火性液体は引火しやすいので取扱いに注意が必要である。

燃焼点

燃焼点とは、可燃性物質が小さな点火炎(約1秒)によって**継続した燃焼**(通常は**5秒間**)を始めるときのその物質の温度のことである。同じ物質では、引火点より燃焼点のほうが高い。

注意

引火点では、点火炎を遠ざければ燃焼が止むが、燃焼点に達していると点火炎を遠ざけても燃焼が続く。

発火点

発火点とは、可燃性物質を加熱していったときに、金属火花、静電気火花、裸火などの**外部着火源なしに発火**する最低の温度のことである。発火点の低いものは取扱いに注意が必要である。

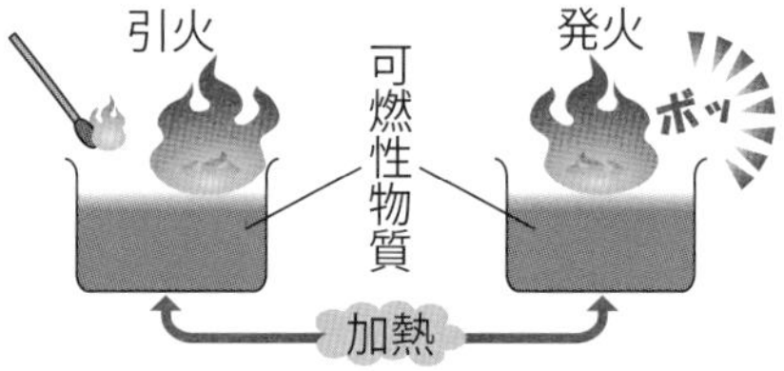

●主な物質の発火点

物　質	発火点(℃)
水　素	585
一酸化炭素	651
メタン	650～750
エタン	520～630
アセチレン	429
硫化水素	364
黄リン	約50
硫　黄	232

自然発火

(1)自然発火の分類

自然発火とは、物質が常温で自然に発熱して、その熱が蓄積されることによって発火点にまで達して発火することをいう。自然発火は、その発熱の機構によって、いくつかに分類できる。

●発熱の機構による主な自然発火の分類

発熱機構	分解熱	酸化熱	吸着熱	微生物の発熱	重合反応熱
発火例	セルロイド、ニトロセルロース等	乾性油、原綿、石炭、ゴム粉等	活性炭、木炭粉末等	堆肥、ゴミ	スチレン等のモノマー

注意

自然発火は熱が発生して蓄積されることにより起こる。危険物は、熱の発生しやすい高温高湿の場所や直射日光を受ける場所を避けて貯蔵する。

(2)自然発火に影響する条件

次のような条件になると自然発火が起こりやすいので注意する。

①熱伝導率が低い物質は保温効果がよく熱が蓄積されやすく発火しやすい。
粉末状、繊維状のものは空気を多く含み断熱性があり熱が蓄積されやす

い。

②条件によっては、大量の堆積物の中心部などに熱が蓄積され、自然発火につながる。

③通風がよくない場所では、外部から冷却されないため熱が蓄積されやすく発火しやすい。

④雰囲気温度が高いと反応速度が速くなり、発火しやすい。

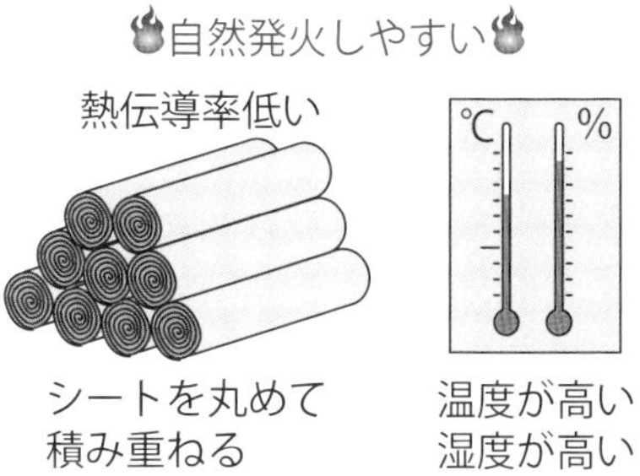

⑤発熱量が大きいと反応速度が速くなり、発火しやすい。

⑥水分は多くの場合、反応の触媒的要素をもつので反応速度を加速させ、発火しやすい。ただし、水分が多いと放熱されるため自然発火しにくくなる物質もある。

⑦表面積が大きいと酸素との接触面が広くなるため反応速度が速くなる。粉末状や繊維状のものは表面積が大きく、油脂が付着した状態では、発火しやすい。

⑧触媒的作用をする物質があると反応速度が速くなる。

⑨酸化により発熱する物質は、新しいものほど反応が速い。一方、分解により発熱するものは、古いもののほうが分解が進み反応が速い。

(3)水分との接触による発火

ナトリウム、カリウム、マグネシウム粉、アルミニウム粉などは、水分と接したときに反応して可燃性ガス(水素など)を発生し、その反応熱によって発火する性質があるため、空気中の湿気を吸収したり、水分と接触して発火するという危険性がある。

要点整理

- 引火点は、可燃性蒸気が燃えるために必要な最低の液温である。
- 引火点が比較的低い可燃性液体は特に、引火性液体と呼ばれ、取扱いに注意が必要である。
- 発火点は、外部着火源なしに、自然に発火する最低の温度である。
- 自然発火は、常温で自然に発熱して、その熱が蓄積されて発火することである。
- 自然発火を防ぐためには、物質の保存は高温多湿の場所、直射日光を受ける場所を避ける。

3 爆　発

爆　発

一般に**爆発**とは、急激な化学反応が起こることで、多量のガスと熱を発生し、そのエネルギーの解放による圧力上昇が起こり大きな音や火災を伴う現象をいう。

爆発は、次のように分類できる。

①粉じん爆発

粉体となって空気中に浮遊している可燃性物質に引火して起こる爆発である。通常のかたまりの状態では爆発の危険がない物質も、粉体になると表面積が増え、空気中の酸素との接触面積が増えて燃焼しやすくなる。可燃性物質の種類により爆発範囲 [→ p.232] となる濃度が異なる。

●粉じん爆発の下限　　(空気中 g/m³)

可燃性粉体	石炭	硫黄	アルミニウム	石けん	ポリエチレン
爆発下限	35	35	35	45	25

②可燃性蒸気の爆発

密閉状態のところで、可燃性液体の蒸気が爆発範囲の濃度になった場合に起こる爆発である。

③気体の爆発

可燃性気体は燃焼速度が速く、短い時間で爆発に結びつく場合が多いから、危険性が高い。

④火薬の爆発

火薬の爆発は、爆発の速度が非常に速く、危険性も他に比べて非常に高い。

混合危険

２種類以上の化学物質が混合されたり接触したりした結果起こる発火または、爆発の危険があることを**混合危険**という。混合する物質の組み合わせにより、大きく３つに分けることができる。

①酸化性物質と還元性物質の混合

第一類、第六類の酸化性物質と、第二類、第四類の還元性物質の混合による危険で、直ちに発火する場合、発熱ののちに発火する場合、混合したものに熱を加えたり衝撃を加えたりすることにより発火・爆発するなどがある。

②酸化性塩類と強酸の混合

酸化性塩類と強酸を混合すると、不安定な遊離酸を発生し、可燃物が接触すると発火する。また、その物質そのものが自然分解して爆発することもある。

③敏感な爆発性物質を発生する場合

アンモニアと塩素を混合すると塩化窒素が発生し、衝撃を加えると爆発する。また、アンモニアと塩素酸カリウムを混合すると爆発しやすい塩素酸アンモニウムが発生する。

●混合危険の例

① 酸化性物質と還元性物質の混合	② 酸化性塩類と強酸の混合	③ 敏感な爆発性物質を発生する場合
塩素酸カリウム ＋ 赤リン 無水クロム酸 ＋ アルコール 発煙硝酸 ＋ アニリン	塩素酸カリウム＋硫酸 過マンガン酸カリウム＋硫酸 重クロム酸カリウム＋硫酸	アンモニア ＋ 塩素 アンモニア ＋ ヨードチンキ 硝酸アンモニア（硝安） ＋炭化水素（灯油）

燃焼範囲（爆発範囲）

可燃性液体の表面には、液温に応じて可燃性蒸気と空気との混合気が存在する。液体表面に最も近い部分に蒸気の濃度が最も高い**飽和層**があり、その上に少しずつ濃度が薄くなっていく**拡散層**がある。

可燃性蒸気が一定の濃度範囲である混合気に点火すると、急激に燃焼が起こり、密閉容器内では爆発することがある。この濃度範囲を燃焼範囲（爆発範囲）という。また、燃焼範囲のうち低濃度のほうを**燃焼（爆発）下限値（下限界）**といい、高濃度のほうを**燃焼（爆発）上限値（上限界）**という。

●液面上の蒸気層

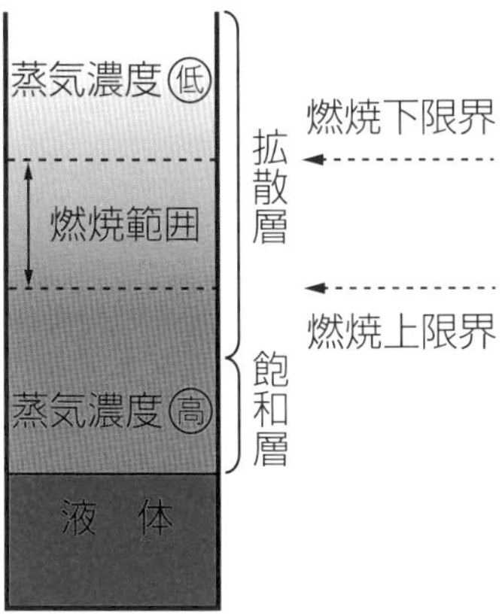

燃焼範囲は一般に、空気との混合気中に占める可燃性蒸気の容量を常温、常圧で測定し、百分率(%)で表す。燃焼下限値の低いものほど、燃焼範囲の広いものほど引火の危険性が大きい。

●燃焼範囲(爆発範囲)

気体(蒸気)	燃焼範囲(容量%)	気体(蒸気)	燃焼範囲(容量%)
水　素	4～75	スチレン	0.9～6.8
一酸化炭素	12～75	エタノール	3.3～19
クロロベンゼン	1.3～9.6	ベンゼン	1.2～7.8
ガソリン	1.4～7.6	二硫化炭素	1.3～50
灯油	1.1～6.0	トルエン	1.1～7.1
ヘキサン	1.1～7.5	ジエチルエーテル	1.9～36.0

注意

燃焼するためには、酸素供給が必要となるため、可燃性液体の濃度が高すぎても爆発は起こらないため、燃焼範囲は拡散層にある。

物質の危険性

物質の物理的・化学的性質による危険性を比較すると次のようになる。

①大きいほど危険な性質	燃焼範囲、蒸気圧、燃焼速度、燃焼熱発熱量
②小さいほど危険な性質	燃焼範囲の下限界、引火点、発火点、沸点、最小着火エネルギー、熱伝導率、比熱、電気伝導度

要点整理

- 爆発は、大きな音や火災を伴う急激な化学反応が起こることで多量のガスと熱を発生する現象である。
- 可燃性物質が粉体となって空気中に浮遊していると、表面積が増えて酸素との接触面積が非常に広くなるため、粉じん爆発の危険がある。
- 酸化性物質と還元性物質、酸化性塩類と強酸は混合危険がある。
- 燃焼(爆発)範囲の広いもの、燃焼下限界が低いものほど引火の危険性が高い。
- 引火点、発火点、沸点、比熱は数値が小さいほど危険な物質といえる。

4 消火理論

消火の三要素

消火とは、**燃焼の中止**である。燃焼には三要素 [→ p.224] すべてが必要であるから､そのうち一要素を取り除けば燃焼が中止し､消火できる。したがって、**消火の三要素**は燃焼の三要素と相対的な関係にある。三要素にさらに、燃焼の抑制を加え、消火の四要素ともいう。

消火法

消火法は、燃焼の三要素のどれを取り除くかにより３つに分類できる。

(1)除去消火法

燃焼の三要素のうち**可燃性物質を取り除く**消火法である。例として次のようなものがある。

①ガスの元栓を閉めてガスを止め、ガスの炎を消す。
②延焼のおそれのある方面の建築物を壊して火災を鎮火させる。
③燃焼している可燃性液体に不燃性液体を加えて鎮火させる。

注意

水溶性の液体が燃焼している場合に限っては、水を加えると鎮火する。これを希釈消火といい、一般的な消火方法ではない。

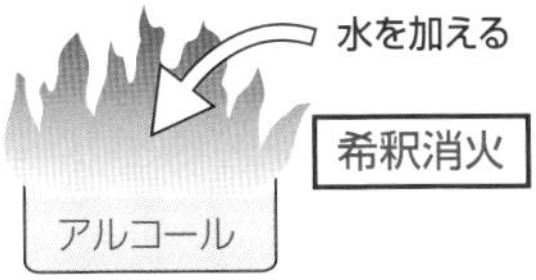

(2)窒息消火法

燃焼の一要素である**酸素の供給を断つ**消火法である。通常の火災は、空気が酸素供給体であるから、空気を遮断すれば消火できる。

覚えよう!

窒息消火に使われる４つの物質(燃焼物と空気を遮断する働きをする)
①不燃物の泡　②ハロゲン化物　③二酸化炭素　④固体

①不燃物の泡で燃焼物を覆う方法

燃焼物を、空気または二酸化炭素などを含む泡で覆い、空気との接触を断って消火する方法である。泡をつくる方法は、一般的には、２種以上の薬品を化学反応させてつくる**化学泡**(泡中ガスは二酸化炭素)と、空気を吸引してつくる**空気泡**(エアフォーム)がある。

覚えよう!

〈消火に使用する泡に要求される性能〉

・付着性を有すること。
・熱に対しても強い膜を有し、かつ流動性をもつこと。
・風などによって破れにくいような凝集性と安定性をもつこと。

注意

この方法は、油火災に広く用いられているが、泡を溶解するようなアルコール、アセトンなどの消泡性液体の燃焼では使用しない。消泡性液体の燃焼に対しては、特殊な耐アルコール泡を用いる。

②ハロゲン化物の蒸気で燃焼物を覆う方法

ハロゲン化物がもつ窒息作用と抑制作用を利用する消火方法である。蒸発性液体消火剤の分子を構成するハロゲン元素は、燃焼の連鎖反応機構における活性物質に作用し、その活性を奪い、**燃焼反応を遮断する**抑制作用がある。

覚えよう!

〈一般に消火剤として用いられているハロゲン化物〉

一臭化三ふっ化メタン(ブロモトリフルオロメタン：ハロン 1301)
二臭化四ふっ化エタン(ジブロモテトラフルオロエタン：ハロン 2402)

注意

ハロゲン元素には、フッ素、塩素、臭素、ヨウ素の４つがあるが、原子量が大きいものほど元素の抑制作用は大きい。しかし、一番原子量の大きいヨウ素を消火剤として使用すると、沸点、腐食性、毒性、価格などの制約がある。これらの点で問題があり実用化されていない。

③二酸化炭素で燃焼物を覆う方法

二酸化炭素には窒息作用に加え、蒸発するときの**蒸発熱を奪う**ことによる冷却作用もある。

④固体で燃焼物を覆う方法

燃焼物を固体で覆い窒息消火する方法で、**土**、**砂**等を用いる。火が入ってしまったてんぷら鍋に蓋をする、火をたたいて消す、炭酸水素ナトリウムの粉末等を使用した消火器を用いるのはこの方法にあたる。

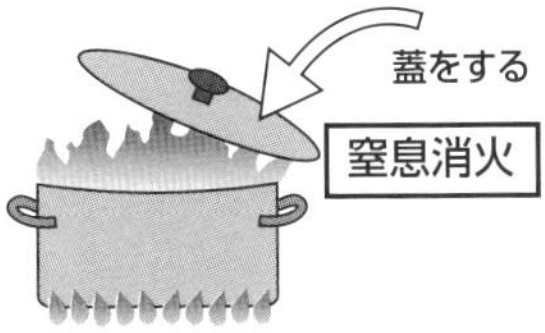

注意

この方法は覆う範囲が狭いという難点がある。覆い方を誤るとかえって危険である。

(3)冷却消火法

燃焼の一要素である**熱源から熱を奪い**、燃焼物を**引火点以下**または固体の熱分解による**可燃性のガス発生温度以下**にして消火する方法である。

冷却消火の消火剤として最もよく知られ、広く使われているものが水である。水は、比熱が大きいため**冷却効果**が高く、消火に適している。また、噴霧状にすれば、冷却効果が高まり、気化した水蒸気による**窒息効果**も期待できるという点で消火剤としてすぐれている。

覚えよう!

〈消火剤としての水の長所と短所〉

長　所

・水はどこにでもあって安価に入手可能である。
・蒸発熱、比熱が大きい、大規模な火災にも効果がある。

短　所

・水ぬれによる損害などが比較的大きい、一般に油類の火災には用いられない。
・電気火災では感電の危険がある。
・注水により発熱、発火する危険物には使用できない。

要点整理

- 除去消火法では、可燃性物質を取り除く。
- 窒息消火法では、酸素の供給(通常は空気)を断つ。
- 冷却消火法は、熱源から熱を奪い、燃焼物を冷却する。
- 水は、比熱が大きいため冷却効果が高く消火剤としてすぐれている。
- 噴霧状の水は、冷却効果が高く、窒息効果も期待できる。

5 消火設備

消火困難性と消火設備

危険物は、ひとたび火災になると、燃焼の速度が速く消火しにくいという性質があるため、危険物の製造所等に対しては、**一般の建築物よりも厳しい規制**のもとに、**消火設備**を設けることが危険物の規制に関する政令別表第五 [→ p.134] で義務付けられている。

消火設備の分類

製造所等に設ける消火設備は政令により規定される5種類と消防法施行令により規定される**簡易消火用具**がある。

●消火設備の分類と具体例

分類	具体例	備考
第1種消火設備	・屋内消火栓設備 ・屋外消火栓設備	
第2種消火設備	・ヘッド開放型スプリンクラー ・ヘッド閉鎖型スプリンクラー（湿式／乾式）	ヘッド開放型には手動式開放弁および自動火災感知装置を設ける。
第3種消火設備	・水蒸気消火設備・水噴霧消火設備 ・泡消火設備・不活性ガス消火設備 ・ハロゲン化物消火設備 ・粉末消火設備	固定された放射口から消火剤を放射する設備で、全固定式、半固定式、移動式がある。
第4種消火設備	・大型消火器	車輪に固定して積載されている消火器で移動できる。消火剤の量が多く、小型消火器に比べて放射時間が長い。放射用ホースが長く太いので放射距離が長く範囲も広い。
第5種消火設備	・小型消火器	詳細は p.237以下
簡易消火用具	・水バケツまたは水槽　・乾燥砂 ・膨張ひる石（バーミキュライト）または膨張真珠岩（パーライト）	

第5種消火設備（小型消火器）の分類

（1）対応する火災による分類

第5種消火設備は、一般に**小型消火器**と呼ばれているもので、**小規模の火災**において**初期消火**をするための消火設備である。木材、紙、繊維等の**普通火災**（**A火災**）**用**、引火性液体等の**油火災**（**B火災**）**用**、電線、変圧器、モーター等の**電気火災用**の３つに分類されており、適応する火災ごとに使用する消火器に色分けされたマーク（絵表示）がつけられている。

覚えよう！

〈適応する火災の区分とマーク（絵表示）の地色〉

普通（A）火災用消火器……白色
油（B）火災用消火器………黄色
電気火災用消火器…………青色

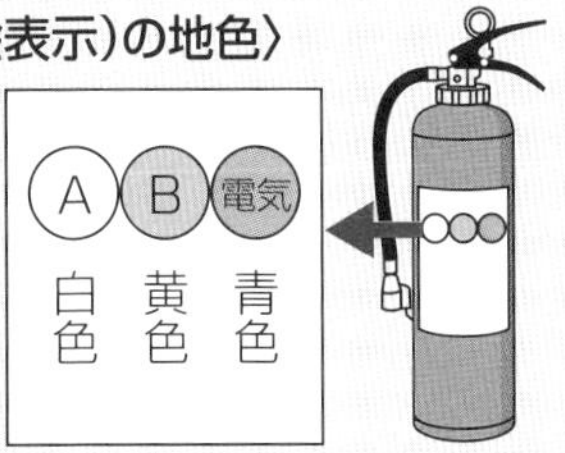

※2011年1月1日施行の総務省令により、それぞれの区分に適応する消火器には、決められた絵表示（適応火災を示すマーク）で表示することになった。

（2）消火薬剤による消火器の分類

消火薬剤はそれぞれ作用が異なるため、適応する火災が異なる。

①　水消火器

A、電気火災用	主成分	圧力方式	使用温度範囲
冷却作用	水	蓄圧式、手動ポンプ式、ガス加圧式	－20℃～＋40℃
清水または清水に界面活性剤などを加えて消火能力を高めたり、不凍性をもたせることによって使用できる温度の範囲を広くした薬剤を使用している。霧状で放射するものは電気火災にも適応する。			

②　酸・アルカリ消火器

A、電気火災用	主成分	圧力方式	使用温度範囲
冷却作用（抑制作用）	炭酸水素ナトリウム、硫酸	反応式	0℃～＋40℃
炭酸水素ナトリウムの水溶液と硫酸を化合させることで発生する二酸化炭素を圧力源として薬剤が放射される。放射された薬剤はpH5.5以下となってはいけない。炭酸水素ナトリウムの水溶液は経年劣化するため定期的な詰替えが必要となる。霧状で放射するものは電気火災にも適応する。			

③　強化液消火器

A、B、電気火災用	主成分	圧力方式	使用温度範囲
冷却作用 再燃防止作用 （抑制作用）	濃度の高い炭酸カリウム水溶液	蓄圧式 反応式 ガス加圧式	－20℃～＋40℃

霧状に放射するものは抑制作用があり、油火災、電気火災にも適応する。

④　化学泡消火器

A、B 火災用	主成分	圧力方式	使用温度範囲
冷却作用 窒息作用	外筒剤（A 剤）：炭酸水素ナトリウム 内筒剤（B 剤）：硫酸アルミニウム	蓄圧式 反応式	＋5℃～＋40℃

外筒に充填されたA剤と内筒に充填されたB剤を、使用するときに反応させて薬剤を放射する。A剤とB剤が反応して二酸化炭素を含んだ多量の泡を発生、放射して消火する。薬剤の水溶液は経年劣化するため定期的な詰替えが必要となる。

⑤　機械泡消火器

A、B 火災用	主成分	圧力方式	使用温度範囲
冷却作用 窒息作用	合成界面活性剤泡 水成膜泡	蓄圧式 ガス加圧式	0℃～＋40℃など

ノズルから放射されるときに空気が混ざることで、発泡するしくみである。

⑥　二酸化炭素消火器

B、電気火災用	主成分	圧力方式	使用温度範囲
窒息作用、冷却作用	液化二酸化炭素	蓄圧式	－30℃～＋40℃

液化二酸化炭素（JIS K1106）の第2種または第3種を放射して消火する。油火災に適応する。薬剤が電気の不良導体なので電気火災にも適応する。

⑦　ハロゲン化物消火器

B、電気火災用	主成分	圧力方式	使用温度範囲
窒息作用 抑制作用	a　ジブロモテトラフルオロエタン b　ブロモクロロジフルオロメタン c　ブロモトリフルオロメタン	蓄圧式	－30℃～＋40℃

a　ハロン 2402消火器　b　ハロン 1211消火器　c　ハロン 1301消火器

⑧　粉末(ABC)消火器

A、B、電気火災用	主成分	圧力方式	使用温度範囲
窒息作用 抑制作用	リン酸アンモニウム	蓄圧式 ガス加圧式	蓄圧式：－30℃～＋40℃ 加圧式：－30℃～＋40℃など
消火薬剤はサーモンピンク色に着色されている。			

⑨　粉末(Na)消火器

B、電気火災用	主成分	圧力方式	使用温度範囲
窒息作用 抑制作用	炭酸水素ナトリウム	蓄圧式 ガス加圧式	蓄圧式：－30℃～＋40℃ 加圧式：－30℃～＋40℃など
消火薬剤は白色に着色されている。			

⑩　粉末(K)(Ku)消火器

B、電気火災用	主成分	圧力方式	使用温度範囲
窒息作用 抑制作用	(K) 炭酸水素カリウム (Ku) 炭酸水素カリウムと尿素	蓄圧式 ガス加圧式	蓄圧式：－30℃～＋40℃ 加圧式：－30℃～＋40℃など
消火薬剤は(K)は紫色、(Ku)は灰色に着色されている。			

消火器具の設置基準

(1) 設置場所

消火器具の設置場所は、次の基準に適した場所とする。

①通行または避難に支障がない場所で、かつ使用する際に容易に持ち出すことができる場所で、**床面からの高さが 1.5m 以下**の箇所。
②水その他消火剤が凍結し、変質し、または噴出するおそれが少ない箇所。ただし、保護のための有効な措置を講じた場合はその限りではない。
③設置場所には地震による震動等による転倒を防止するための適当な措置を講じる。ただし、粉末消火器その他転倒により消火剤が漏出するおそれのない消火器にあっては、この限りでない。

（2）消火器具の配置

消火器具の配置は、次の基準に適した配置とする。

①防火対象物の**階ごと**に設置する。
②危険物または指定可燃物に対しては、貯蔵または取扱う場所の各部分からの**歩行距離 20m 以下**に設置する。
③電気設備のある場所に対しては、電気設備のある場所の各部分からの**歩行距離 20m 以下**に設置する。
④一定量以上の指定可燃物の火災に対する大型消火器の設置は指定可燃物のある場所の各部分から**歩行距離 30m 以下**とする。
⑤二酸化炭素またはハロゲン化物を放射する消火器は、地下街、準地下街、換気について有効な開口部の面積が**床面積の 1/30 以下**である地階、窓のない階または居室で**床面積が $20m^2$ 以下**の場所には設置できない。

（3）消火器具の標識

消火器具を設置した場所には次の基準に適した標識を設けなければならない。

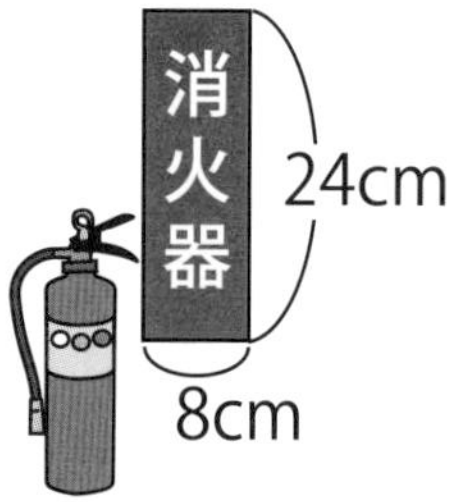

①標識は地が赤色、文字が白色、8cm × 24cm 以上の板とする。
②設置したものに応じて、「消火器」「消火バケツ」「消火水槽」「消火砂」「消火ひる石」などと表示する。

要点整理

- 〈小型消火器につける適応火災のマークの地色〉
  普通(A)火災：白色　油(B)火災：黄色　電気火災：青色
- 〈消火器の作用と適応火災の種類〉
  水消火器(冷却作用)：普通火災・電気火災
  泡消火器(窒息作用・冷却作用)：普通火災・油火災
  ハロゲン化物消火器(窒息作用・抑制作用)：油火災・電気火災
  粉末消火器(窒息作用・抑制作用)：油火災・電気火災
  ※粉末(ABC)消火器は普通火災にも対応。
- 消火器具は、床面から高さ 1.5m 以下に設置する。
- 消火器具を設置した場所には、赤地に白文字の標識を設ける。

PART 3
危険物の性質並びにその火災予防及び消火の方法

※掲載されている資料は、すべて製造会社の製品データ例であり、(一財) 全国危険物安全協会の資料をもとに独自に分類したものです。
１種、２種等の分類については、あくまで一般的なものであり、製造会社の判定試験により製品ごとに分類が異なる場合がありますのでご注意ください。

※PART3では、類を表す数字を漢数字ではなく、算用数字で表記しています。

● PART 3に掲載している物品名一覧(アイウエオ順)

第１類

（酸化性固体）

第1類の危険物には、塩素酸塩類、過塩素酸塩類、無機過酸化物、亜塩素酸塩類、臭素酸塩類、硝酸塩類、ヨウ素酸塩類、過マンガン酸塩類、重クロム酸塩類などがある。

一般に不燃性物質だが、酸素を含み酸化力が強いため、可燃物と混合・接触すると酸素を供給し、可燃物や有機物を燃焼させる。

1. 基本的な性状等

- 無色結晶か白色粉末のものが多く、一般に不燃性物質である。潮解性を有するもの（塩素酸ナトリウム、過塩素酸ナトリウム等）は木材や紙にしみ込むので、乾燥した場合には爆発の危険がある。
- 加熱、摩擦、衝撃等の刺激で容易に分解し酸素を発生するため、可燃物や有機物等の物質を酸化しやすく、発火・爆発を起こしやすい。

2. 貯蔵又は取扱い上の注意

- 火気、衝撃、加熱、摩擦を避け、酸化性物質（可燃物（特に第2類の危険物）や有機物、強酸類等）と混触しない。第1類のなかでも、水と反応し酸素を発生するアルカリ金属の過酸化物（過酸化カリウム、過酸化ナトリウム）等は、水との接触も厳禁である。
- 整理整頓された屋内冷暗所に、密封して単独で保管する。

3. 火災時の対応

- 大量の水での冷却消火で可燃物の分解温度を下げ、燃焼を抑制する。
- アルカリ金属の過酸化物等の消火には水は厳禁で、乾燥砂、膨張ひる石、炭酸水素塩類の粉末消火剤等を使用する。
- 有毒ガスの吸入や皮膚付着を避けるため、防護服、空気呼吸器等を着用する。

【第1類　酸化性固体】
(第1種酸化性固体 / 塩素酸塩類)

塩素酸カリウム(塩素酸カリ);$KClO_3$

形　状	固体(無色、光沢の結晶または白色粉末)				指定数量	50kg
物　性	引火点	発火点	融点	沸点	比重	爆発限界
	−	−	368℃	400℃	2.3	−
用　途	酸化剤　爆薬・マッチ・花火の原料　酸素発生剤(実験室用)　殺虫剤　除草剤　防腐剤					
性　状	● 水に溶けにくいが熱水には溶ける ● 無臭、有毒で強酸化性 ● 加熱すると約400℃で過酸化物になり、さらに加熱すると分解し、酸素を発生 $4KClO_3 \rightarrow KCl + 3KClO_4$,　$KClO_4 \rightarrow KCl + 2O_2$					
危険性	● 燃焼により有毒ガス(二酸化塩素)を発生 ● 可燃物と混在すると摩擦、衝撃、加熱で爆発の危険 ● 強酸、アンモニア等との接触で燃焼・爆発の危険					
貯蔵又は取扱い上の注意	● 鋼製ドラム缶、金属製容器に収納し、屋内貯蔵所に単独で貯蔵 ● 加熱、衝撃、有機物、硫黄、鉄粉等との混載を避ける ● 火気厳禁 ● 加熱により容易に爆発するため、温度の高くないところで保管					
火災時の対応	● 消火剤としては棒状及び霧状の水、強化液、化学泡、リン酸塩類等の粉末を使用 ● 大量の水での消火が有効 ● 消火時に燃焼ガス(二酸化塩素)を吸入しないよう空気呼吸器等を使用 ● 爆発防止のため、遮蔽物を用いて消火作業を行う					

【第1類　酸化性固体】

（第1種酸化性固体 / 塩素酸塩類）

塩素酸ナトリウム（塩素酸ソーダ、塩曹）；$NaClO_3$

<table>
<tr><th>形　状</th><td colspan="4">固体（無色結晶または白色顆粒）</td><th>指定数量</th><td>50kg</td></tr>
<tr><th rowspan="2">物　性</th><th>引火点</th><th>発火点</th><th>融点</th><th>沸点</th><th>比重</th><th>爆発限界</th></tr>
<tr><td>－</td><td>－</td><td>248～261℃</td><td>－</td><td>2.50</td><td>－</td></tr>
<tr><th>用　途</th><td colspan="6">酸化剤　マッチ・花火の原料　殺虫剤　除草剤　印刷用インキ原料</td></tr>
<tr><th>性　状</th><td colspan="6">• 水、アルコールに溶ける
• 無臭、有毒で強酸化性、潮解性を有する
• 加熱すると過酸化物になり、さらに加熱すると約300℃で酸素を発生
$4NaClO_3 \rightarrow NaCl + 3NaClO_4$
$NaClO_4 \rightarrow NaCl + 2O_2$</td></tr>
<tr><th>危険性</th><td colspan="6">• 強い衝撃や摩擦により容易に爆発するため、丁寧に取り扱う
• 燃焼により有毒ガス（二酸化塩素）を発生
• 可燃物と混在すると摩擦、衝撃、加熱で爆発の危険
• 強酸、アンモニア等との接触で燃焼・爆発の危険</td></tr>
<tr><th>貯蔵又は取扱い上の注意</th><td colspan="6">• 潮解性があるため密栓し、湿度に留意して屋内貯蔵所に単独で貯蔵
• 加熱、衝撃、有機物、硫黄、鉄粉等との混載を避ける
• 火気厳禁</td></tr>
<tr><th>火災時の対応</th><td colspan="6">• 消火剤としては水、強化液、泡、粉末を使用
• 大量の水での消火が有効
• 消火時に燃焼ガス（二酸化塩素）を吸入しないよう空気呼吸器等を使用</td></tr>
</table>

【第1類　酸化性固体】
（第1種酸化性固体 / 塩素酸塩類）

塩素酸アンモニウム；ClH_4NO_3

形　状	固体（無色結晶）				指定数量	50kg
物　性	引火点	発火点	融点	沸点	比重	爆発限界
	−	−	−	−	1.8	−
用　途	酸化剤　マッチ　花火　医薬品					
性　状	• 水に溶けるが、アルコールには溶けにくい • 強酸化性で非常に爆発しやすい • 不安定な化合物で、100℃以上で分解し爆発することもある					
危険性	• 強酸との接触で燃焼・爆発の危険 • 燃焼により有毒ガス（二酸化塩素）を発生 • 可燃物と混在すると摩擦、衝撃、加熱で爆発の危険					
貯蔵又は取扱い上の注意	• 密栓し、換気のよい冷暗所で保管。長期保存不可 • 加熱、衝撃、有機物、硫黄、鉄粉等との混載を避ける • 火気厳禁					
火災時の対応	• 大量の水、泡消火剤で消火 • 初期消火にはリン酸塩類等の粉末消火剤も有効					

【第1類　酸化性固体】

（第1種酸化性固体 / 過塩素酸塩類）

過塩素酸カリウム（過塩素酸カリ）；$KClO_4$

<table>
<tr><td>形　状</td><td colspan="4">固体（無色結晶または白色の結晶性粉末）</td><td>指定数量</td><td>50kg</td></tr>
<tr><td rowspan="2">物　性</td><td>引火点</td><td>発火点</td><td>融点</td><td>沸点</td><td>比重</td><td>爆発限界</td></tr>
<tr><td>－</td><td>－</td><td>610℃</td><td>－</td><td>2.52</td><td>－</td></tr>
<tr><td>用　途</td><td colspan="6">酸化剤　爆薬・花火の原料　医薬品</td></tr>
<tr><td>性　状</td><td colspan="6">• 水に溶けにくい
• 強酸化性で、400℃以上の加熱により酸素と塩化カリウムに分解
• 有機物、還元性物質、可燃物が近くにあると分解するが、塩素酸カリウム（$KClO_3$）よりは安定</td></tr>
<tr><td>危険性</td><td colspan="6">• 燃焼により有毒ガスを発生
• 可燃物と混在すると摩擦、衝撃、加熱で爆発の危険</td></tr>
<tr><td>貯蔵又は取扱い上の注意</td><td colspan="6">• 鋼製ドラム缶、ポリエチレンのビン等で貯蔵
• 還元性の物質（特に赤リン、炭素）に接触させないように貯蔵
• 加熱、衝撃、可燃物との混載を避ける
• 火気厳禁
• 無臭粉末のため、粉塵を吸入しない</td></tr>
<tr><td>火災時の対応</td><td colspan="6">• 大量の水で消火
• 初期消火には水、泡、リン酸塩類等の粉末消火剤も有効
• 注水は遮蔽物を用いて行い、有毒水溶液が皮膚に触れないようにする</td></tr>
</table>

【第1類　酸化性固体】

(第1種酸化性固体 / 過塩素酸塩類)

過塩素酸ナトリウム(過塩素酸ソーダ);$NaClO_4$

<table>
<tr><td>形　状</td><td colspan="3">固体(無色結晶または粉末)</td><td>指定数量</td><td>50kg</td></tr>
<tr><td rowspan="2">物　性</td><td>引火点</td><td>発火点</td><td>融点</td><td>沸点</td><td>比重</td><td>爆発限界</td></tr>
<tr><td>—</td><td>—</td><td>482℃</td><td>—</td><td>2.03</td><td>—</td></tr>
<tr><td>用　途</td><td colspan="6">酸化剤　爆薬・花火の原料　染料</td></tr>
<tr><td>性　状</td><td colspan="6">• 水によく溶ける。エタノール、アセトンにも溶ける
• 有毒で潮解性があり、吸湿すると多孔質に浸透
• 強酸化性で、爆発性もあり、多孔性物質を爆発・炎上させる</td></tr>
<tr><td>危険性</td><td colspan="6">• 可燃物と混在すると摩擦、衝撃、加熱で爆発の危険
• 燃焼により有毒ガスを発生</td></tr>
<tr><td>貯蔵又は取扱い上の注意</td><td colspan="6">• ケミドラム缶、ガラスビン、ポリエチレンドラム缶等で屋内に貯蔵
• 潮解性のため吸湿させないように貯蔵
• 加熱、衝撃、可燃物との混載を避ける
• 火気厳禁
• 有機物や金属粉と混合不可
• ヒドラジン等との接触不可</td></tr>
<tr><td>火災時の対応</td><td colspan="6">• 消火には大量の水、泡、リン酸塩類等の粉末消火剤が有効
• 注水は遮蔽物の陰から十分な距離をとって行う</td></tr>
</table>

【第1類　酸化性固体】

(第1種酸化性固体 / 過塩素酸塩類)

過塩素酸アンモニウム(過塩素酸アンモン);NH_4ClO_4

<table>
<tr><th>形　状</th><td colspan="4">固体(無色結晶)</td><th>指定数量</th><td>50kg</td></tr>
<tr><th rowspan="2">物　性</th><th>引火点</th><th>発火点</th><th>融点</th><th>沸点</th><th>比重</th><th>爆発限界</th></tr>
<tr><td>—</td><td>—</td><td>—</td><td>—</td><td>2.0</td><td>—</td></tr>
<tr><th>用　途</th><td colspan="6">酸化剤　マッチ　花火　医薬品</td></tr>
<tr><th>性　状</th><td colspan="6">• エタノール、アセトンに溶けるが、エーテルには溶けない
• 強酸化性で水に溶けるが、潮解性はない
• 150℃で分解し酸素を放出。400℃で急激に分解し、発火することもある</td></tr>
<tr><th>危険性</th><td colspan="6">• 分解時に多量のガスを発生し、過塩素酸塩類の中で最も危険性が高い
• 強酸との接触で燃焼・爆発の危険
• 爆発時の生成物中に有毒ガス(塩化水素)を含み、危険
• 可燃物と混在すると摩擦、衝撃、加熱で爆発の危険</td></tr>
<tr><th>貯蔵又は取扱い上の注意</th><td colspan="6">• 鋼製ドラム缶、金属製容器に密栓し、屋内の冷所に単独で貯蔵
• 加熱、衝撃、可燃物との混載を避ける
• 火気厳禁
• 加熱により容易に爆発するため、温度の高くないところで保管</td></tr>
<tr><th>火災時の対応</th><td colspan="6">• 大量の水での消火が有効
• 消火時に燃焼ガスを吸入しないよう空気呼吸器等を使用
• 爆発防止のため、遮蔽物を用いて消火作業を行う</td></tr>
</table>

【第1類　酸化性固体】
（第1種酸化性固体 / 無機過酸化物）

過酸化カリウム（過酸化カリ）；K_2O_2

<table>
<tr><td>形　状</td><td colspan="4">固体(橙色粉末)</td><td>指定数量</td><td>50kg</td></tr>
<tr><td rowspan="2">物　性</td><td>引火点</td><td>発火点</td><td>融点</td><td>沸点</td><td>比重</td><td>爆発限界</td></tr>
<tr><td>－</td><td>－</td><td>490℃</td><td>－</td><td>2.0</td><td>－</td></tr>
<tr><td>用　途</td><td colspan="6">酸化剤　漂白剤　殺菌剤</td></tr>
<tr><td>性　状</td><td colspan="6">• 水と反応し熱と酸素を発生、酸と反応し過酸化水素を発生
• 有毒で強酸化性である。潮解性があり、吸湿力が強い。</td></tr>
<tr><td>危険性</td><td colspan="6">• 大量の場合は、水分と反応して爆発することがある
• 有機物、可燃物と混在すると衝撃、加熱などによって発火爆発の危険
• 燃焼により有毒ガスを発生</td></tr>
<tr><td>貯蔵又は取扱い上の注意</td><td colspan="6">• 鋼製ドラム缶、ガラスビンに密封して、屋内貯蔵所に貯蔵
• 加熱、衝撃を避ける
• 火気厳禁、禁水
• 有機物や可燃物、金属粉との混在不可</td></tr>
<tr><td>火災時の対応</td><td colspan="6">• 消火には乾燥砂、膨張ひる石、炭酸水素塩類の粉末消火剤等が有効
• 水、泡、強化液等を用いた消火は厳禁</td></tr>
</table>

【第1類　酸化性固体】

（第1種酸化性固体 / 無機過酸化物）

過酸化ナトリウム（過酸化ソーダ、二酸化ナトリウム）；Na_2O_2

<table>
<tr><th>形　状</th><td colspan="4">固体（黄白色粉末、純粋なものは白色粉末）</td><th>指定数量</th><td>50kg</td></tr>
<tr><th rowspan="2">物　性</th><th>引火点</th><th>発火点</th><th>融点</th><th>沸点</th><th>比重</th><th>爆発限界</th></tr>
<tr><td>－</td><td>－</td><td>460℃</td><td>－</td><td>2.9</td><td>－</td></tr>
<tr><th>用　途</th><td colspan="6">酸化剤　漂白剤　殺菌剤　防腐剤</td></tr>
<tr><th>性　状</th><td colspan="6">• 水と反応し酸素、酸と反応し過酸化水素を発生
• 強酸化性でオゾン臭のある有毒物質で、吸湿性が強く、爆発の危険性あり</td></tr>
<tr><th>危険性</th><td colspan="6">• 大量の場合は、水分と反応して爆発することがある
• 有機物、可燃物と混在すると衝撃、加熱などによって発火爆発の危険
• 燃焼により有毒ガスを発生</td></tr>
<tr><th>貯蔵又は取扱い上の注意</th><td colspan="6">• 鋼製ドラム缶、ガラスビンに密封して、乾燥状態で屋内貯蔵所に貯蔵
• 加熱、衝撃を避ける
• 火気厳禁、禁水
• 燃焼・爆発を防ぐため加熱を避ける
• 有機物や可燃物、金属粉との混在不可</td></tr>
<tr><th>火災時の対応</th><td colspan="6">• 消火には乾燥砂、膨張ひる石、炭酸水素塩類の粉末消火剤等が有効
• 水を用いた消火は禁止</td></tr>
</table>

【第1類　酸化性固体】
（第1種酸化性固体 / 無機過酸化物）

過酸化カルシウム（過酸化石灰）；CaO_2

<table>
<tr><td>形　状</td><td colspan="4">固体（無色粉末）</td><td>指定数量</td><td>50kg</td></tr>
<tr><td rowspan="2">物　性</td><td>引火点</td><td>発火点</td><td>融点</td><td>沸点</td><td>比重</td><td>爆発限界</td></tr>
<tr><td>－</td><td>－</td><td>275℃</td><td>－</td><td>1.70</td><td>－</td></tr>
<tr><td>用　途</td><td colspan="6">酸化剤　漂白剤　殺菌剤　試薬</td></tr>
<tr><td>性　状</td><td colspan="6">• 強酸化性で水に溶けにくい
• 酸と反応し過酸化水素を発生
• 275℃以上に加熱すると、酸素を発生</td></tr>
<tr><td>危険性</td><td colspan="6">• 燃焼により有毒ガスを発生</td></tr>
<tr><td>貯蔵又は取扱い上の注意</td><td colspan="6">• 鋼製ドラム缶、ガラスビンに密封して、乾燥状態で屋内貯蔵所に貯蔵
• 加熱、衝撃を避ける
• 火気厳禁、禁水
• 常に乾燥状態を保ち、異物との接触を避ける
• 有機物や可燃物、金属粉との混在不可</td></tr>
<tr><td>火災時の対応</td><td colspan="6">• 乾燥砂、リン酸塩類等を使用する消火粉末以外の粉末を使用
• 水を用いた消火は厳禁</td></tr>
</table>

【第１類　酸化性固体】

（第１種酸化性固体／無機過酸化物）

過酸化バリウム（過酸化重土）；BaO_2

<table>
<tr><td>形　状</td><td colspan="4">固体（灰白色または白色粉末）</td><td>指定数量</td><td>50kg</td></tr>
<tr><td rowspan="2">物　性</td><td>引火点</td><td>発火点</td><td>融点</td><td>沸点</td><td>比重</td><td>爆発限界</td></tr>
<tr><td>－</td><td>－</td><td>450℃</td><td>－</td><td>4.96</td><td>－</td></tr>
<tr><td>用　途</td><td colspan="6">漂白剤　過酸化水素の原料</td></tr>
<tr><td>性　状</td><td colspan="6">• 水に溶けにくい
• 有毒、強酸化性で、アルカリ土類金属過酸化物の中で、最も安定
• 熱水と反応し酸素を、酸と反応し過酸化水素を発生</td></tr>
<tr><td>危険性</td><td colspan="6">• 酸化されやすい物質、湿った紙やせん維素などと混在すると爆発の危険
• 燃焼により有毒ガスを発生</td></tr>
<tr><td>貯蔵又は取扱い上の注意</td><td colspan="6">• 鋼製ドラム缶、ガラスビンに密封して、乾燥状態で屋内貯蔵所に貯蔵
• 加熱、衝撃を避ける
• 火気厳禁
• 水との接触不可
• 有機物や（特に紙や繊維）可燃物、金属粉との混在不可</td></tr>
<tr><td>火災時の対応</td><td colspan="6">• 乾燥砂、リン酸塩類等を使用する消火粉末以外の粉末を使用
• 水を用いた消火は不可</td></tr>
</table>

【第1類　酸化性固体】

（第1種酸化性固体 / 無機過酸化物）

過酸化マグネシウム（過酸化マグネシア）；MgO_2

形　状	固体（無色粉末）				指定数量	50kg
物　性	引火点	発火点	融点	沸点	比重	爆発限界
	−	−	−	−	不定	−
用　途	酸化剤　漂白剤　殺菌剤					
性　状	• 水には溶けないが、酸と反応し過酸化水素を発生し、強熱後、酸素を発生					
危険性	• 有機物などと混合し加熱または摩擦すると爆発の危険					
貯蔵又は取扱い上の注意	• 金属製容器に収納し、屋内貯蔵所で貯蔵 • 他の類の危険物、他の物質との混在を避ける • 異物との接触と加熱を避ける					
火災時の対応	• 粉末消火剤を使用し、窒息消火					

【第1類　酸化性固体】

(第1種酸化性固体 / 亜塩素酸塩類)

亜塩素酸カリウム;$KClO_2$

形　状	固体(無色の針状結晶)				指定数量	50kg
物　性	引火点	発火点	融点	沸点	比重	爆発限界
	−	−	350℃	350℃以上	2.4	−
用　途	塩素酸カリウムの原料　試薬					
性　状	• 水に溶ける • 有毒で強酸化性、潮解性があり、非常に不安定 • 加熱すると160℃で分解し、塩素酸カリウムと塩化カリウムになる					
危険性	• 燃焼により有毒ガスを発生 • 可燃物と混在すると摩擦、衝撃、加熱で爆発の危険					
貯蔵又は取扱い上の注意	• 鋼製容器に密栓して貯蔵 • 摩擦、衝撃を避ける • 潮解したものが紙等に浸透すると発火の危険あり • 加熱により容易に爆発するため、温度の高くないところで保管					
火災時の対応	• 消火剤としては水、霧状の水、粉末、二酸化炭素を使用 • 消火時に燃焼ガスを吸入しないよう注意					

【第1類　酸化性固体】

（第1種酸化性固体 / 亜塩素酸塩類）

亜塩素酸ナトリウム（亜塩素酸ソーダ，亜塩曹）；$NaClO_2$

形状	固体（無色結晶または結晶性粉末）			指定数量	50kg
物性	引火点	発火点	融点	沸点	比重	爆発限界
	－	－	－	180～200℃	2.5	－

用途	漂白剤　殺菌剤　水の精製
性状	・水に溶ける ・有毒で強酸化性を有し、吸湿性がある ・加熱により酸素発生
危険性	・直射日光、紫外線、強酸により、分解時に爆発性の二酸化塩素を発生 ・燃焼により有毒ガスを発生 ・可燃物と混在すると摩擦、衝撃、加熱で爆発の危険
貯蔵又は取扱い上の注意	・鋼製ドラム缶や石油缶に収納し、屋内の冷暗所に貯蔵 ・摩擦、衝撃を避け、有機物、油脂類、還元性物質との接触を避ける ・火気厳禁
火災時の対応	・消火剤としては霧状の水、強化液、泡、リン酸塩の粉末等を使用 ・燃焼ガスや加熱蒸発によって発生する有毒ガスの吸入に注意

【第1類　酸化性固体】

（第1種酸化性固体 / 臭素酸塩類）

臭素酸カリウム（ブロム酸カリ）；$KBrO_3$

形　状	固体（無色結晶性粉末）				指定数量	50kg
物　性	引火点	発火点	融点	沸点	比重	爆発限界
	ー	ー	350℃	ー	3.3	ー
用　途	分析用試薬　燃焼試験の標準物質　小麦粉改良剤					
性　状	• 水に溶ける • アルコールに溶けにくく、アセトンに溶けない • 強酸化性を有し、塩素酸塩類より毒性が強い • 加熱により、融点以上で酸素と臭化カリウムに分解					
危険性	• 分解時に酸素を発生し、これが他の可燃物を燃やす • 有機物、可燃物、金属粉との混在で爆発の危険					
貯蔵又は取扱い上の注意	• 石油缶に収納し、直射日光を避け屋内に貯蔵 • 他の可燃性物質と混在させず、摩擦、衝撃を避ける • 火気厳禁					
火災時の対応	• 消火剤としては霧状の水、泡、粉末、二酸化炭素等を使用					

【第1類　酸化性固体】

（第1種酸化性固体 / 臭素酸塩類）

臭素酸ナトリウム;$NaBrO_3$

形　状	固体（無色結晶）			指定数量	50kg
物　性	引火点	発火点	融点	沸点	比重	爆発限界
	−	−	381℃	381℃	3.3	−
用　途	医薬部外品添加物（パーマネントウェーブ用剤）　試薬					
性　状	• 水に溶けるが、エタノールには溶けない • 強力な酸化剤で、可燃性物質や還元性物質、燃料、金属粉末、油脂、イオウ含有化合物と激しく反応する					
危険性	• 加熱により分解し、有毒で腐食性のヒューム（臭化水素など）を生じる					
貯蔵又は取扱い上の注意	• 着火源から遠ざける • 衣類及び他の可燃物から遠ざけ、可燃物との混合を回避する					
火災時の対応	• 大量の水の放射が有効 • 粉末消火剤、泡消火剤は使用してはならない					

【第1類　酸化性固体】

(第2種酸化性固体 / ヨウ素酸塩類)

ヨウ素酸カリウム;KIO_3

形　状	固体(無色結晶)				指定数量	300kg
物　性	引火点	発火点	融点	沸点	比重	爆発限界
	−	−	560℃	−	3.9	−
用　途	沈殿剤　分析用試薬					
性　状	・水に溶ける ・光沢を帯びた無色の結晶で、酸化力が強い ・加熱すると分解し、酸素を発生					
危険性	・可燃物を混合して加熱すると爆発の危険					
貯蔵又は取扱い上の注意	・容器は密栓し、直射日光を避け屋内に貯蔵 ・加熱、摩擦、衝撃を避ける ・火気厳禁 ・可燃物、有機物との混合を避ける					
火災時の対応	・消火剤としては水、粉末、二酸化炭素が有効 ・安全な距離を確保して、大量注水を行う					

【第1類　酸化性固体】
（第2種酸化性固体 / ヨウ素酸塩類）

ヨウ素酸ナトリウム；$NaIO_3$

形　状	固体（無色結晶）			指定数量	300kg
物　性	引火点	発火点	融点	沸点	比重	爆発限界
	－	－	610℃	－	4.3	－
用　途	分析用試薬					
性　状	• 特有のにおいがあり、水によく溶け、エタノールには溶けない • 加熱すると分解し、酸素を発生					
危険性	• 可燃物を混合して加熱すると爆発の危険					
貯蔵又は取扱い上の注意	• 金属製容器に密栓し、直射日光を避け屋内に貯蔵 • 加熱、摩擦、衝撃、湿気を避ける • 火気厳禁 • 可燃物、有機物との混合を避ける					
火災時の対応	• 消火剤としては水、粉末、二酸化炭素が有効 • 安全な距離を確保して、大量注水を行う					

【第1類　酸化性固体】
(第2種酸化性固体 / 硝酸塩類)

硝酸カリウム(硝石);KNO_3

<table>
<tr><td>形　状</td><td colspan="4">固体(無色～白色の結晶または粉末)</td><td>指定数量</td><td>300kg</td></tr>
<tr><td rowspan="2">物　性</td><td>引火点</td><td>発火点</td><td>融点</td><td>沸点</td><td>比重</td><td>爆発限界</td></tr>
<tr><td>—</td><td>—</td><td>339℃</td><td>—</td><td>2.1</td><td>—</td></tr>
<tr><td>用　途</td><td colspan="6">酸化剤　火薬原料　医薬品　肥料</td></tr>
<tr><td>性　状</td><td colspan="6">• 冷感刺激性がある有毒物質で、塩味があり水によく溶ける
• 強酸化性を有し、爆発の危険性あり
• 加熱すると、400℃で酸素を発生し分解</td></tr>
<tr><td>危険性</td><td colspan="6">• 燃焼により有毒ガス(NOx)を発生
• 有機物、可燃物、金属粉との混在で爆発の危険</td></tr>
<tr><td>貯蔵又は取扱い上の注意</td><td colspan="6">• 異物が混入しないよう鋼製ドラム缶やブリキ缶に収納し、密栓する
• 加熱、摩擦、衝撃を避ける
• 空気中への漏洩、飛散を防ぐ
• 火気厳禁</td></tr>
<tr><td>火災時の対応</td><td colspan="6">• 大量の水で消火するのが最適
• 初期消火には棒状・霧状の水、強化液、泡、リン酸塩の粉末等を使用</td></tr>
</table>

【第1類　酸化性固体】

（第2種酸化性固体 / 硝酸塩類）

硝酸ナトリウム（硝酸ソーダ、チリ硝石）；$NaNO_3$

形　状	固体（無色結晶）				**指定数量**	300kg
物　性	**引火点**	**発火点**	**融点**	**沸点**	**比重**	**爆発限界**
	－	－	306.8℃	380℃	2.25	－
用　途	分析用試薬　火薬原料　肥料					
性　状	● 潮解性がある有毒物質で、水によく溶ける ● 強酸化性を有し、加熱すると酸素を発生し分解 ● 青酸化合物を混合すると爆発					
危険性	● 爆発すると有毒ガス（NOx）を発生 ● 可燃物と接触すると、発火して激しく燃焼					
貯蔵又は取扱い上の注意	● 鋼製ドラム缶や石油缶に収納し、屋内に貯蔵 ● 加熱、摩擦、衝撃を避ける ● 潮解性があるので、密栓する ● 火気厳禁					
火災時の対応	● 消火剤としては水、強化液、泡、粉末等を使用 ● 燃焼時に発生する有毒ガスを吸入しないよう注意					

【第1類　酸化性固体】

（第2種酸化性固体 / 硝酸塩類）

硝酸アンモニウム（硝安、硝酸アンモン）；NH_4NO_3

形　状	固体（無色結晶または結晶性粉末）				**指定数量**	300kg
物　性	**引火点**	**発火点**	**融点**	**沸点**	**比重**	**爆発限界**
	－	－	169.6℃	210℃	1.8	－
用　途	火薬原料　殺虫剤　肥料　印刷材料					
性　状	• 極めて吸湿性が高く、水によく溶け、メタノール、エタノールにも溶ける • 210℃で分解し、水と亜酸化窒素を生じ、さらに加熱すると急激に分解し窒素と酸素を発生					
危険性	• 加熱により分解、爆発し、有毒な亜酸化窒素を発生 • 可燃物、有機物、金属粉との混合は爆発の危険 • 他の薬品との接触でアンモニアを放出					
貯蔵又は取扱い上の注意	• 樹脂袋や紙袋に収納し、屋内に密栓して貯蔵 • 潮解性があり、水分や湿気に注意 • 加熱、摩擦、衝撃を避ける					
火災時の対応	• 消火剤としては霧状の水を使用 • 燃焼が盛んなときの注水は、硝酸アンモニウムを飛散させるので注意					

【第1類　酸化性固体】
(第3種酸化性固体 / 過ヨウ素酸塩類)

過ヨウ素酸ナトリウム(過ヨウ素酸ソーダ);$NaIO_4$

形　状	固体(白色結晶または粉末)				指定数量	1000kg
物　性	引火点	発火点	融点	沸点	比重	爆発限界
	―	―	300℃	―	3.87	―
用　途	試薬					
性　状	• 水に溶ける • 酸化力が強く、アルカリ性を呈する • 加熱すると300℃で分解し、酸素を発生					
危険性	• 有機物、還元性の可燃物との混触は危険 • 可燃物を混合して加熱すると爆発の危険					
貯蔵又は取扱い上の注意	• ビンに入れ、屋内に貯蔵 • 可燃物、還元剤との接触を避ける • 火気厳禁 • 加熱、衝撃、摩擦を避ける					
火災時の対応	• 水、粉末、二酸化炭素で消火 • 大量注水を行う					

【第1類　酸化性固体】

(第3種酸化性固体 / クロム等の酸化物)

無水クロム酸(クロム酸、三酸化クロム);CrO_3

形　状	固体(暗赤色針状結晶)				指定数量	1000kg
物　性	引火点	発火点	融点	沸点	比重	爆発限界
	−	−	197℃	250℃	2.70	−
用　途	合成化学溶触媒　クロムメッキ　アセチレンの精製　医薬品					
性　状	• 潮解性が強く、水、希エタノールなどに溶ける • 強酸化性で非常に有毒 • 強く加熱すると、酸化クロム(Cr_2O_3)になり、酸素を放出					
危険性	• 有機物、可燃物との接触で激しく発熱、発火 • 赤リン、アセトン、アニリン、ピリジンと混在すると発火の危険					
貯蔵又は取扱い上の注意	• 鋼製ドラム缶、ステンレス製ドラム缶に収納し、低温で貯蔵 • 水溶液は、耐酸ビン、耐酸ガラスビンに収納 • 水や可燃物との接触不可 • 火気厳禁					
火災時の対応	• 注水して消火 • 可燃物は除去					

【第1類　酸化性固体】

（第3種酸化性固体 / 亜硝酸塩類）

亜硝酸カリウム（亜硝酸カリ）；KNO_2

<table>
<tr><td>形　状</td><td colspan="4">固体（白色または黄色）</td><td>指定数量</td><td>1000kg</td></tr>
<tr><td rowspan="2">物　性</td><td>引火点</td><td>発火点</td><td>融点</td><td>沸点</td><td>比重</td><td>爆発限界</td></tr>
<tr><td>–</td><td>–</td><td>441℃</td><td>–</td><td>1.9</td><td>–</td></tr>
<tr><td>用　途</td><td colspan="6">ジアゾ化合物合成　食品発色剤　コバルトとニッケルの分離</td></tr>
<tr><td>性　状</td><td colspan="6">• 水によく溶ける
• エタノールには溶けにくいが、液体アンモニアにはよく溶ける
• 有毒で酸化性と潮解性があり、空気中に放出すると、徐々に酸化</td></tr>
<tr><td>危険性</td><td colspan="6">• 融点以上に加熱すると350℃で分解し、有毒ガスを発生
• 吸湿性が強く、布、紙、可燃物と混在させると発火の危険</td></tr>
<tr><td>貯蔵又は取扱い上の注意</td><td colspan="6">• 鋼製ドラム缶、ビン等に収納し、密封保管
• 可燃物との混触、加熱・衝撃等による発火に注意
• 貯蔵室内は整理整頓に努める
• 火気厳禁</td></tr>
<tr><td>火災時の対応</td><td colspan="6">• 棒状の水、霧状の水による大量注水が有効
• 泡、二酸化炭素も有効
• 注水は安全な距離から遮蔽物を利用して行う
• 保護具等を利用して作業</td></tr>
</table>

【第1類　酸化性固体】

（第3種酸化性固体 / 亜硝酸塩類）

亜硝酸ナトリウム（亜硝酸ソーダ）；$NaNO_2$

形状	固体（白色または淡黄色の固体）				指定数量	1000kg
物性	引火点	発火点	融点	沸点	比重	爆発限界
	−	−	271℃	320℃	2.1	−
用途	ジアゾ化剤　発泡剤　漂白剤　医薬					
性状	• 吸湿性があり、水によく溶ける • 潮解性を持つ有毒物質で、苦味がある • 乾燥空気中では、ほとんど変化しない					
危険性	• 酸と接触すると有毒ガス（NO_2）、二酸化炭素を発生 • 可燃物、有機物、アンモニウム塩類と接触すると、発火・爆発					
貯蔵又は取扱い上の注意	• 吸湿し潮解しないよう屋内に保存 • 紙袋等に入れて吸湿した場合、摩擦・加熱による発火に注意 • 火気厳禁					
火災時の対応	• 大量の水での消火が最適で、強化液、泡を用いるのも有効 • 二酸化炭素、リン酸塩類以外の粉末、ハロゲン化物は不可 • 保護具着用					

【第1類　酸化性固体】

（第3種酸化性固体 / 次亜塩素酸塩類）

次亜塩素酸カルシウム（カルルキ、クロール石灰）；$Ca(ClO)_2 \cdot 3H_2O$

形　状	固体（白色粉末）				**指定数量**	1000kg
物　性	**引火点**	**発火点**	**融点**	**沸点**	**比重**	**爆発限界**
	―	―	100℃	―	2.4	―
用　途	殺菌消毒剤　漂白剤					
性　状	• 水に溶ける • 潮解性を持つ有毒物質で、強い塩素臭がある • 無水塩は不安定で、そのほかに、1水塩、2.5水塩、5水塩、6水塩、7水塩があり、普通は水溶液で使用					
危険性	• 150℃超で一時的に大量の酸素を放出し、燃焼、爆発 • 有機物、可燃物との混触で発熱・発火					
貯蔵又は取扱い上の注意	• 鋼製ドラム缶の中に密封して収納 • 湿気を吸収し有毒ガスを発生するため、換気に留意 • 外部に流出した場合中和剤（亜硫酸ナトリウム）を用いる • 加熱、摩擦、衝撃を避ける • 水に接すると分解し、酸素を発生するため、禁水 • 火気厳禁					
火災時の対応	• 霧状の水、二酸化炭素で消火 • 保護具着用					

【第1類　酸化性固体】
（第3種酸化性固体 / 過マンガン酸塩類）

過マンガン酸カリウム（過マンガン酸カリ、カメレオン液）；$KMnO_4$

形　状	固体（赤紫色金属光沢の結晶）				指定数量	1000kg
物　性	引火点	発火点	融点	沸点	比重	爆発限界
	－	－	240℃	－	2.70	－
用　途	殺菌剤　酸化剤　漂白剤　消臭剤　染料					
性　状	• 水によく溶ける • 無臭で甘味があり、有毒で酸化力が強い • 加熱すると200℃以上で分解し、酸素を発生					
危険性	• 硫酸、過酸化水素を加えると爆発の危険					
貯蔵又は取扱い上の注意	• 鋼製ドラム缶、石油缶に密栓し、直射日光を避け、換気のよい冷暗所に貯蔵 • 酸、有機物、可燃物との混触を避ける • 火気厳禁 • 加熱、衝撃、摩擦を避ける					
火災時の対応	• 消火には注水が有効 • 消火剤は粉末、泡、二酸化炭素も有効 • 消火作業中に十分冷却する					

【第1類　酸化性固体】

（第3種酸化性固体 / 過マンガン酸塩類）

過マンガン酸ナトリウム(過マンガン酸ソーダ)；$NaMnO_4 \cdot 3H_2O$

形　状	固体(赤紫色粉末)				指定数量	1000kg
物　性	引火点	発火点	融点	沸点	比重	爆発限界
	―	―	―	―	2.50	―
用　途	殺菌剤　合成化学原料					
性　状	・水に溶けやすく、潮解性が強い。アンモニアにも溶ける ・加熱すると170℃で分解し、酸素を放出					
危険性	・濃硫酸を加えると爆発の危険					
貯蔵又は取扱い上の注意	・可燃物、有機物、金属粉との接触を避ける ・火気厳禁 ・加熱、衝撃、摩擦を避ける					
火災時の対応	・消火には注水が有効 ・棒状・霧状の水、強化液、泡消火器も有効					

【第1類　酸化性固体】

(第3種酸化性固体 / 重クロム酸塩類)

重クロム酸カリウム(二クロム酸カリウム);$K_2Cr_2O_7$

<table>
<tr><th>形　状</th><td colspan="4">固体(橙赤色結晶)</td><th>指定数量</th><td>1000kg</td></tr>
<tr><th rowspan="2">物　性</th><th>引火点</th><th>発火点</th><th>融点</th><th>沸点</th><th>比重</th><th>爆発限界</th></tr>
<tr><td>−</td><td>−</td><td>398℃</td><td>500℃(分解)</td><td>2.69</td><td>−</td></tr>
<tr><th>用　途</th><td colspan="6">有機合成化学　防腐剤　顔料　写真　皮なめし剤</td></tr>
<tr><th>性　状</th><td colspan="6">• 水に溶けるが、エタノールには溶けない
• 強力な酸化剤で有毒であるが、用途が広い
• 加熱すると500℃で分解し、大量の酸素を放出
$4K_2Cr_2O_7 \rightarrow 4K_2CrO_4 + 2Cr_2O_3 + 3O_2$</td></tr>
<tr><th>危険性</th><td colspan="6">• 可燃物、有機物、還元剤との接触で発火・爆発の危険</td></tr>
<tr><th>貯蔵又は取扱い上の注意</th><td colspan="6">• 石油缶等に入れ、高温を避けて屋内冷暗所に貯蔵
• 可燃物、有機物、還元剤との混触は厳禁
• 火気厳禁
• 加熱、衝撃、摩擦を避ける</td></tr>
<tr><th>火災時の対応</th><td colspan="6">• 大量の水の放射が有効
• 棒状・霧状の水、強化液、泡消火器も有効</td></tr>
</table>

【第1類　酸化性固体】

（第3種酸化性固体 / 鉛酸化物）

二酸化鉛（酸化第二鉛、過酸化鉛）；PbO_2

形　状	固体（黒褐色粉末）				指定数量	1000kg
物　性	引火点	発火点	融点	沸点	比重	爆発限界
	—	—	290℃（分解）	—	9.4	—
用　途	蓄電池　顔料　抜染剤　殺虫剤					
性　状	• 水、アルコールに溶けないが、多くの酸やアルカリには溶ける • 塩酸に溶け、塩素を放出 • 加熱すると酸素を放出し四酸化三鉛（Pb_3O_4）になり、さらに加熱すると一酸化鉛（PbO）になる					
危険性	• 鉛、鉛の化合物は毒性が強く、取扱いには十分注意					
貯蔵又は取扱い上の注意	• 石油缶等に密閉して収納 • 加熱、衝撃を避け、可燃物から隔離させる • 貯蔵庫内は整理整頓、清掃を心がける • 火気厳禁 • 取扱作業中は粉末を飛散させないように注意					
火災時の対応	• 消火剤は、霧状の水、泡、粉末二酸化炭素を使用 • 消火作業中、有毒な鉛を吸入しないよう特に注意 • 空気呼吸器等の保護具を着用					

【第1類　酸化性固体】

（第3種酸化性固体 / ペルオキソ二硫酸塩類）

ペルオキソ二硫酸カリウム（過硫酸カリウム）；$K_2S_2O_8$

形　状	固体（白色粉末または結晶）				指定数量	1000kg
物　性	引火点	発火点	融点	沸点	比重	爆発限界
	－	－	195℃	－	2.5	－
用　途	漂白剤　重合剤　酸化剤					
性　状	• 水にはわずかに溶け、熱水に溶ける • 100℃に加熱すると分解して酸素を放出し、酸化力が強い					
危険性	• 有機物、可燃物との混触は危険 • 可燃物を混合して加熱すると爆発の危険 • 熱水に溶けるとアルカリ性になり、人体に有害					
貯蔵又は取扱い上の注意	• 容器は密栓し、冷暗所に乾燥状態で貯蔵 • 可燃物、有機物との接触を避ける • 火気厳禁 • 衝撃、摩擦を避ける					
火災時の対応	• 水、泡、粉末、二酸化炭素で消火 • 噴霧注水が有効					

【第1類　酸化性固体】

(第3種酸化性固体 / ペルオキソホウ酸塩類)

ペルオキソホウ酸ナトリウム(過ホウ酸ナトリウム);$NaBO_3 \cdot 4H_2O$

形　状	固体(白色結晶性粉末)				**指定数量**	1000kg
物　性	**引火点**	**発火点**	**融点**	**沸点**	**比重**	**爆発限界**
	―	―	約60～65.5℃	―	―	―
用　途	漂白剤　重合剤　脱臭剤					
性　状	• 水に溶けにくい • 不安定な物質で、加熱後40℃で酸素を放出 • 酸化性と潮解性を持つ					
危険性	• 有機物、可燃物との混触は危険					
貯蔵又は取扱い上の注意	• 金属製容器に入れ、屋内に乾燥状態で貯蔵 • 可燃物との接触を避ける • 火気厳禁 • 衝撃、摩擦を避ける					
火災時の対応	• 水、粉末、二酸化炭素で消火 • 噴霧注水が有効					

【第1類　酸化性固体】
(第3種酸化性固体 / ペルオキソホウ酸塩類)

ペルオキソホウ酸アンモニウム(過ホウ酸アンモニウム);NH_4BO_3

形　状	固体(無色結晶)				指定数量	1000kg
物　性	引火点	発火点	融点	沸点	比重	爆発限界
	－	－	180℃	－	2.30	－
用　途	漂白剤　脱臭剤					
性　状	• 水に溶ける • 加熱後、50℃でアンモニアを放出。さらに加熱すると酸素を放出 • 酸化力が強い					
危険性	• 可燃物と混合すると容易に発火					
貯蔵又は取扱い上の注意	• 金属製容器に密栓し、冷暗所に乾燥状態で保存 • 異物の混入を避ける • 火気厳禁 • 加熱、衝撃を加えない • 濃硫酸等と接触不可					
火災時の対応	• 水、粉末、二酸化炭素で消火 • 大量注水が有効 • アンモニアガス発生による中毒に注意					

第２類

（可燃性固体）

第２類の危険物には、硫化リン、赤リン、硫黄、鉄粉、引火性固体、金属粉、マグネシウムなどがある。

一般に第２類の危険物は常温で固体の可燃性物質で、引火点が比較的低いため着火しやすく、燃焼速度が速い。燃焼時に有毒ガスを発生するものもある。

1．基本的な性状等

- 一般に有色の無機化合物で、水に不溶で水より重い。
- 非常に酸化されやすく、特に第１類の危険物との混合では、爆発する危険があり、また微粉状の場合は、空気中で粉塵爆発を起こす危険がある。

2．貯蔵又は取扱い上の注意

- 酸化性物質（特に第１類や第６類の危険物）、金属粉から隔離する。
- 火気、加熱、衝撃、摩擦等を避け、鋼製ドラム缶や石油缶等に密閉し、屋内の冷暗所に貯蔵する。また、鉄粉、金属粉、マグネシウム等は、水や酸との接触も厳禁である。

3．火災時の対応

- 赤リンや硫黄等は、大量の水や強化液等での冷却消火を基本に、乾燥砂、粉末等での窒息消火も可能である。
- 硫化リン、鉄粉、金属粉等には注水厳禁で、乾燥砂、粉末等で窒息消火する。
- 引火性固体にも注水厳禁で、耐アルコール泡、粉末、二酸化炭素、ハロゲン化物等で窒息消火する。
- 防護具を着用し、有毒ガスの吸入や皮膚付着を避ける。

【第2類　可燃性固体】

（硫化リン）

三硫化四リン；P_4S_3

形　状	固体(黄色結晶)				**指定数量**	100kg
物　性	**引火点**	**発火点**	**融点**	**沸点**	**比重**	**爆発限界**
	−	100℃	172.5℃	407℃	2.03	−
用　途	有機合成化学原料　脱色剤					
性　状	• 冷水と反応しない • 二硫化炭素、ベンゼンに溶ける					
危険性	• 加熱により発火、爆発の危険 • 燃焼により、有毒ガス(SO_2)を発生 • 過酸化物(第１類の危険物)、金属粉との接触で自然発火 • 熱湯と作用して加水分解し、猛毒ガス(硫化水素)を発生、爆発					
貯蔵又は取扱い上の注意	• 酸化性物質、金属粉との接触は避ける • 鋼製ドラム缶、石油缶に密閉し、屋内の冷所に貯蔵 • 火気、水厳禁					
火災時の対応	• 消火剤としては二酸化炭素、粉末、乾燥砂が有効 • 注水は厳禁 • 防護服を着用し、有毒ガスの吸入に注意					

【第2類　可燃性固体】

（硫化リン）

五硫化二リン；P_2S_5

形　状	固体（淡黄色結晶）				**指定数量**	100kg
物　性	**引火点**	**発火点**	**融点**	**沸点**	**比重**	**爆発限界**
	—	—	290.2℃	514℃	2.09	—
用　途	有機合成化学原料　潤滑油添加剤　医薬品原料					
性　状	・水に溶ける ・二硫化炭素に溶ける					
危険性	・加熱、摩擦で発火、爆発の危険 ・燃焼により、有毒ガス（SO_2）や五酸化リンを発生 ・過酸化物、金属粉との接触で自然発火 ・水とゆっくりと作用して加水分解し、猛毒ガス（硫化水素）を発生、爆発					
貯蔵又は取扱い上の注意	・酸化性物質、金属粉との接触は避ける ・鋼製ドラム缶、石油缶に密閉し、屋内の冷所に貯蔵 ・火気、水厳禁					
火災時の対応	・消火剤としては二酸化炭素、粉末、乾燥砂が有効 ・防護服を着用し、有毒ガスの吸入に注意 ・注水は厳禁					

【第2類　可燃性固体】

（硫化リン）

七硫化四リン；P_4S_7

形　状	固体（淡黄色結晶）				指定数量	100kg
物　性	引火点	発火点	融点	沸点	比重	爆発限界
	－	－	310℃	523℃	2.19	－
用　途	有機合成化学原料　潤滑油添加剤　医薬品原料					
性　状	● 水に溶ける ● 二硫化炭素にわずかに溶ける					
危険性	● 加熱、摩擦で発火、爆発の危険 ● 燃焼により、有毒ガス（SO_2）や五酸化リンを発生 ● 過酸化物、金属粉との接触で自然発火 ● 水とゆっくりと、熱湯とは速やかに作用して加水分解し、猛毒ガス（硫化水素）を発生、爆発					
貯蔵又は取扱い上の注意	● 酸化性物質、金属粉との接触は避ける ● 鋼製ドラム缶、石油缶に密閉し、屋内の冷所に貯蔵 ● 火気、水厳禁					
火災時の対応	● 消火剤としては二酸化炭素、粉末、乾燥砂が有効 ● 防護服を着用し、有毒ガスの吸入に注意 ● 注水は厳禁					

【第2類　可燃性固体】

（赤リン）

赤リン（紫リン、紅リン）；P

形　状	固体（赤褐色粉末）				**指定数量**	100kg
物　性	**引火点**	**発火点**	**融点**	**沸点**	**比重**	**爆発限界**
	—	260℃	600℃ （43気圧以下）	—	2.1～2.3	—
用　途	花火原料　マッチ　医薬品　軽金属加工剤　農薬					
性　状	● 水、二硫化炭素に溶けない ● 黄リンの同素体で可燃性があるが、無毒 ● 常圧では400℃で昇華					
危険性	● 酸化性物質と接触すると、加熱、摩擦、衝撃により発火・爆発の危険 ● 燃焼により有毒物質（五酸化リン）を発生 ● 不純物として黄リンを含んでいるものは自然発火の危険					
貯蔵又は取扱い上の注意	● 鋼製ドラム、石油缶に入れ、密封し冷所に保存 ● 引火性・発火性物質との貯蔵不可 ● 酸化剤と混合させない ● 火気厳禁					
火災時の対応	● 注水による冷却消火が有効 ● 消火剤は水、霧状の水、泡、粉末、二酸化炭素、湿った砂が適 ● 消火後の再度の発火に注意し、湿砂、泥等で被覆					

【第2類　可燃性固体】

（硫黄）

硫黄；S

形状	固体（黄色の固体）又は粉末				指定数量	100kg
物性	引火点	発火点	融点	沸点	比重	爆発限界
	−	232℃	115℃	445℃	1.8	下限35mg/L
用途	マッチ　黒色火薬　医薬　農薬					
性状	● 無味無臭で水に溶けず、二硫化炭素に溶ける ● 加熱すると160℃前後で黒色となり、360℃で発火し二酸化硫黄となる					
危険性	● 燃焼により有毒ガス（SO_2）を発生 ● 空気中に飛散すると粉じん爆発することがある					
貯蔵又は取扱い上の注意	● 鋼製ドラム缶、石油缶に入れ、酸化性物質と離して貯蔵 ● 加熱、摩擦、衝撃を避ける ● 火気厳禁 ● 摩擦により帯電するので、静電気の蓄積を防止 ● 塊状のものは麻袋、わら袋で貯蔵してよい ● 粉状のものはクラフト紙や内袋付きの麻袋で貯蔵してよい					
火災時の対応	● 融点が低いため燃焼中に流動することがあるので、水と土砂等を用いた消火が有効 ● 泡、粉末、二酸化炭素、湿った砂も有効 ● 注水は保護具を着用し、飛散に注意					

【第2類　可燃性固体】

（鉄粉）

鉄粉；Fe

形　状	固体（灰白色の金属結晶）				**指定数量**	500kg
物　性	**引火点**	**発火点**	**融点**	**沸点**	**比重**	**爆発限界**
	−	−	1535℃	2750℃	7.9	−
用　途	花火・煙火の原料　ガス溶接					
性　状	• 水に溶けない • 可燃性を持ち、アルカリには溶けない • 酸に溶けて水素を発生					
危険性	• 注水厳禁（加熱した鉄に注水すると、水蒸気爆発） • 粉塵の場合、小さな点火源でも爆発 • 酸化剤と混合させると、加熱や微衝撃で爆発 • 油のしみた切削くずは自然発火することがある					
貯蔵又は取扱い上の注意	• 湿気を避け、屋内で鋼製ドラム缶、石油缶などに密封して貯蔵 • 硝酸、ギ酸と激しく反応し、発火するので混触を避ける • 火気厳禁、禁水					
火災時の対応	• 粉末、乾燥砂、消石灰、食塩などで消火 • 注水厳禁 • 防護服を着用し、飛散に注意					

【第2類　可燃性固体】

(第1種可燃性固体 / 金属粉)

アルミニウム粉(アルミダスト);Al

<table>
<tr><th>形　状</th><td colspan="4">固体(銀白色粉末)</td><th>指定数量</th><td>100kg</td></tr>
<tr><th rowspan="2">物　性</th><th>引火点</th><th>発火点</th><th>融点</th><th>沸点</th><th>比重</th><th>爆発限界</th></tr>
<tr><td>—</td><td>590℃</td><td>660℃</td><td>2450℃</td><td>2.7</td><td>—</td></tr>
<tr><th>用　途</th><td colspan="6">塗料原料　包装紙　閃光用</td></tr>
<tr><th>性　状</th><td colspan="6">• 水に溶けない
• 酸やアルカリ、熱水と反応して、水素を発生
• 延性、展性に富み、軽いため利用範囲も広い</td></tr>
<tr><th>危険性</th><td colspan="6">• 水と接触すると水素を発生し、爆発
• 粉塵の場合、小さな点火源でも爆発
• 酸化剤と混合させると、加熱、衝撃、摩擦で着火
• 空気中の水分やハロゲン元素と接触すると自然発火</td></tr>
<tr><th>貯蔵又は取扱い上の注意</th><td colspan="6">• 屋内で鋼製ドラム缶、ブリキ缶に密封し、湿気を避ける
• 酸化性物質、硝酸、硫酸、ハロゲン等とは混触させない
• 火気厳禁、禁水</td></tr>
<tr><th>火災時の対応</th><td colspan="6">• 乾燥砂、膨張真珠岩などで被覆消火
• 水の使用は厳禁
• 乾燥消石灰、乾燥珪藻土、塩化カリ等も有効
• 防護服着用</td></tr>
</table>

【第2類　可燃性固体】

(第1種可燃性固体 / 金属粉)

亜鉛粉;Zn

形　状	固体(灰青色粉末)				**指定数量**	100kg
物　性	**引火点**	**発火点**	**融点**	**沸点**	**比重**	**爆発限界**
	—	—	419.5℃	907℃	7.1	—
用　途	有機合成(アルキル化合物)の触媒　還元剤					
性　状	• 水に溶けない • 酸やアルカリと反応して、水素を発生し、爆発 • 粉末は極めて酸化されやすい					
危険性	• 微粉末が粉塵爆発する危険があり、丁寧に取り扱う					
貯蔵又は取扱い上の注意	• 鋼製ドラム缶、石油缶に収納し、乾燥した気温の低い所に密封保管 • 火気厳禁 • 酸化性物質と混触を避ける					
火災時の対応	• 乾燥砂、バーミキュライト、粉末、二酸化炭素等で窒息消火 • 消火の際、燃焼中の亜鉛を裸眼で直視しない • 注水厳禁					

【第2類　可燃性固体】

（第1種可燃性固体 / マグネシウム）

マグネシウム；Mg

形　状	固体（銀白色金属結晶）				**指定数量**	100kg
物　性	**引火点**	**発火点**	**融点**	**沸点**	**比重**	**爆発限界**
	—	473℃	649℃	1105℃	1.7	下限界3g/L
用　途	還元剤　アルミニウム合金　化学薬品原料					
性　状	• 水には溶けない • 乾燥空気中では、表面に酸化膜ができ、酸化が遅くなる					
危険性	• 微粉末が粉塵爆発する危険があり、丁寧に取り扱う • 湿気によって発火の危険 • 二酸化窒素、二酸化鉛と接触すると燃焼					
貯蔵又は取扱い上の注意	• 屋内に鋼製ドラム缶、石油缶で貯蔵 • 酸化性物質と混触、摩擦、衝撃を避ける • 火気厳禁、禁水					
火災時の対応	• 乾燥砂、膨張ひる石、膨張真珠岩、黒鉛・炭酸カルシウム粉末で消火 • 水の使用は厳禁 • 消火時に燃焼中のマグネシウム炎を裸眼で直視しない					

【第2類　可燃性固体】

（引火性固体）

固形アルコール；（CH_3OH又はC_2H_5OH）

形　状	固体（乳白色の寒天状）				指定数量	1000kg
物　性	引火点	発火点	融点	沸点	比重	爆発限界
	―	―	―	―	0.79	―
用　途	燃料用					
性　状	• 水に溶ける • 合成樹脂にメタノール、エタノールを浸み込ませ寒天状にした可燃性固体で、アルコール臭あり					
危険性	• 引火性の蒸気を発生し、引火しやすい					
貯蔵又は取扱い上の注意	• 鋼製ドラム缶、石油缶に入れ屋内に貯蔵し、他の物品と混在禁止 • 酸化剤、強酸との混触禁止 • 火気、加熱厳禁 • 空気中に漏洩させないようにし、換気に注意					
火災時の対応	• 適応する消火剤は、粉末、二酸化炭素、耐アルコール泡 • 注水は不可					

【第2類　可燃性固体】

(引火性固体)

S-トリオキサン;$HOCH_2O(CH_2O)_n \cdot CH_2OH$

形　状	固体(白色)				**指定数量**	1000kg
物　性	**引火点**	**発火点**	**融点**	**沸点**	**比重**	**爆発限界**
	35〜70℃	300℃	121〜122℃	—	—	—
用　途	無水ホルムアルデヒド　尿素樹脂の原料　殺虫剤　消毒剤					
性　状	• 水には溶けないが加熱すると水に溶解 • ホルマリン臭のある引火性物質					
危険性	• 火気厳禁で第4類の引火性液体と同等の注意が必要 • 水に溶解するとホルムアルデヒドに分解するので注意					
貯蔵又は取扱い上の注意	• 不安定な物質なので、屋内の暗所に密閉 • 酸化剤や他の物品と混触しない • 毒性があるので蒸気を吸入しない • 火気厳禁					
火災時の対応	• 適応する消火剤は、粉末、二酸化炭素、耐アルコール泡 • 燃焼ガスは有毒であり、防護服を着用					

第3類

（自然発火性物質及び禁水性物質）

第3類の危険物には、カリウム、ナトリウム、アルキルアルミニウム、黄リン、金属のリン化物、カルシウム・アルミニウムの炭化物などがある。

一般に第3類の危険物は、自然発火性と禁水性のいずれかまたは両方を有し、危険物のなかでも危険度が高いものが多い。

1．基本的な性状等

- 多くは固体で、液体のもの(アルキルアルミニウム、アルキルリチウム、トリクロロシラン等)もある。
- 自然発火性のみ(黄リン)、禁水性のみを有するものもあるが、多くは自然発火性・禁水性両方の性質を有し、空気や水との接触で発火したり、可燃性ガスを発生して燃焼したりする。

2．貯蔵又は取扱い上の注意

- 自然発火性物質は、空気との接触を避け、適宜、不活性ガス等を封入するなどして密封し、冷所に貯蔵する(黄リンは水中に保存)。
- 禁水性物質は、水、湿気との接触を避け、適宜、石油等の保護液中に浸漬し、空気中への露出を避けて保存する。
- 貯蔵容器は破損や腐食に耐えられるものを使用する。

3．火災時の対応

- ほとんどが禁水性物質であるため注水厳禁で、消火剤には完全に乾燥した乾燥砂、膨張ひる石、膨張真珠岩、各物質に対応した粉末等を使用する。また、炭酸水素塩類等を用いた粉末消火薬剤等を使用する。
- 黄リン等の自然発火性のみを有するものは、大量の水や強化液、泡等で消火可能である。
- 防護具を着用し、吸入や皮膚付着を避ける。

カリウム（ポタシウム）；K

<table>
<tr><th>形　状</th><td colspan="4">固体（銀白色）</td><th>指定数量</th><td>10kg</td></tr>
<tr><th rowspan="2">物　性</th><th>引火点</th><th>発火点</th><th>融点</th><th>沸点</th><th>比重</th><th>爆発限界</th></tr>
<tr><td>－</td><td>－</td><td>63.2℃</td><td>770℃</td><td>0.86</td><td>－</td></tr>
<tr><th>用　途</th><td colspan="6">高温度計材料　還元剤　原子炉冷却剤　触媒</td></tr>
<tr><th>性　状</th><td colspan="6">• 水と爆発的に反応し、水素を発生し、発火する
• 極めて有毒な金属で、軟らかく反応性に富み、金属材料を腐食する
• 吸湿性、潮解性があり、有機物に対しナトリウムより還元作用が強い
• 融点以上に熱すると紫色の炎を出して燃える
• 水素、ハロゲン、リン、ヒ素、水銀と特に激しく反応</td></tr>
<tr><th>危険性</th><td colspan="6">• 長時間空気に触れると自然発火し、火災を起こす危険性
• 燃焼時に有毒ガス（酸化カリウム、過酸化カリウム）を発生</td></tr>
<tr><th>貯蔵又は取扱い上の注意</th><td colspan="6">• 貯蔵には金属製ドラム缶、ブリキ缶を用いる
• 灯油、軽油等の中に浸し、空気に触れないよう、暗所に密閉保存
• 火気厳禁、禁水</td></tr>
<tr><th>火災時の対応</th><td colspan="6">• 注水厳禁で、泡、ハロゲン、二酸化炭素も不可
• 消火剤は完全に乾燥した乾燥砂、乾燥石灰、バーミキュライト
• 防護具着用</td></tr>
</table>

【第3類　自然発火性物質及び禁水性物質】

ナトリウム(金属ソーダ)；Na

<table>
<tr><th>形　状</th><td colspan="4">固体(銀白色)</td><th>指定数量</th><td>10kg</td></tr>
<tr><th rowspan="2">物　性</th><th>引火点</th><th>発火点</th><th>融点</th><th>沸点</th><th>比重</th><th>爆発限界</th></tr>
<tr><td>115℃</td><td>120～125℃</td><td>97.8℃</td><td>881.4℃</td><td>0.97</td><td>—</td></tr>
<tr><th>用　途</th><td colspan="6">苛性ソーダ原料　有機還元剤　原子炉冷却剤</td></tr>
<tr><th>性　状</th><td colspan="6">• 水と爆発的に反応し、水素を発生し、自然発火する
• 極めて有毒な金属で、軟らかく反応性に富み、金属材料を腐食する
• 融点以上に熱すると黄色の炎を出して燃える
• 水素、ハロゲン、リンと特に激しく反応</td></tr>
<tr><th>危険性</th><td colspan="6">• 長時間空気に触れると自然発火し、火災を起こす危険性
• 燃焼時に有毒ガス(酸化ナトリウム、過酸化ナトリウム)を発生</td></tr>
<tr><th>貯蔵又は取扱い上の注意</th><td colspan="6">• 貯蔵には金属製・プラスチック製ドラム缶、ブリキ缶を用いる
• 保護液(灯油、流動パラフィン、軽油等)の中に小分けして貯蔵
• 火気厳禁、禁水</td></tr>
<tr><th>火災時の対応</th><td colspan="6">• 注水厳禁で、泡消火器、ハロゲン消火器、二酸化炭素も不可
• 消火剤は完全に乾燥した乾燥砂、乾燥石灰、バーミキュライト等
• 防護具着用</td></tr>
</table>

アルキルアルミニウム；R_3Al（Rはアルキル基）

<table>
<tr><th>形　状</th><td colspan="4">無色固体または液体</td><th>指定数量</th><td>10kg</td></tr>
<tr><th rowspan="2">物　性</th><th>引火点</th><th>発火点</th><th>融点</th><th>沸点</th><th>比重</th><th>爆発限界</th></tr>
<tr><td>—</td><td>—</td><td>－74～22℃</td><td>187～214℃</td><td>0.83～1.23</td><td>—</td></tr>
<tr><th>用　途</th><td colspan="6">合成洗剤原料　アルキル化剤　重合触媒</td></tr>
<tr><th>性　状</th><td colspan="6">• 空気に触れると酸化反応を起こし自然発火する
• 水と爆発的に反応し、水素を発生
• アルキル基がアルミニウム原子に1以上結合した物質で、ハロゲンを含む場合もある
• 炭素数が1～4：空気に触れると自然発火のおそれ
• 炭素数が5以上：点火しないと燃焼しない
• 炭素数が6以上：空気中で酸化し、白煙を生じる
• 二酸化炭素、ハロゲン化物と激しく反応</td></tr>
<tr><th>危険性</th><td colspan="6">• 水と激しく反応して発火
• 空気に触れ自然発火した時、可燃性ガスや有毒ガスを生じる</td></tr>
<tr><th>貯蔵又は取扱い上の注意</th><td colspan="6">• 貯蔵には耐圧性を有する鋼製ドラム缶、ステンレス容器を用い、移動タンクにも貯蔵
• 不活性ガス（窒素、アルゴン、ヘリウム）を封入し、空気、水に触れないよう密閉
• 火気厳禁、禁水、空気接触禁止</td></tr>
<tr><th>火災時の対応</th><td colspan="6">• 注水厳禁で、泡消火器、ハロゲン消火器、二酸化炭素も不可
• 消火剤は完全に乾燥した乾燥砂、乾燥石灰、バーミキュライト等
• 防護具着用</td></tr>
</table>

アルキルリチウム；R_3Li（Rはアルキル基）

形状	黄褐色の液体				指定数量	10kg
物性	引火点	発火点	融点	沸点	比重	爆発限界
	—	—	−53℃ （n-ブチルリチウム）	194℃	0.84 （n-ブチルリチウム）	—
用途	重合触媒　グリニヤル試薬　反応試薬					
性状	• 空気に触れると白煙を生じた後、燃焼する • 水と爆発的に反応し、水素を発生 • アルキル基とリチウム原子の結合物質で、少なくとも5種類の化合物が存在 • CH_3Li以外はエーテル、ベンゼン等に溶ける • 二酸化炭素、ハロゲン化物と激しく反応					
危険性	• 空気に触れ自然発火した時、可燃性ガスや有毒ガスを生じる • 湿気、酸素に敏感に反応し、爆発					
貯蔵又は取扱い上の注意	• 貯蔵には耐圧性を有する鋼製ドラム缶、ステンレス容器を用い、移動タンクにも貯蔵 • 不活性ガス（窒素、アルゴン、ヘリウム）を封入し、空気、水に触れないよう密閉 • 火気厳禁、禁水					
火災時の対応	• 注水厳禁で、泡消火器、ハロゲン消火器、二酸化炭素、リン酸塩類も不可 • 消火剤は完全に乾燥した乾燥砂、乾燥石灰、バーミキュライト等 • 防護具着用					

黄リン(白リン)；P_4

<table>
<tr><td>形　状</td><td colspan="4">固体(白色または淡黄色ロウ状)</td><td>指定数量</td><td>20kg</td></tr>
<tr><td rowspan="2">物　性</td><td>引火点</td><td>発火点</td><td>融点</td><td>沸点</td><td>比重</td><td>爆発限界</td></tr>
<tr><td>—</td><td>30～50℃</td><td>44℃</td><td>281℃</td><td>1.82</td><td>—</td></tr>
<tr><td>用　途</td><td colspan="6">マッチ　リン化合物の原料　農薬　殺鼠剤</td></tr>
<tr><td>性　状</td><td colspan="6">• 約50℃で自然発火する
• 水に不溶で、二硫化炭素、ベンゼンに溶ける
• 猛毒で、暗所で青白色の光を放ち、ニラ臭がある
• 蒸気比重4.4で、空気よりも重い</td></tr>
<tr><td>危険性</td><td colspan="6">• 発火点が低く、酸化物に触れると爆発
• 強アルカリ性物質と接すると、有毒可燃性ガス(リン化水素)を生じる
• 空気中で徐々に酸化し発火点に達すると自然発火し、猛毒の五酸化リン、三酸化リンを生じる</td></tr>
<tr><td>貯蔵又は取扱い上の注意</td><td colspan="6">• 空気中で自然発火するので、鋼製ドラム缶、ガラスビン等に密栓して水中に保存
• 塩素、酸素、ハロゲン、硫黄、酸化剤との接触を避ける
• 火気厳禁、空気接触禁止</td></tr>
<tr><td>火災時の対応</td><td colspan="6">• 大量の水(霧状)での消火が最も有効
• 他の消火剤としては湿った砂、泡、粉末、二酸化炭素
• 消火後の再発火に注意
• 黄リンの飛散に注意し、防護具着用</td></tr>
</table>

【第3類　自然発火性物質及び禁水性物質】
（第1種自然発火性物質及び禁水性物質 / アルカリ金属）

リチウム;Li

形　状	固体（銀白色の金属結晶）				指定数量	10kg
物　性	引火点	発火点	融点	沸点	比重	爆発限界
	—	179℃	180.5℃	1347℃	0.53	—
用　途	合金　真空管　触媒　原子炉材料					
性　状	●水に溶ける ●水、酸と活発に反応し、水素を発生 ●有毒で軟らかい、最も軽い金属で、固体金属中比熱が最も大きい ●加熱すると200℃で深赤色の炎で燃焼し、酸化リチウムを生成					
危険性	●固形は融点以上で発火 ●粉末は20℃で発火 ●空気中で容易に酸化され、発熱・発火 ●アルカリと接すると、水素を生じる					
貯蔵又は取扱い上の注意	●貯蔵には金属製ドラム缶、ステンレス容器を用いる ●灯油、軽油等の中に浸し、空気に触れないよう密閉保存 ●火気厳禁、禁水					
火災時の対応	●注水厳禁で、強化液、泡、ハロゲン、二酸化炭素も不可 ●消火剤としては乾燥砂、バーミキュライト、リン酸塩類等以外の粉末 ●消火後の再発火に注意 ●防護具着用					

【第3類　自然発火性物質及び禁水性物質】

(第1種自然発火性物質及び禁水性物質 / 有機金属化合物)

ジエチル亜鉛；$(C_2H_5)_2Zn$

<table>
<tr><td>形　状</td><td colspan="4">液体(無色)</td><td>指定数量</td><td>10kg</td></tr>
<tr><td rowspan="2">物　性</td><td>引火点</td><td>発火点</td><td>融点</td><td>沸点</td><td>比重</td><td>爆発限界</td></tr>
<tr><td>—</td><td>—</td><td>-28℃</td><td>117℃</td><td>1.2</td><td>—</td></tr>
<tr><td>用　途</td><td colspan="6">触媒</td></tr>
<tr><td>性　状</td><td colspan="6">• ジエチルエーテル、ベンゼンに溶ける
• 一定の融点なし
• 水によって容易に分解する有毒物質で、空気中で自然発火する</td></tr>
<tr><td>危険性</td><td colspan="6">• 空気と反応して自然発火する
• 水、アルコール、酸と激しく反応して、可燃性ガス(エタンガス)を発生</td></tr>
<tr><td>貯蔵又は取扱い上の注意</td><td colspan="6">• 容器に完全密封し、空気、湿気に触れさせない
• 火気厳禁、禁水
• 衝撃、摩擦を避ける</td></tr>
<tr><td>火災時の対応</td><td colspan="6">• 注水厳禁で、強化液、泡、ハロゲン化物、炭酸ガスも不可
• 消火剤としては粉末消火剤を用いる</td></tr>
</table>

【第3類　自然発火性物質及び禁水性物質】
(第2種自然発火性物質及び禁水性物質 / アルカリ土類金属)

カルシウム;Ca

<table>
<tr><td>形　状</td><td colspan="4">固体(銀白色)</td><td>指定数量</td><td>10kg</td></tr>
<tr><td rowspan="2">物　性</td><td>引火点</td><td>発火点</td><td>融点</td><td>沸点</td><td>比重</td><td>爆発限界</td></tr>
<tr><td>—</td><td>—</td><td>845℃</td><td>1494℃</td><td>1.6</td><td>—</td></tr>
<tr><td>用　途</td><td colspan="6">合金材料　銅・アルミニウム・鉄の脱酸剤</td></tr>
<tr><td>性　状</td><td colspan="6">• 有毒で軟らかい金属で、水、酸と反応し、水素を発生
• 常温空気中で吸湿し、徐々に水酸化物、炭酸塩に変化
• 空気中で強く熱すると燃焼し、酸化カルシウムを生成</td></tr>
<tr><td>危険性</td><td colspan="6">• 微粒子は空気中で自然発火
• 水に接触すると、常温では徐々に、高温になると激しく反応し、水素を発生</td></tr>
<tr><td>貯蔵又は取扱い上の注意</td><td colspan="6">• 貯蔵には金属製ドラム缶、ステンレス容器を用いる
• 空気に触れないよう密閉して保存
• 火気厳禁、禁水</td></tr>
<tr><td>火災時の対応</td><td colspan="6">• 注水厳禁で、強化液、泡、ハロゲン、炭酸ガスも不可
• 消火剤としては乾燥砂、バーミキュライト、リン酸塩類等以外の粉末
• 消火後の再発火に注意
• 防護具着用</td></tr>
</table>

【第3類　自然発火性物質及び禁水性物質】
（第2種自然発火性物質及び禁水性物質 / 金属の水素化物）

水素化ナトリウム（水素ソーダ）；NaH

形　状	固体（灰白色結晶）				指定数量	50kg
物　性	引火点	発火点	融点	沸点	比重	爆発限界
	—	—	800℃	—	1.4	—
用　途	縮合剤　還元剤　アルキル化剤					
性　状	• 水と反応し、水素を発生 • 還元性が強く、金属酸化物から金属を遊離させる					
危険性	• 無臭有毒で、空気中の湿気で自然発火					
貯蔵又は取扱い上の注意	• 鋼製ドラム缶、ガラスビンに密閉して、屋内貯蔵所に貯蔵 • 火気厳禁、禁水 • 酸化剤との混触を避ける					
火災時の対応	• 注水厳禁で、泡による消火も不可 • 消火剤としては乾燥砂、消石灰、ソーダ石灰を用いる					

【第3類　自然発火性物質及び禁水性物質】
（第2種自然発火性物質及び禁水性物質 / カルシウム又はアルミニウムの炭化物）

炭化カルシウム（カルシウムカーバイド）；CaC_2

<table>
<tr><td>形　状</td><td colspan="4">固体（灰色結晶）</td><td>指定数量</td><td>50kg</td></tr>
<tr><td rowspan="2">物　性</td><td>引火点</td><td>発火点</td><td>融点</td><td>沸点</td><td>比重</td><td>爆発限界</td></tr>
<tr><td>－</td><td>－</td><td>2300℃</td><td>―</td><td>2.2</td><td>2.5～81vol%</td></tr>
<tr><td>用　途</td><td colspan="6">アセチレンガス原料　製鋼の脱硫剤　金属酸化物の還元剤
石灰窒素の原料</td></tr>
<tr><td>性　状</td><td colspan="6">• 水と反応し、アセチレンガスを発生し、水酸化カルシウムとなる
$CaC_2 + 2H_2O \rightarrow Ca(OH)_2 + C_2H_2 + 130.3kJ$
• 有毒で吸湿性があるが、乾燥空気中では安定</td></tr>
<tr><td>危険性</td><td colspan="6">• 水との反応で発生するアセチレンガスは、有毒で爆発限界が広く、容易に爆発する危険
• アセチレンは、銅、銀と爆発性化合物（アセチライド）を生成し、わずかな衝撃で爆発</td></tr>
<tr><td>貯蔵又は取扱い上の注意</td><td colspan="6">• 鋼製ドラム缶、石油缶に密封して、換気のよい屋内貯蔵所に貯蔵
• 火気厳禁、禁水・禁湿</td></tr>
<tr><td>火災時の対応</td><td colspan="6">• 注水厳禁
• 消火剤としては乾燥砂、リン酸塩類等以外の粉末、二酸化炭素を用いる
• アセチレンガス滞留による二次爆発に注意
• 空気呼吸器を準備し、防護具着用</td></tr>
</table>

【第3類　自然発火性物質及び禁水性物質】

（第２種自然発火性物質及び禁水性物質／カルシウム又はアルミニウムの炭化物）

炭化アルミニウム；Al_4C_3

<table>
<tr><td>形　状</td><td colspan="4">固体（純粋なものは無色透明の結晶、不純物が含まれるものは黄色）</td><td>指定数量</td><td>50kg</td></tr>
<tr><td rowspan="2">物　性</td><td>引火点</td><td>発火点</td><td>融点</td><td>沸点</td><td>比重</td><td>爆発限界</td></tr>
<tr><td>－</td><td>－</td><td>2200℃</td><td>－</td><td>2.37</td><td>－</td></tr>
<tr><td>用　途</td><td colspan="6">重金属酸化物の還元剤</td></tr>
<tr><td>性　状</td><td colspan="6">• 水と常温で反応しメタンを発生する
$Al_4C_3 + 12H_2O \rightarrow 3CH_4 + 4Al(OH)_3$
• 1400℃で分解してメタンを発生する</td></tr>
<tr><td>危険性</td><td colspan="6">• 常温でも、水分に触れると発熱し、可燃性、爆発性のあるメタンを発生する</td></tr>
<tr><td>貯蔵又は取扱い上の注意</td><td colspan="6">• 水分や湿気を避ける
• 容器は密栓し、乾燥した場所に保存
• 必要に応じ不燃性ガスを封入する
• 火気を近づけない</td></tr>
<tr><td>火災時の対応</td><td colspan="6">• 注水は厳禁
• 乾燥砂による窒息消火が適している
• 炭酸水素塩系の粉末消火剤も適している
• ハロゲンガスは不適</td></tr>
</table>

【第3類　自然発火性物質及び禁水性物質】

（第2種自然発火性物質及び禁水性物質 / 金属のリン化物）

リン化カルシウム（リン化石灰）；Ca_3P_2

形　状	固体（暗赤色の塊状または粉末）			指定数量	50kg

物　性	引火点	発火点	融点	沸点	比重	爆発限界
	－	100～150℃	1600℃	―	2.51	―

用　途	殺虫剤
性　状	• 水に溶ける • 可燃性の有毒物質で、アルカリには溶けない
危険性	• 水、弱酸との反応で発生するリン化水素（ホスフィン）は、引火性が高く、毒性が強い • 水、弱酸と反応し、可燃性ガス（リン化水素）を発生し、自然発火
貯蔵又は取扱い上の注意	• 鋼製ドラム缶、石油缶に密封して、屋内貯蔵所に貯蔵 • 火気厳禁、禁水、禁湿
火災時の対応	• 注水厳禁で、二酸化炭素、ハロゲン化物も不可 • 消火剤としては乾燥砂、膨張ひる石、粉末等を用いる • リン化水素の引火性に注意 • 防護具着用

【第3類　自然発火性物質及び禁水性物質】

（第3種自然発火性物質及び禁水性物質 / 塩素化ケイ素化合物）

トリクロロシラン（三塩化シラン）;$SiHCl_3$

形　状	液体（無色）				指定数量	300kg
物　性	引火点	発火点	融点	沸点	比重	爆発限界
	－14℃	185℃	－126.5℃	32℃	1.34	1.2～90.5vol%
用　途	半導体製造用ガス　光ファイバー材料　ケイ素誘導体合成原料					
性　状	● 水に溶けて加水分解し、刺激性の強い強酸（塩化水素ガス）と水素を発生 ● 有毒で刺激臭、揮発性があり、蒸気比重が4.70と非常に大きい ● ベンゼン、ジエチルエーテル、二硫化炭素に溶ける					
危険性	● 引火性が低く、蒸気は遠所にまで滞留する ● 発火点が低く、気温が上昇した場合、発火しやすい					
貯蔵又は取扱い上の注意	● ドラム缶等に密封し、通気のよい屋内貯蔵所に貯蔵 ● ボンベに封入する際には30kg以下、タンクに貯蔵する際の容量は10m^{3}程度とし、不活性ガスを封入する ● 火気厳禁、禁水 ● 酸化性物質（特に第1類の危険物）との混触を避ける					
火災時の対応	● 注水厳禁で、泡、強化液等の消火も不可 ● 消火剤としては二酸化炭素、粉末、乾燥砂を用いる ● 空気呼吸器を準備し、防護具着用					

第４類

(引火性液体)

第４類の危険物は、特殊引火物、第１石油類、アルコール類、第２石油類、第３石油類、第４石油類、動植物油類である。

危険物のなかで最も物品数が多く、引火点・発火点等によりいくつかのグループに分けられており、一般に極めて引火しやすい。

1. 基本的な性状等

- 引火性が強く、火気等で引火・爆発の危険があり、静電気の火花等のわずかな火気でも引火する場合がある。
- 水より軽く(例外：二硫化炭素、ニトロベンゼン、クロロベンゼン等)、水に溶けないものが多い。
- 蒸気は空気より重く停滞しやすいため、遠くまで運ばれる。

2. 貯蔵又は取扱い上の注意

- 火気、加熱、衝撃、摩擦等を避け、密栓した容器で冷暗所に貯蔵する。
- 酸化性物質（特に第1類の危険物）と混触しない。
- 低所に滞留する可燃性蒸気は屋外の高所に排出されるようにし、常に通気に気を配る。
- 帯電防止に留意し、静電気が蓄積されないようにする。

3. 火災時の対応

- 粉末、二酸化炭素、泡（アルコール、アセトンなどの水溶性液体には耐アルコール泡）等での窒息消火が有効である。
- 水に溶けず、水より軽いものが多いため、注水消火は火面が拡大し不適。
- 有毒ガスの吸入や皮膚付着を避けるため、防護服、空気呼吸器等を着用。

【第4類　引火性液体】

（特殊引火物）

二硫化炭素（硫化炭素）；CS_2

形　状	液体（無色）				**指定数量**	50L
物　性	**引火点**	**発火点**	**融点**	**沸点**	**比重**	**爆発限界**
	－30℃	90℃	－111℃	46℃	1.3	1.3～50vol％
用　途	セロハン原料　殺虫剤　ゴム加硫促進剤　医薬品原料					
性　状	• 水に溶けないが、エタノール、ジエチルエーテルに溶ける • 有毒で不快臭があり、揮発しやすい。蒸気比重2.6 • 発火点が90℃と極めて低く、点火源がなくても発火の危険					
危険性	• 水蒸気のパイプ、放熱器への接触のみで、発火の危険性 • 燃焼時に有毒ガス（亜硫酸ガス、硫化水素）を発生 • 帯電性があり、静電気の発生に注意					
貯蔵又は取扱い上の注意	• 容器、タンク等に収納し、コンクリートの貯蔵槽に水を張って水没させ、通気のよい冷所に直射日光を避けて貯蔵 • 衝撃を避け、丁寧に取り扱う • 酸化性物質（特に塩素酸塩類）との混触を避ける • 火気厳禁					
火災時の対応	• 大量注水で燃焼表面を被覆し消火 • 強化液、泡、粉末、二酸化炭素も有効 • 消火時に容器の転倒や破損による漏出に注意 • 再燃・延焼防止のため、噴霧注水によって周囲を冷却 • 呼吸用防護具着用					

【第4類　引火性液体】
（特殊引火物）

ジエチルエーテル（エーテル）；$C_2H_5OC_2H_5$

形　状	液体（無色）				**指定数量**	50L
物　性	**引火点**	**発火点**	**融点**	**沸点**	**比重**	**爆発限界**
	−45℃	180℃	−116℃	34.6℃	0.7	1.9〜36(48)vol%
用　途	有機溶剤　麻酔剤　硝化綿溶媒　火薬原料　香料					
性　状	• 水にわずかに溶け、アルコールによく溶ける • 有毒で甘い刺激臭があり、揮発しやすい。蒸気比重は2.6 • 日光に当たると爆発しやすい過酸化物を生じる					
危険性	• 第4類のなかで、引火点が最も低く、引火しやすい • 蒸気には麻酔性があり、燃焼時に有毒ガス（一酸化炭素）を発生					
貯蔵又は取扱い上の注意	• 直射日光を避け、褐色のビンに密封し、通気のよい冷暗所に貯蔵 • 酸化性物質（特に第１類の危険物）との混触を避ける • 火気厳禁 • 衝撃を避け、丁寧に取り扱う • 非電導性であり、静電気の発生を避けるため、丁寧に取り扱う • 空気中に漏洩しない • 沸点が低いので温度管理を行い、温度を上げないようにする					
火災時の対応	• 耐アルコール泡を用いる。粉末、二酸化炭素、ハロゲン化物も有効 • 乾燥砂は不適 • 消火後は可燃性蒸気の発生に注意 • 防護具着用					

【第4類　引火性液体】

（特殊引火物）

アセトアルデヒド（エタナール、エチルアルデヒド）；CH_3CHO

<table>
<tr><th>形　状</th><td colspan="4">液体（無色）</td><th>指定数量</th><td>50L</td></tr>
<tr><th rowspan="2">物　性</th><th>引火点</th><th>発火点</th><th>融点</th><th>沸点</th><th>比重</th><th>爆発限界</th></tr>
<tr><td>－39℃</td><td>175℃</td><td>－123.3℃</td><td>21℃</td><td>0.8</td><td>4.0～60vol％</td></tr>
<tr><th>用　途</th><td colspan="6">有機化合物原料　染料　香料　プラスチック原料</td></tr>
<tr><th>性　状</th><td colspan="6">• 水、アルコール、ジエチルエーテルによく溶ける
• 有毒で果実臭（高濃度は刺激臭）があり、揮発しやすい。蒸気比重1.5
• 油脂等をよく溶かし、酸化すると酢酸になる
• 化学反応性が強く、他の物質により容易に酸化・還元される</td></tr>
<tr><th>危険性</th><td colspan="6">• 引火点が非常に低く揮発性であるため引火しやすい
• 爆発範囲も広いため取扱注意
• 加圧により、爆発性の過酸化物を生成
• ゴム等を使用した備品等を腐食させる
• 熱や光で分解し、メタンと一酸化炭素を生成</td></tr>
<tr><th>貯蔵又は取扱い上の注意</th><td colspan="6">• 直射日光を避け、鋼製ドラム缶、石油缶等に密栓し、容器の腐食に留意して貯蔵
• 酸化性物質、特に第1類の危険物との混触は禁止
• 火気厳禁</td></tr>
<tr><th>火災時の対応</th><td colspan="6">• 耐アルコール泡水、粉末、二酸化炭素、ハロゲン化物が有効
• 噴霧注水で飛散防止
• 水溶性のため、泡消火器は不適
• 防護具着用</td></tr>
</table>

【第4類　引火性液体】

（特殊引火物）

酸化プロピレン（プロピレンオキサイド）；C_3H_6O

<table>
<tr><th>形　状</th><td colspan="4">液体（無色）</td><th>指定数量</th><td>50L</td></tr>
<tr><th rowspan="2">物　性</th><th>引火点</th><th>発火点</th><th>融点</th><th>沸点</th><th>比重</th><th>爆発限界</th></tr>
<tr><td>－37℃</td><td>449℃</td><td>－104.8℃</td><td>35℃</td><td>0.8</td><td>2.3～36vol％</td></tr>
<tr><th>用　途</th><td colspan="6">界面活性剤　合成樹脂原料　医薬品原料　殺菌剤</td></tr>
<tr><th>性　状</th><td colspan="6">• 水、エタノール、ジエチルエーテルなどによく溶ける
• 有毒でエーテル臭のある揮発性液体で、蒸気比重は2.0</td></tr>
<tr><th>危険性</th><td colspan="6">• 引火点が非常に低く揮発性であるため引火しやすい
• 爆発範囲も広いため取扱注意
• 燃焼分解し、有毒ガス（一酸化炭素）を発生</td></tr>
<tr><th>貯蔵又は取扱い上の注意</th><td colspan="6">• 直射日光を避け、鋼製ドラム缶、石油缶等に不活性ガスを封入して密栓し、冷所に貯蔵
• 酸、アルカリ、鉄、スズ、アルカリ金属の水酸化物との混触で重合、発熱の危険
• 火気、空気厳禁
• 取扱い設備は、銅、銀、マグネシウム、水銀等を成分とする合金で作らないこと</td></tr>
<tr><th>火災時の対応</th><td colspan="6">• 大量の耐アルコール泡で消火
• 粉末、二酸化炭素、ハロゲン化物も有効
• 消火中の可燃性蒸気吸入に注意
• 防護具着用</td></tr>
</table>

【第4類　引火性液体】

（第1石油類 / 非水溶性液体）

ガソリン（揮発油）

形　状	液体（無色）				指定数量	200L
物　性	引火点	発火点	融点	沸点	比重	爆発限界
	－40℃以下	約300℃	－90℃	40～220℃	0.65～0.75	1.4～7.6vol％
用　途	各種燃料　溶剤　殺菌剤					
性　状	・水に溶けない ・有毒で揮発しやすい ・いくつかの液状炭化水素の混合物で、オレンジ色に着色してある ・炭化水素の混合割合が異なるものがあり、物理的特性も異なる					
危険性	・揮発性、引火点の低さ、蒸気比重が3～4と大きいことから、引火しやすく取扱注意 ・流動等で帯電し、爆発の危険性 ・燃焼分解し、有毒ガス（一酸化炭素）を発生					
貯蔵又は取扱い上の注意	・鋼製ドラム缶、石油缶等に入れ、通気のよい所に密閉して貯蔵し、容器の上部に2.5％の空間を設ける ・蒸気は広範囲に流れ、風下の点火源からも引火するため、漏洩に注意 ・塩素酸ナトリウム、過酸化水素などの酸化性物質との混触禁止 ・火気厳禁 ・水に不溶で、水より軽いので、流出事故に気をつける					
火災時の対応	・大量の泡が最適で、粉末、二酸化炭素、ハロゲン化物、砂も有効 ・注水消火は火面が拡大し不適で、水は延焼防止、冷却用に使用 ・流出時には、乾燥砂に吸収させ、下水道等に流さない ・防護具着用					

【第4類　引火性液体】

（第1石油類 / 非水溶性液体）

ベンゼン(ベンゾール)；C_6H_6

形　状	液体(無色)				**指定数量**	200L
物　性	**引火点**	**発火点**	**融点**	**沸点**	**比重**	**爆発限界**
	−11.1℃	498℃	5.5℃	80℃	0.9	1.2〜7.8vol％
用　途	医薬品・農薬原料　染料　合成樹脂の原料					
性　状	• 水に溶けないが、アルコール、ジエチルエーテル等の有機溶剤によく溶ける • 有毒で独特の芳香臭があり、揮発しやすく、蒸気比重は2.8					
危険性	• 揮発性、引火点の低さ、蒸気比重からみて、引火しやすく取扱注意 • 燃焼分解し、有毒ガス(一酸化炭素)を発生 • 流動等で帯電し、爆発の危険性					
貯蔵又は取扱い上の注意	• 鋼製ドラム缶、石油缶等に入れ、通気のよい所に密閉して貯蔵 • 蒸気は広範囲に流れ、風下の点火源からも引火するため、漏洩に注意 • 塩素酸ナトリウムなどの酸化性物質との混触禁止 • 火気厳禁 • 作業者は蒸気を吸入しないよう呼吸用保護具を着用					
火災時の対応	• 大量の泡が最適で、粉末、二酸化炭素、ハロゲン化物、砂も有効 • 注水消火は火面が拡大し不適で、水は延焼防止、冷却用に使用 • 容器の残存蒸気に注意 • 防護具、ゴム手袋着用					

【第4類　引火性液体】

（第1石油類 / 非水溶性液体）

トルエン（トルオール）;$C_6H_5CH_3$

形　状	液体(無色)				**指定数量**	200L
物　性	**引火点**	**発火点**	**融点**	**沸点**	**比重**	**爆発限界**
	4℃	480℃	−95℃	111℃	0.9	1.1〜7.1vol%
用　途	塗料　医薬品・火薬・香料・染料の原料					
性　状	• 水に溶けないが、アルコール、ジエチルエーテル等の有機溶剤によく溶ける • 芳香臭があり、揮発しやすく、蒸気比重は3.1。ベンゼンより毒性が少ない					
危険性	• 揮発性、引火点の低さ、蒸気比重からみて、引火しやすく取扱注意 • 流動等で帯電し、爆発の危険性 • 燃焼分解し、有毒ガス(一酸化炭素)を発生					
貯蔵又は取扱い上の注意	• 鋼製ドラム缶、石油缶等に入れ、通気のよい冷所に密閉貯蔵 • 蒸気は広範囲に流れ、風下の点火源からも引火するため、漏洩に注意 • 第1類の危険物、硝酸、硫酸、四塩化炭素などとの混触禁止 • 火気厳禁 • 作業者は蒸気を吸入しないよう通風、換気に留意 • 取り扱う部屋の床はトルエンが滞留しないように傾斜をつけ、貯留設備を設置					
火災時の対応	• 粉末が最適で、二酸化炭素、泡、ハロゲン化物による窒息消化が有効 • 注水消火は火面が拡大し不適で、水は延焼防止、冷却用に使用 • 容器の残存蒸気に注意 • 防護具、ゴム手袋着用					

【第4類　引火性液体】

（第1石油類 / 非水溶性液体）

n-ヘキサン；C_6H_{14}

形　状	液体(無色)				**指定数量**	200L
物　性	**引火点**	**発火点**	**融点**	**沸点**	**比重**	**爆発限界**
	−22℃	225℃	−95℃	69℃	0.7	1.1〜7.5vol%
用　途	機械洗浄剤　溶剤					
性　状	• 水に溶けない • 650〜700℃で熱分解し、水素、メタン、エチレンを生じ、蒸気比重3.0 • ノルマルヘキサン、イソヘキサン等の異性体がある					
危険性	• 引火しやすく火気厳禁 • 蒸気は広範囲に流れ、風下の遠所の点火源からも引火					
貯蔵又は取扱い上の注意	• 鋼製ドラム缶、石油缶等に入れ、通気のよい所に貯蔵 • 容器は必ず密栓し、漏洩に注意 • 酸化性物質との混触禁止 • 火気厳禁					
火災時の対応	• 泡、粉末、二酸化炭素、ハロゲン化物、砂等が消火剤 • 注水消火は火面が拡大し不適 • 防護具着用					

【第4類　引火性液体】

（第1石油類／非水溶性液体）

酢酸エチル（酢エチ、エチルアセテート）；$CH_3COOC_2H_5$

形　状	液体（無色）				指定数量	200L
物　性	引火点	発火点	融点	沸点	比重	爆発限界
	－4℃	426℃	－83.6℃	77℃	0.90	2.0～11.5vol%
用　途	香料原料　有機溶剤　接着剤の溶剤　塗料の溶剤					
性　状	• 水に少し溶け、ほとんどの有機溶剤に溶ける • 有毒で果実芳香臭があり、蒸気比重は3.0					
危険性	• 揮発性、引火点の低さ、蒸気比重からみて、引火しやすく取扱注意 • 燃焼分解し、有毒ガス（一酸化炭素）を発生 • 流動等で帯電し、爆発の危険性					
貯蔵又は取扱い上の注意	• 鋼製ドラム缶等に入れ、通気のよい所に直射日光を避けて貯蔵 • 酸化性物質との混触禁止 • 火気厳禁					
火災時の対応	• 粉末、二酸化炭素、耐アルコール泡が有効 • 注水消火は火面が拡大するため、延焼防止、冷却用に使用 • 防護具着用					

【第4類　引火性液体】
（第1石油類 / 非水溶性液体）

エチルメチルケトン（MEK）；$CH_3COC_2H_5$

形　状	液体（無色）				**指定数量**	200L
物　性	**引火点**	**発火点**	**融点**	**沸点**	**比重**	**爆発限界**
	−9℃	404℃	−86℃	80℃	0.8	1.4～11.4vol%
用　途	脱ろう溶剤　ラッカー溶剤　塗料の溶剤　印刷インク					
性　状	●水にわずかに溶け、アルコール、ジエチルエーテル等によく溶ける ●有毒でアセトン臭があり、蒸気比重2.5					
危険性	●引火点の低さ、蒸気比重からみて、引火性が強い ●燃焼分解し、有毒ガス（一酸化炭素）を発生 ●流動等で帯電し、爆発の危険性					
貯蔵又は取扱い上の注意	●鋼製ドラム缶、ステンレスドラム缶等に入れ、容器を密栓し、通気のよい冷所に直射日光を避けて貯蔵 ●酸化性物質との混触禁止 ●火気厳禁					
火災時の対応	●粉末、二酸化炭素、耐アルコール泡、ハロゲン化物が有効 ●小規模の場合は噴霧注水も可 ●防護具着用					

【第4類　引火性液体】

（第1石油類 / 非水溶性液体）

トリエチルアミン;$C_6H_{15}N$

<table>
<tr><th>形　状</th><td colspan="4">液体(無色)</td><th>指定数量</th><td>400L</td></tr>
<tr><th rowspan="2">物　性</th><th>引火点</th><th>発火点</th><th>融点</th><th>沸点</th><th>比重</th><th>爆発限界</th></tr>
<tr><td>－16℃</td><td>230℃</td><td>－115℃</td><td>89～90℃</td><td>0.7</td><td>1.2～8.0vol%</td></tr>
<tr><th>用　途</th><td colspan="6">医薬品　塗料　界面活性剤　除草剤</td></tr>
<tr><th>性　状</th><td colspan="6">• アセトン、ベンゼン、クロロホルムによく溶ける
• 有毒で揮発しやすくアンモニア臭があり、蒸気比重3.48</td></tr>
<tr><th>危険性</th><td colspan="6">• 引火点の低さ、蒸気比重からみて、引火しやすく取扱注意
• 燃焼分解し、有毒ガス(アンモニア)を発生
• 流動等で帯電し、爆発の危険性</td></tr>
<tr><th>貯蔵又は取扱い上の注意</th><td colspan="6">• 鋼製ドラム缶、ステンレスドラム缶等に入れ、通気のよい所に貯蔵
• 加熱を避け、酸化性物質との混触禁止
• 火気厳禁
• 漏洩注意</td></tr>
<tr><th>火災時の対応</th><td colspan="6">• 耐アルコール泡、粉末、二酸化炭素、砂が有効
• 注水は延焼防止、冷却用に使用
• 防護具着用</td></tr>
</table>

【第4類　引火性液体】
（第1石油類 / 非水溶性液体）

アクロレイン（アクリルアルデヒド）；CH_2CHCHO

形　状	液体（黄色～無色）				指定数量	400L
物　性	引火点	発火点	融点	沸点	比重	爆発限界
	－26℃	234℃	－88℃	53℃	0.84	2.8～31vol％
用　途	医薬品原料　香料　殺菌剤					
性　状	● 猛毒でアルコール、エーテルに溶け、蒸気比重1.93					
危険性	● 引火点の低さ、蒸気比重からみて、引火しやすく取扱注意 ● 常温で酸素に触れると爆発物を生成し、危険 ● 燃焼分解し、有毒ガス（一酸化炭素）を発生 ● 流動等で帯電し、爆発の危険性					
貯蔵又は取扱い上の注意	● 鋼製ドラム缶、ステンレスドラム缶等に入れ、通気のよい所に密栓貯蔵 ● 酸化性物質（特に第1類、第6類の危険物）、苛性ソーダ、アンモニア等との混触禁止 ● 火気厳禁					
火災時の対応	● 耐アルコール泡、粉末、二酸化炭素、砂が有効。ハロゲン化物は不適 ● 注水は延焼防止、冷却用に使用 ● 防護具着用					

【第4類　引火性液体】

（第1石油類 / 非水溶性液体）

アクリロニトリル（シアン化ビニル）；CH_2CHCN

形　状	液体（無色）				指定数量	400L
物　性	引火点	発火点	融点	沸点	比重	爆発限界
	－1℃	481℃	－84℃	77℃	0.8	3.0～17vol％
用　途	アクリル系合成樹脂原料　合成ゴム・ABS樹脂原料　グルタミン酸合成					
性　状	• ほとんどの有機溶媒と混和する • 猛毒で甘い臭気のある不安定な物質で、蒸気比重1.83					
危険性	• 蒸気比重、可燃性等から、引火しやすく取扱注意 • 水溶性であるが、水溶液の状態でも引火の危険あり • 燃焼分解し、有毒ガス（一酸化炭素）を発生 • 流動等で帯電し、爆発の危険性					
貯蔵又は取扱い上の注意	• 鋼製ドラム缶、ステンレスドラム缶等に密封し、通気のよい所に貯蔵 • 酸化性物質との混触禁止 • 火気厳禁					
火災時の対応	• 耐アルコール泡、粉末、二酸化炭素、ハロゲン化物、砂が有効 • 注水は延焼防止、冷却用に使用 • 防護具着用					

【第4類　引火性液体】
（第1石油類 / 水溶性液体）

アセトン（ジメチルケトン、プロパノン）；CH_3COCH_3

形　状	液体（無色）				**指定数量**	400L
物　性	**引火点**	**発火点**	**融点**	**沸点**	**比重**	**爆発限界**
	－20℃	465℃	－95℃	56℃	0.8	2.5～12.8vol％
用　途	無水酢酸原料　アセチレンガス溶剤　有機溶剤　洗浄剤					
性　状	• 水によく溶ける。アルコール、ジエチルエーテル等にもよく溶け、アセチレンガス、油脂や合成樹脂もよく溶かす • 有毒でエーテル臭のある揮発性物質で、蒸気比重2.0					
危険性	• 引火点が低く、水溶液にしても引火・爆発しやすい • 日光、空気に触れると過酸化性の爆発物を生成し、危険 • 燃焼分解し、有毒ガス（一酸化炭素）を発生 • 流動等で帯電し、爆発の危険性					
貯蔵又は取扱い上の注意	• 鋼製ドラム缶、ステンレスドラム缶等に密封し、直射日光を避け、通気のよい冷所に貯蔵 • 酸化性物質（特に第1類、第6類の危険物）との混触禁止 • 火気厳禁 • 蒸気には麻酔性があり、漏洩注意					
火災時の対応	• 耐アルコール泡、二酸化炭素、粉末、ハロゲン化物が有効 • 注水は延焼防止、冷却用に使用 • 有毒ガスを避けるために風上から消火 • 防護具着用					

【第4類　引火性液体】

（第1石油類 / 水溶性液体）

ピリジン;C_5H_5N

形　状	液体(無色)				**指定数量**	400L
物　性	**引火点**	**発火点**	**融点**	**沸点**	**比重**	**爆発限界**
	20℃	482℃	−42℃	115.5℃	0.98	1.8～12.4vol%
用　途	界面活性剤　有機合成・医薬品原料					
性　状	• 水、アルコール、ジエチルエーテル、アセトン等と混合する • 多くの有機物をよく溶かす • 有毒で弱アルカリ性を示す不快臭のある物質で、蒸気比重2.7 • 無水クロム酸等と激しく反応					
危険性	• 水溶液にしても引火・爆発しやすい • 流動等で帯電し、爆発の危険性 • 燃焼分解し、有毒ガス(一酸化炭素)を発生					
貯蔵又は取扱い上の注意	• 鋼製ドラム缶、ステンレスドラム缶等に入れ、通気のよい所に貯蔵 • 酸化性物質との混触禁止 • 火気厳禁					
火災時の対応	• 耐アルコール泡、二酸化炭素、ハロゲン化物が有効 • 注水は延焼防止、冷却用に使用 • 防護具着用					

【第4類　引火性液体】

(第1石油類 / 水溶性液体)

エチレンイミン(アジリジン);C_2H_5N

形　状	液体(無色)				指定数量	400L
物　性	引火点	発火点	融点	沸点	比重	爆発限界
	－11℃	322℃	－74℃	56～57℃	0.8	3.3～55vol%
用　途	医薬品・農薬原料　紙質改良剤　エポキシ樹脂硬化剤					
性　状	• 水と混和する • 猛毒でアンモニア臭があり、蒸気比重1.4 • 銀と激しく反応して爆発性化合物を生成し、塩化鉄等とも激しく反応					
危険性	• 水溶液にしても引火・爆発しやすい • 流動等で帯電し、爆発の危険性 • 燃焼分解し、有毒ガス(一酸化炭素)を発生					
貯蔵又は取扱い上の注意	• 漏洩しないようボンベやコンテナに密封して貯蔵 • 極めて有毒であり、貯蔵所内での単独作業を避ける • 酸化性物質との混触禁止 • 火気厳禁					
火災時の対応	• 耐アルコール泡、粉末、ハロゲン化物が有効 • 注水は延焼防止、冷却用に使用 • 防護具着用					

【第4類　引火性液体】

（第1石油類 / 水溶性液体）

アセトニトリル（シアノメタン）；C_2H_3N

<table>
<tr><th>形　状</th><td colspan="4">液体（無色）</td><th>指定数量</th><td>400L</td></tr>
<tr><th rowspan="2">物　性</th><th>引火点</th><th>発火点</th><th>融点</th><th>沸点</th><th>比重</th><th>爆発限界</th></tr>
<tr><td>12.8℃</td><td>524℃</td><td>－46℃</td><td>82℃</td><td>0.8</td><td>3.0～16vol％</td></tr>
<tr><th>用　途</th><td colspan="6">ビタミンB_1・サルファ剤原料　合成繊維原料　アルコール変性剤</td></tr>
<tr><th>性　状</th><td colspan="6">• 水に溶ける
• 猛毒でエーテル臭があり、蒸気比重1.42
• 加水分解して酢酸とアンモニアになる</td></tr>
<tr><th>危険性</th><td colspan="6">• 水溶液にしても引火・爆発しやすい
• 流動等で帯電し、爆発の危険性
• 燃焼分解し、有毒ガス（シアン化水素）を発生</td></tr>
<tr><th>貯蔵又は取扱い上の注意</th><td colspan="6">• 鋼製ドラム缶、ステンレスドラム缶等に密封貯蔵し、通気に留意
• 酸化性物質との混触禁止
• 火気厳禁</td></tr>
<tr><th>火災時の対応</th><td colspan="6">• 耐アルコール泡、粉末、二酸化炭素が有効
• 注水は延焼防止、冷却用に使用
• 防護具着用</td></tr>
</table>

【第4類　引火性液体】
（アルコール類）

メタノール（メチルアルコール、木精）；CH_3OH

<table>
<tr><td>形　状</td><td colspan="4">液体（無色）</td><td>指定数量</td><td>400L</td></tr>
<tr><td rowspan="2">物　性</td><td>引火点</td><td>発火点</td><td>融点</td><td>沸点</td><td>比重</td><td>爆発限界</td></tr>
<tr><td>11℃</td><td>464℃</td><td>－98℃</td><td>64℃</td><td>0.8</td><td>6.0～36vol％</td></tr>
<tr><td>用　途</td><td colspan="6">塗料溶剤　ホルムアルデヒド原料　染料　自動車の燃料</td></tr>
<tr><td>性　状</td><td colspan="6">• 水、エタノール、ジエチルエーテル、その他の有機溶剤とよく混合する
• 多くの有機物をよく溶かす
• 有毒で特有のアルコール臭があり、蒸気比重が1.1と軽い</td></tr>
<tr><td>危険性</td><td colspan="6">• 水溶液にしても引火・爆発の危険性
• 蒸気は広範囲に流れ、風下の遠くの点火源からも引火
• 加熱により発火の危険性あり
• 流動等で帯電し、爆発の危険性
• 燃焼しても炎の色が淡く認識しにくい
• 無水クロム酸と接触すると発火することがある</td></tr>
<tr><td>貯蔵又は取扱い上の注意</td><td colspan="6">• 鋼製ドラム缶、ステンレスドラム缶等に密封貯蔵し、冷暗所に貯蔵
• 室内の換気に留意
• 酸化性物質との混触禁止
• 火気厳禁</td></tr>
<tr><td>火災時の対応</td><td colspan="6">• 消火剤としては耐アルコール泡、粉末、二酸化炭素、ハロゲン化物
• 注水は延焼防止、冷却用に使用
• アルコールの火炎は色が薄く、見えにくいので注意
• 防護具着用</td></tr>
</table>

【第４類　引火性液体】
（アルコール類）

エタノール（エチルアルコール、酒精）；C_2H_5OH

形　状	液体（無色）				**指定数量**	400L
物　性	**引火点**	**発火点**	**融点**	**沸点**	**比重**	**爆発限界**
	13℃	363℃	－114℃	78℃	0.8	3.3～19vol％
用　途	飲料用酒精　有機溶剤　消毒剤　油脂抽出剤　エステル原料					
性　状	• 水によく混合する • 多くの有機溶剤によく溶け、油脂もよく溶かす • 特有のアルコール臭があり、焼けるような味がする。蒸気比重1.6 • 毒性はないが、麻酔性がある					
危険性	• 水溶液にしても引火・爆発の危険性 • 蒸気は広範囲に流れ、風下の点火源からも引火 • 過酸化物、過塩素酸、硝酸銀等と激しく反応し、発火・爆発の危険 • 流動等で帯電し、爆発の危険性					
貯蔵又は取扱い上の注意	• 鋼製ドラム缶、ステンレスドラム缶等に密封貯蔵し、室内の換気に留意 • 酸化性物質との混触禁止 • 取り扱う室内の床は傾斜をつけ、下流に貯留設備を設置 • 火気厳禁、漏洩禁止					
火災時の対応	• 消火剤としては耐アルコール泡、粉末、二酸化炭素が適応 • 注水は延焼防止、冷却用に使用 • アルコールの火炎は色が薄く、見えにくいので注意 • 防護具着用					

【第４類　引火性液体】

（アルコール類）

n-プロピルアルコール（1-プロパノール）；C_3H_7OH

形　状	液体(無色)				**指定数量**	400L
物　性	**引火点**	**発火点**	**融点**	**沸点**	**比重**	**爆発限界**
	23℃	412℃	− 126℃	97.2℃	0.8	2.1〜13.7vol％
用　途	有機溶剤					
性　状	• 水、ジエチルエーテル、エタノールによく溶ける • アルコール臭があり蒸気比重2.1。異性体にイソプロピルアルコール					
危険性	• 水溶液にしても引火性あり • 蒸気は広範囲に流れ、風下の点火源からも引火 • 流動等で帯電し、爆発の危険性					
貯蔵又は取扱い上の注意	• 鋼製ドラム缶、ステンレスドラム缶等に密封貯蔵し、室内の換気に留意 • 酸化性物質との混触禁止 • 火気厳禁、漏洩禁止					
火災時の対応	• 消火剤としては耐アルコール泡、粉末、二酸化炭素が適応 • 注水は延焼防止、冷却用に使用 • アルコールの火炎は色が薄く、見えにくいので注意 • 防護具着用					

【第4類　引火性液体】
（第2石油類／非水溶性液体）

軽油（ディーゼル油）

形　状	液体（淡黄色または淡褐色）				指定数量	1000L
物　性	引火点	発火点	融点	沸点	比重	爆発限界
	45℃以上	220℃	－54℃	170～370℃	0.85程度	1.0～6.0vol％
用　途	燃料					
性　状	・水に溶けない ・石油臭がある有毒な化合物で、蒸気比重4.5 ・灯油と重油の両方の性質を有する					
危険性	・蒸気は広範囲に流れ、風下の点火源からも引火 ・燃焼により有毒ガス（一酸化炭素）を発生 ・霧状の場合や布等の繊維にしみ込んだ場合、容易に引火する ・流動等で帯電し、爆発の危険性					
貯蔵又は取扱い上の注意	・鋼製ドラム缶、石油缶、各種タンク（屋外、屋内、地下）に貯蔵 ・酸化性物質との混触禁止 ・火気厳禁 ・屋外で空地のない取扱所では、壁、床、柱を耐火構造とする					
火災時の対応	・消火剤としては泡、粉末、二酸化炭素、ハロゲン化物が適応 ・注水は延焼防止、冷却用に使用 ・防護具着用					

【第4類　引火性液体】

(第2石油類 / 非水溶性液体)

灯油(ケロシン、石油)

形　状	液体(無色または淡黄色)				**指定数量**	1000L
物　性	**引火点**	**発火点**	**融点**	**沸点**	**比重**	**爆発限界**
	40℃以上	220℃	－20℃	150～325℃	0.8程度	1.1～6.0vol%
用　途	燃料　殺虫剤の溶剤　機械洗浄剤					
性　状	• 水に溶けない • 石油臭がある安定な化合物で、蒸気比重4.5と重い • 有毒で蛍光性があり、油脂等を溶かす • 家庭用の白灯油の引火点は45～55℃					
危険性	• 引火点以下の液温でも引火の可能性 • 燃焼により有毒ガス(一酸化炭素)を発生 • 霧状の場合や布等の繊維にしみ込んだ場合、容易に引火する • 流動等で帯電し、爆発の危険性					
貯蔵又は取扱い上の注意	• 鋼製ドラム缶、石油缶、各種タンク(屋外、屋内、地下)に貯蔵 • 酸化性物質(特に塩素酸塩類)との混触禁止 • 火気厳禁 • 空気中への漏洩注意					
火災時の対応	• 消火剤としては泡、粉末、二酸化炭素、ハロゲン化物が適応 • 注水は延焼防止、冷却用に使用 • 鎮火後も液温が高いときには、可燃性ガスにより再引火する危険あり • 防護具着用					

【第4類　引火性液体】

(第2石油類 / 非水溶性液体)

キシレン(キシロール、ジメチルベンゼン);$C_6H_4(CH_3)_2$

形　状	液体(無色)				**指定数量**	1000L
物　性	**引火点**	**発火点**	**融点**	**沸点**	**比重**	**爆発限界**
	27～33℃	463～528℃	−47.7～13.2℃	138～144℃	0.86～0.88	1.0～7.0vol%
用　途	染料溶剤　有機溶剤　医薬品・香料原料					
性　状	• 水に溶けない • 有毒で芳香性のある安定な化合物で、蒸気比重3.66 • オルト、メタ、パラの3種類の異性体があり、一般的にはこれらの混合物					
危険性	• 燃焼により有毒ガス(一酸化炭素)を発生 • 塩素酸ナトリウム、硝酸アンモニウム等と激しく反応 • 流動等で帯電し、爆発の危険性 • 霧状や繊維製品にしみ込んだ状態では危険性が増す					
貯蔵又は取扱い上の注意	• 鋼製ドラム缶、石油缶、各種タンク(屋外、屋内、地下)に密栓して貯蔵 • 加熱や酸化性物質(特に塩素酸塩類)との混触を避ける • 火気厳禁 • 貯蔵庫内に入るときは、発生蒸気に注意する • 空気中への漏洩に留意し、引火しないよう換気に留意する					
火災時の対応	• 消火剤としては泡、粉末、二酸化炭素が適応 • 注水は延焼防止、冷却用に使用 • 防護具着用					

【第4類　引火性液体

（第2石油類 / 非水溶性液体）

クロロベンゼン（塩化フェニル、クロロベンゾール）；C_6H_5Cl

形　状	液体（無色透明）				**指定数量**	1000L
物　性	**引火点**	**発火点**	**融点**	**沸点**	**比重**	**爆発限界**
	28℃	593～649℃	－44.9℃	132℃	1.1	1.3～9.6vol％
用　途	溶剤　有機合成・医薬品・香料原料					
性　状	●水に溶けない ●有毒でアルコール、エーテルに溶け、油脂や有機物を溶かす ●少し麻酔性がある ●石油臭のある化合物で、水より重く、蒸気比重も3.9と重い					
危険性	●蒸気は広範囲に流れ、風下の遠くの点火源からでも引火 ●燃焼により有毒ガス（一酸化炭素、塩化水素）を発生 ●流動等で帯電し、爆発の危険性 ●霧状や繊維製品にしみ込んだ状態では危険性が増す					
貯蔵又は取扱い上の注意	●鋼製ドラム缶、ステンレスドラム缶、石油缶に密栓して貯蔵 ●加熱や酸化性物質（特に塩素酸塩類）との混触を避ける ●火気厳禁 ●空気中への漏洩、蒸気の低所滞留に注意					
火災時の対応	●消火剤としては泡、粉末、二酸化炭素、強化液が適応 ●注水は延焼防止、冷却用に使用 ●溶解力が強く、消火具を溶かす場合あり ●防護具着用					

【第4類　引火性液体】

(第2石油類 / 非水溶性液体)

テレピン油；(主成分) $C_{10}H_{16}$

形　状	液体(無色)				指定数量	1000L
物　性	引火点	発火点	融点	沸点	比重	爆発限界
	30～46℃	220℃	－60～－50℃	154～170℃	0.854～0.868	0.8
用　途	溶剤　医薬品原料　塗料原料					
性　状	• 水に溶けない • 有毒でアルコール、エーテルに溶ける • 爽やかなにおいのある化合物で、蒸気比重4.7 • 流動等で帯電し、爆発の危険性がある					
危険性	• 蒸気は広範囲に流れ、風下の点火源からでも引火 • 燃焼により有毒ガス(一酸化炭素)を発生					
貯蔵又は取扱い上の注意	• 鋼製ドラム缶、石油缶、各種タンクに密栓して貯蔵 • 酸化性物質(特に塩素酸塩類)との混触禁止 • 加熱厳禁 • 空気中への漏洩、蒸気の低所滞留に注意 • 火気、衝撃、摩擦厳禁					
火災時の対応	• 消火剤としては泡、粉末、二酸化炭素、ハロゲン化物 • 注水は延焼防止、冷却用に使用 • 鎮火後の有毒ガス長時間放出に注意 • 防護具着用					

【第4類　引火性液体】
（第2石油類 / 非水溶性液体）

スチレン（スチロール）；C_8H_8

形　状	液体（無色～黄色）				指定数量	1000L
物　性	引火点	発火点	融点	沸点	比重	爆発限界
	31℃	490℃	－30.6℃	145℃	0.906	0.9～6.8vol％
用　途	ポリスチレン樹脂・ABS樹脂・ポリエステル樹脂・イオン交換樹脂原料 合成ゴム原料					
性　状	• 水に溶けない • 有毒で有機溶剤に溶ける • 芳香性のある化合物で、蒸気比重が3.6と大きい • 加熱、光、過酸化物により容易に重合し、固化する					
危険性	• 蒸気は広範囲に流れ、風下の点火源からでも引火 • 燃焼により有毒ガス（一酸化炭素）を発生 • 流動等で帯電し、爆発の危険性					
貯蔵又は取扱い上の注意	• 鋼製ドラム缶、石油缶、各種タンクに密封貯蔵 • 酸化性物質との混触禁止 • 空気中への漏洩、蒸気の低所滞留に注意 • 火気、衝撃、摩擦厳禁					
火災時の対応	• 消火剤としては泡、粉末、二酸化炭素、ハロゲン化物、霧状の水 • 注水は延焼防止、冷却用に使用 • 燃焼時に生成する有機過酸化物は爆発性を有し、注意 • 防護具着用					

【第4類　引火性液体】
（第2石油類 / 水溶性液体）

アクリル酸;$CH_2=CHCOOH$

形　状	液体（無色透明）				指定数量	2000L
物　性	引火点	発火点	融点	沸点	比重	爆発限界
	51℃	438℃	14℃	141℃	1.06	2.4～8vol％
用　途	ポリマー原料　各種エステル原料　ハイテク繊維原料					
性　状	• 水に溶ける • ベンゼン、アルコール、クロロホルム、エーテル、アセトンに溶け、容易に重合する • 酢酸に似た刺激臭を持ち、強い腐食性がある化合物で、蒸気比重は2.45					
危険性	• 蒸気は空気と混ざり、可燃性ガスとなり、容易に引火 • 燃焼により有毒な刺激性ガスを発生 • 流動等で帯電し、爆発の危険性					
貯蔵又は取扱い上の注意	• 鋼製ドラム缶、石油缶、各種タンクに密封貯蔵 • 酸化性物質との混触禁止 • 空気中への漏洩、静電気の発生に注意 • 容易に重合するため、異物、空気との接触を避ける • 火気、衝撃、摩擦厳禁					
火災時の対応	• 消火剤としては粉末、二酸化炭素、耐アルコール泡が適当 • 注水は延焼防止、冷却用に使用 • 燃焼時の有毒刺激性ガスに注意 • 防護具着用					

【第4類　引火性液体】

（第2石油類 / 水溶性液体）

酢酸（氷酢酸、エタン酸）；CH_3COOH

形　状	液体(無色透明)				指定数量	2000L
物　性	引火点	発火点	融点	沸点	比重	爆発限界
	39℃	463℃	16.7℃	118℃	1.05	4.0～19.9vol%
用　途	酢酸ビニル・酢酸エステル原料　食品添加物　合成繊維原料					
性　状	• 水、ジエチルエーテル、エタノールによく溶け、17℃以下になると固体となる • 有毒な刺激臭のある化合物で、蒸気比重は2.1 • 一般に濃度が96％以上のものを氷酢酸という • 強い腐食性の有機酸で、高純度品よりも水溶液のほうが腐食性が強い					
危険性	• 蒸気は広範囲に流れ、風下の点火源からも引火 • 燃焼により有毒ガス(一酸化炭素)を発生 • 金属を腐食し、可燃性ガスを発生 • 流動等で帯電し、爆発の危険性					
貯蔵又は取扱い上の注意	• ポリエチレン内装の金属容器、耐酸ガラス瓶に密栓し、冷所に貯蔵 • 酸化性物質との混触禁止 • 火気厳禁 • 空気中への漏洩に注意し、貯蔵庫内の出入り時に留意する					
火災時の対応	• 消火剤としては霧状の水、粉末、二酸化炭素、耐アルコール泡が適当 • 酢酸の燃焼時の炎は青白くわかりにくいので、よく確認する • 中和作業時に高温の液が飛散するので、防護具着用					

【第4類　引火性液体】

（第2石油類 / 水溶性液体）

ジメチルホルムアミド(DMF)；C_3H_7NO

形　状	液体（無色～黄色）				指定数量	2000L
物　性	引火点	発火点	融点	沸点	比重	爆発限界
	58℃	445℃	－61℃	153℃	0.9445	2.2～15.2vol％
用　途	スパンデックス繊維　人工皮革　触媒　ガス吸収剤					
性　状	• 水に混合する • エーテル、エタノールによく溶け、アセチレンガスにも溶解する • 有毒なアミン臭のある化合物で、蒸気比重は2.5					
危険性	• 蒸気は広範囲に流れ、風下の遠くの点火源からも引火 • 加熱により有毒ガス（一酸化炭素）を発生 • 流動等で帯電し、爆発の危険性					
貯蔵又は取扱い上の注意	• 鋼製ドラム缶、ステンレスドラム缶、石油缶に密封貯蔵 • 酸化性物質との混触禁止 • 火気厳禁 • 空気中への漏洩、蒸気の低所滞留に注意					
火災時の対応	• 消火剤としては耐アルコール泡、粉末、二酸化炭素、霧状の水が適当 • 注水は延焼防止、冷却用に使用 • 防護具着用					

【第4類　引火性液体】
（第3石油類 / 非水溶性液体）

重油

形　状	液体（褐色または暗褐色）				指定数量	2000L
物　性	引火点	発火点	融点	沸点	比重	爆発限界
	60〜150℃	250〜380℃	−	300℃以上	0.9〜1.0	−
用　途	燃料　潤滑油					
性　状	• 水に溶けない • 有毒で石油臭があり、水よりやや軽い • 1種（A重油）、2種（B重油）、3種（C重油）に分けて取り扱う					
危険性	• 容易に引火しないが、燃焼温度が高く、いったん燃焼し始めると消火が困難 • 加熱により可燃性ガス、燃焼により有毒ガス（一酸化炭素）を発生 • 塩素酸塩類、硝酸等と激しく反応し、発火					
貯蔵又は取扱い上の注意	• 鋼製ドラム缶、石油缶、各種タンク（屋内外、地下、移動式）に貯蔵 • 酸化性物質（特に第1類の危険物）との混触禁止 • 通気に留意し、火気厳禁 • 冷暗所に貯蔵する					
火災時の対応	• 消火剤としては粉末、泡、二酸化炭素、ハロゲン化物が適当 • 注水は延焼防止、冷却用に使用 • 防護具を着用し、火傷に注意					

【第4類　引火性液体】

（第3石油類 / 非水溶性液体）

クレオソート油

形　状	液体（黄色または暗緑色）				指定数量	2000L
物　性	引火点	発火点	融点	沸点	比重	爆発限界
	73.9℃	336.1℃	−	200℃以上	1.0以上	−
用　途	防腐剤　染料　消毒剤　燃料					
性　状	• 水に溶けない • アルコール、ベンゼン等に溶ける • コールタール分留時（温度230～270℃）の留出物で、有毒で特異臭がある					
危険性	• 燃焼時に有毒ガス（一酸化炭素）を発生					
貯蔵又は取扱い上の注意	• 鋼製ドラム缶、ステンレスドラム缶、石油缶に密栓して貯蔵 • 通気、換気に留意し、蒸気の滞留を防ぐ • 酸化性物質との混触禁止 • 火気厳禁 • 取り扱う室内の床は傾斜をつけ、下流に貯留設備を設置					
火災時の対応	• 消火剤としては泡、粉末、二酸化炭素、ハロゲン化物が適当 • 消火作業時にクレオソート油に接触しないよう防護具着用					

【第4類　引火性液体】

（第3石油類 / 非水溶性液体）

クレゾール（クレシル酸）；C_7H_8O

形　状	液体（無色透明）				指定数量	2000L
物　性	**引火点**	**発火点**	**融点**	**沸点**	**比重**	**爆発限界**
	81℃以上	559℃以上	11℃以上	191℃以上	1.047	下限1.1vol%
用　途	防腐剤　消毒剤　殺菌剤					
性　状	• 水に溶けにくい • 猛毒でフェノール臭をもち、3種の異性体がある。蒸気比重は3.7					
危険性	• 加熱により可燃性ガスを発生 • 燃焼により有毒ガス（一酸化炭素）を発生 • 流動等で帯電し、爆発の危険性					
貯蔵又は取扱い上の注意	• 鋼製ドラム缶、ステンレスドラム缶、石油缶に密封貯蔵 • 酸化性物質との混触禁止 • 火気厳禁 • 空気中への漏洩に注意し、単独で立ち入らない					
火災時の対応	• 消火剤としては粉末、耐アルコール泡、二酸化炭素、ハロゲン化物 • 注水は延焼防止、冷却用に使用 • 防護具着用					

【第4類　引火性液体】

（第3石油類 / 非水溶性液体）

ニトロベンゼン(ニトロベンゾール)；$C_6H_5NO_2$

形　状	液体(黄色または暗黄色)				指定数量	2000L
物　性	引火点	発火点	融点	沸点	比重	爆発限界
	88℃	482℃	5.8℃	211℃	1.2	1.8～40vol％
用　途	有機合成化学の原料　香料　染料　溶剤					
性　状	• 水に溶けにくいがエタノール、ジエチルエーテル等に溶け、水より重い • ニトロ化合物ではあるが、消防法上は第4類の第3石油類である • 猛毒で特異臭をもち、蒸気比重は4.3と大きい					
危険性	• 加熱、衝撃、摩擦により発熱、発火 • 燃焼により有毒ガス(窒素酸化物)を発生 • 流動等で帯電し、爆発の危険性					
貯蔵又は取扱い上の注意	• 鋼製ドラム缶、石油缶、各種タンクに密封貯蔵 • 酸化性物質との混触禁止 • 火気厳禁 • 空気中への漏洩、蒸気の低所滞留に注意 • 通気、換気に留意し、換気ダクトは床面近くに下げる					
火災時の対応	• 消火剤としては粉末、二酸化炭素、泡が適当 • 注水は延焼防止、冷却用に使用 • 燃焼時の窒素酸化物の吸入に注意 • 防護具着用					

【第4類　引火性液体】
（第3石油類 / 非水溶性液体）

アニリン；$C_6H_5NH_2$

形　状	液体（無色または淡黄色）				**指定数量**	2000L
物　性	**引火点**	**発火点**	**融点**	**沸点**	**比重**	**爆発限界**
	70℃	615℃	−6℃	184.6℃	1.01	1.2〜11vol%
用　途	染料　医薬品原料　殺菌剤　火薬					
性　状	• 水に溶けにくいがエタノール、ジエチルエーテル等によく溶ける • 猛毒で特異臭をもち、蒸気比重は3.22。空気中では褐色					
危険性	• 加熱、衝撃、摩擦により発火、爆発の危険 • 燃焼により有毒ガス（窒素酸化物）を発生 • 酸、アルカリと容易に反応し、水素発生 • 流動等で帯電し、爆発の危険性					
貯蔵又は取扱い上の注意	• 鋼製ドラム缶、石油缶、各種タンクに密栓して貯蔵 • 酸化性物質との混触禁止 • 火気厳禁 • 通気、換気に留意し、単独で立ち入らない					
火災時の対応	• 消火剤としては粉末、二酸化炭素、泡が適当 • 注水は延焼防止、冷却用に使用 • 皮膚からの吸収に注意し、防護具着用					

【第4類　引火性液体】

(第3石油類 / 非水溶性液体)

トリレンジイソシアネート(トルエンジイソシアネート);$C_9H_6N_2O_2$

<table>
<tr><td>形　状</td><td colspan="4">液体(無色透明)</td><td>指定数量</td><td>4000L</td></tr>
<tr><td rowspan="2">物　性</td><td>引火点</td><td>発火点</td><td>融点</td><td>沸点</td><td>比重</td><td>爆発限界</td></tr>
<tr><td>127℃</td><td>620℃</td><td>11～14℃以上</td><td>120℃</td><td>1.22</td><td>0.9～9.5vol%</td></tr>
<tr><td>用　途</td><td colspan="6">接着剤・塗料・ポリウレタン原料　繊維処理剤原料</td></tr>
<tr><td>性　状</td><td colspan="6">• 水に反応し、二酸化炭素を発生する
• 有毒な刺激臭のある不安定な化合物で、蒸気比重は6.0と非常に大きい</td></tr>
<tr><td>危険性</td><td colspan="6">• 蒸気は広範囲に流れ、遠所の点火源からも引火
• 水と接して二酸化炭素、燃焼により有毒ガス(窒素酸化物)を発生</td></tr>
<tr><td>貯蔵又は取扱い上の注意</td><td colspan="6">• 鋼製ドラム缶、ステンレスドラム缶、石油缶、各種タンクに密封貯蔵
• 酸化性物質との混触禁止
• 火気厳禁
• 空気中への漏洩に注意
• 紫外線が当たると黄変するので、直射日光を避ける
• 加熱、衝撃、摩擦禁止</td></tr>
<tr><td>火災時の対応</td><td colspan="6">• 消火剤としては粉末、二酸化炭素、耐アルコール泡、霧状の水が適当
• 注水は延焼防止、冷却用に使用
• 燃焼時の有毒ガスの吸入に注意</td></tr>
</table>

【第4類　引火性液体】
（第3石油類 / 水溶性液体）

エチレングリコール(エチレンアルコール、グリコール)；$C_2H_4(OH)_2$

<table>
<tr><td>形　状</td><td colspan="4">液体(無色透明)</td><td>指定数量</td><td>4000L</td></tr>
<tr><td rowspan="2">物　性</td><td>引火点</td><td>発火点</td><td>融点</td><td>沸点</td><td>比重</td><td>爆発限界</td></tr>
<tr><td>111℃</td><td>398℃</td><td>－13℃</td><td>197.9℃</td><td>1.1</td><td>3.2～15.3vol％</td></tr>
<tr><td>用　途</td><td colspan="6">ポリエステル繊維・ポリウレタン原料　不凍液　医薬品原料</td></tr>
<tr><td>性　状</td><td colspan="6">• 吸湿性があり、水、エタノール等によく溶ける
• 二硫化炭素、ベンゼン等には溶けない
• 無臭で甘味のあるシロップ状液体で、蒸気比重は2.1
• ナトリウムと反応して水素が発生</td></tr>
<tr><td>危険性</td><td colspan="6">• 加熱により発火
• 燃焼により有毒ガス(一酸化炭素)を発生</td></tr>
<tr><td>貯蔵又は取扱い上の注意</td><td colspan="6">• 鋼製ドラム缶、ステンレスドラム缶、石油缶に密封貯蔵
• 酸化性物質との混触禁止
• 火気厳禁で、通風・換気に留意</td></tr>
<tr><td>火災時の対応</td><td colspan="6">• 消火剤としては粉末、二酸化炭素、耐アルコール泡が適当
• 注水は延焼防止、冷却用に使用
• 防護具を着用し、飛散による火傷等に注意</td></tr>
</table>

【第4類　引火性液体】

（第3石油類 / 水溶性液体）

グリセリン；$C_3H_5(OH)_3$

形　状	液体（無色）				**指定数量**	4000L
物　性	**引火点**	**発火点**	**融点**	**沸点**	**比重**	**爆発限界**
	199℃	370℃	18.1℃	291℃	1.3	2.6～11.3vol%
用　途	石鹸　防乾剤　医薬品　アルキド樹脂原料　食品添加物					
性　状	• 水、エタノールに溶け、ベンゼン、二硫化炭素、ガソリン、軽油には溶けない • シロップ状の無臭液体で、吸湿性を持つ • 蒸気比重は3.1と大きい					
危険性	• 引火点が非常に高い • 燃焼により有毒ガス（一酸化炭素）を発生					
貯蔵又は取扱い上の注意	• 鋼製ドラム缶、ステンレスドラム缶、石油缶に密封貯蔵 • 酸化性物質（特に第１類の危険物）との混触禁止 • 火気厳禁 • 容器からの漏洩に注意する					
火災時の対応	• 消火剤としては粉末、二酸化炭素、泡、ハロゲン化物 • 引火した場合、液温が非常に高くなるため注意 • 防護具着用					

【第4類　引火性液体】

（第4石油類）

タービン油

<table>
<tr><td>形　状</td><td colspan="4">液体（無色）</td><td>指定数量</td><td>6000L</td></tr>
<tr><td rowspan="2">物　性</td><td>引火点</td><td>発火点</td><td>融点</td><td>沸点</td><td>比重</td><td>爆発限界</td></tr>
<tr><td>200～270℃程度</td><td>－</td><td>－</td><td>－</td><td>0.88</td><td>－</td></tr>
<tr><td>用　途</td><td colspan="6">潤滑油
（注）他の主な第4石油類には、ギヤー油、シリンダー油、マシン油、モーター油などがある</td></tr>
<tr><td>性　状</td><td colspan="6">• 水に溶けない
• 粘り気がある
• 石油系潤滑油の一種で、炭化水素を主とする化合物の混合物であり、組成・性質が異なる</td></tr>
<tr><td>危険性</td><td colspan="6">• いったん引火すると液温が非常に高くなり、容易に消火できない
• 燃焼により有毒ガスを発生</td></tr>
<tr><td>貯蔵又は取扱い上の注意</td><td colspan="6">• 鋼製ドラム缶、石油缶に貯蔵し、通気・換気を十分に行う
• 酸化性物質との混触禁止
• 火気厳禁
• 加熱、衝撃、摩擦を避ける</td></tr>
<tr><td>火災時の対応</td><td colspan="6">• 消火剤としては粉末、二酸化炭素、泡、ハロゲン化物が適当
• 注水は冷却用に使用
• 燃焼時の有毒ガス（一酸化炭素、亜硫酸ガス）の吸入に注意</td></tr>
</table>

【第4類　引火性液体】
（動植物油類）

ヒマシ油；リシノレイン酸など

形　状	液体（無色）				指定数量	10000L
物　性	引火点	発火点	融点	沸点	比重	爆発限界
	292℃	448℃	－18～－10℃	313℃	0.95～0.97	－
用　途	塗料　可塑剤　香料					
性　状	・水に溶けない ・ヨウ素価80～90の不乾性油					
危険性	・不乾性油のため自然発火、衝撃等による発火の危険性はないが、いったん火災になると重油と同じような危険性					
貯蔵又は取扱い上の注意	・鋼製ドラム缶、石油缶に密封貯蔵 ・第１類の危険物との接触禁止 ・火気厳禁 ・引火点以上の加熱を避ける					
火災時の対応	・消火剤としては、リン酸塩類等を使用する粉末が効果的					

【第4類　引火性液体】

（動植物油類）

ヤシ油（ココナッツ油、コプラ）；（主成分）シスチリン酸、ラウリン酸など

形　状	20℃で液状（淡黄色または白色）				指定数量	10000L
物　性	引火点	発火点	融点	沸点	比重	爆発限界
	280℃	329℃	22℃	―	0.91	―
用　途	食用　石鹸原料　可塑剤					
性　状	• 水に溶けない • 豚脂様固体で特有のにおいがあり、夏には液状となる不乾性油 • ヨウ素価7～10で動植物油類中最もヨウ素価が小さく、酸化されにくい					
危険性	• 不乾性油のため自然発火、衝撃等による発火の危険性はないが、いったん火災になると重油と同じような危険性					
貯蔵又は取扱い上の注意	• 鋼製ドラム缶、石油缶に密栓し、高所から換気を十分に行う • 酸化性物質との混触禁止 • 火気厳禁 • 衝撃、摩擦を避ける					
火災時の対応	• 消火剤としては泡、粉末、二酸化炭素 • 燃焼温度が高いため、火傷に注意					

【第4類　引火性液体】

（動植物油類）

アマニ油；（主成分）飽和酸、リノレイン酸など

<table>
<tr><th>形　状</th><td colspan="4">20℃で液体（白または淡黄色）</td><th>指定数量</th><td>10000L</td></tr>
<tr><th rowspan="2">物　性</th><th>引火点</th><th>発火点</th><th>融点</th><th>沸点</th><th>比重</th><th>爆発限界</th></tr>
<tr><td>222℃</td><td>343℃</td><td>－</td><td>－</td><td>0.93</td><td>－</td></tr>
<tr><th>用　途</th><td colspan="6">リノリウム　印刷インキ　ワニス　石鹸原料</td></tr>
<tr><th>性　状</th><td colspan="6">• 水に溶けない
• ヨウ素価190～204の乾性油
• 300℃以上の加熱で重合しやすい</td></tr>
<tr><th>危険性</th><td colspan="6">• ボロ布等にしみ込んだ場合、自然発火の危険性</td></tr>
<tr><th>貯蔵又は取扱い上の注意</th><td colspan="6">• 鋼製ドラム缶、石油缶に密封貯蔵
• 酸化性物質との混触禁止
• 火気厳禁
• 加熱、衝撃、摩擦を避ける</td></tr>
<tr><th>火災時の対応</th><td colspan="6">• 消火剤としては泡、粉末、二酸化炭素、ハロゲン化物
• 注水は冷却用に使用</td></tr>
</table>

【第4類　引火性液体】

（動植物油類）

オリーブ油；オレイン酸、パルミチン酸など

<table>
<tr><td>形　状</td><td colspan="4">液体（淡黄色）</td><td>指定数量</td><td>10000L</td></tr>
<tr><td rowspan="2">物　性</td><td>引火点</td><td>発火点</td><td>融点</td><td>沸点</td><td>比重</td><td>爆発限界</td></tr>
<tr><td>325℃</td><td>343℃</td><td>－</td><td>－</td><td>0.91</td><td>－</td></tr>
<tr><td>用　途</td><td colspan="6">食用　頭髪料</td></tr>
<tr><td>性　状</td><td colspan="6">• 水に溶けない
• ヨウ素価75～90の不乾性油</td></tr>
<tr><td>危険性</td><td colspan="6">• 不乾性油のため自然発火、衝撃等による発火の危険性はないが、いったん火災になると重油と同じような危険性</td></tr>
<tr><td>貯蔵又は取扱い上の注意</td><td colspan="6">• 鋼製ドラム缶、石油缶に密封貯蔵
• 第１類の危険物との接触禁止
• 火気厳禁
• 引火点以上の加熱を避け、丁寧に取り扱う</td></tr>
<tr><td>火災時の対応</td><td colspan="6">• 粉末、霧状強化液、二酸化炭素での消火が効果的</td></tr>
</table>

第5類

（自己反応性物質）

第5類の危険物には、有機過酸化物、硝酸エステル類、ニトロ化合物、ニトロソ化合物、アゾ化合物、ジアゾ化合物、ヒドラジンの誘導体、ヒドロキシルアミン、金属のアジ化物、硝酸グアニジンなどがあり、他から酸素の供給がなくても燃焼しやすい可燃性物質である。

1．基本的な性状等

- 酸素を含む可燃物で自己燃焼しやすい。燃焼速度が極めて速いので、発熱量も大きい。
- 加熱、摩擦、衝撃、薬品との混触で着火、爆発するものが多く、自然発火したり、引火性を持つものもある。

2．貯蔵又は取扱い上の注意

- 火気、加熱、衝撃、摩擦等を避け、丁寧に取り扱う。
- 室温、湿気等に留意し、整理整頓された通気性のよい冷暗所に貯蔵する。分解しやすいものは、特に注意する。
- 有機物、酸化剤、金属類等との混触を避ける。
- 帯電防止に留意し、静電気が蓄積されないようにする。

3．火災時の対応

- 大量の水での冷却消火が最適で、泡消火器も使用可能である。
- 燃焼速度が速く、爆発的に燃焼するため、初期段階での消火ができないと消火は極めて難しくなる。
- 有毒ガスの吸入や皮膚付着を避けるため、防護服、空気呼吸器等を着用。

【第5類　自己反応性物質】
（第1種自己反応性物質 / 有機過酸化物）

エチルメチルケトンパーオキサイド（MEKPO）

形　状	液体（無色透明）				**指定数量**	10kg
物　性	**引火点**	**発火点**	**融点**	**沸点**	**比重**	**爆発限界**
	72℃	177℃	− 20℃以下	—	1.12	—
用　途	ポリエステル樹脂硬化触媒　塗料					
性　状	●水に溶けないが、ジエチルエーテルには溶ける ●特異臭のある有毒な油状液体で、強い酸化作用がある					
危険性	●衝撃、摩擦に対して不安定であり、爆発しやすい ●光、熱等により40℃以上で分解され、80℃を超えると激しく分解、110℃以上になると白煙を生じる					
貯蔵又は取扱い上の注意	●鋼製ドラム缶（プラスチック内容器付き）、ポリ容器に収納し、換気のよい冷暗所に貯蔵 ●異物との接触を避け、蓋は密栓しないで通気性を持たせておく ●火気厳禁 ●衝撃、摩擦を避け、丁寧に取り扱う ●鉄錆、ぼろ布、紙屑等により、自然分解が促進されるので、作業場周辺を片づけておく					
火災時の対応	●消火剤としては大量の水、泡、粉末、二酸化炭素、ハロゲン化物を使用 ●大量に燃焼すると分解ガスが発生・爆発するので、窒息消火をしつつ水で冷却 ●保護具等を利用して作業し、燃焼ガス（一酸化炭素）の吸入にも注意					

【第5類　自己反応性物質】

（第1種自己反応性物質 / 有機過酸化物）

過酸化ベンゾイル（過ベン、BPO）；$(C_6H_5CO)_2O_2$

<table>
<tr><td>形　状</td><td colspan="4">固体（白色粒状結晶）</td><td>指定数量</td><td>10kg</td></tr>
<tr><td rowspan="2">物　性</td><td>引火点</td><td>発火点</td><td>融点</td><td>沸点</td><td>比重</td><td>爆発限界</td></tr>
<tr><td>—</td><td>125℃</td><td>106～108℃</td><td>—</td><td>1.3</td><td>—</td></tr>
<tr><td>用　途</td><td colspan="6">重合開始剤　漂白剤　触媒</td></tr>
<tr><td>性　状</td><td colspan="6">• 水に溶けないが、有機溶剤に溶ける
• 無臭有毒な固体で、強い酸化作用があり、発火点が非常に低い</td></tr>
<tr><td>危険性</td><td colspan="6">• 衝撃、摩擦に対して不安定であり、爆発しやすい
• 100℃に加熱すると分解を始め、有毒ガス（ジフェニル）を生じる</td></tr>
<tr><td>貯蔵又は取扱い上の注意</td><td colspan="6">• 石油缶、ポリ容器に収納し、通気のよい冷暗所に貯蔵
• ジメチルアミン等の有機物との混触、加熱、衝撃、摩擦、直射日光を避け、丁寧に取り扱う
• 火気厳禁とし、貯蔵施設内は整頓する</td></tr>
<tr><td>火災時の対応</td><td colspan="6">• 消火剤としては大量の水、泡、粉末を使用
• 可塑剤で希釈した物以外は、一度着火すると急激に燃焼し消火が困難
• 燃焼、分解時の有毒ガス（ジフェニル）を吸入しないよう保護具等を利用して作業</td></tr>
</table>

【第5類　自己反応性物質】

(第1種自己反応性物質 / 硝酸エステル類)

ニトロセルロース(硝化綿)；$[C_6H_7O_5(NO_2)_3]_n$

形　状	固体(白色)			指定数量	10kg	
物　性	引火点	発火点	融点	沸点	比重	爆発限界
	—	160～170℃	—	—	1.7	—
用　途	セルロイド・ラッカー・火薬の原料					
性　状	• 水に溶けない • 無定形で精製綿と外見は似ているが、無臭有毒 • アルコール、エーテル、水等に不溶で、これらの物に湿潤させて保管 • アセトン、酢酸エチル等にはよく溶ける • ニトロセルロースは、セルロースを硝酸と硫酸の混合液に浸してつくったもの。窒素含有量により、強硝化綿(12.8%を超えるもの)、ピロ綿薬(12.8～12.5%)、弱硝化綿(12.5%未満)に区分される					
危険性	• 湿潤状態のものが乾燥すると、点火、加熱、摩擦、衝撃等で容易に爆発、発火の危険 • 燃焼速度が極めて速く、有毒ガス(一酸化炭素、酸化窒素ガス等)を生じる • アミン等の有機物との混触で自然発火の危険					
貯蔵又は取扱い上の注意	• 直射日光を避け、アルコール、水等に湿潤させた状態で石油缶、鋼製ドラム缶に密封し、冷所に貯蔵 • 乾燥が進むと発火の危険があるので、湿潤状態をチェックする • 火気厳禁					
火災時の対応	• 大量の水で冷却消火 • 一度着火すると急激に燃焼し消火が困難 • 燃焼時の有毒ガスを吸入しないよう保護具等を利用して作業					

【第5類　自己反応性物質】

(第1種自己反応性物質 / 硝酸エステル類)

ニトログリセリン(三硝酸グリセリン);$C_3H_5(ONO_2)_3$

形　状	液体(無色)				指定数量	10kg
物　性	引火点	発火点	融点	沸点	比重	爆発限界
	—	270℃	13℃	160℃	1.6	—
用　途	ダイナマイト原料　ロケット燃料　医薬品原料					
性　状	• 水に溶けず、有機溶剤に溶ける • 甘味のある有毒な油状液体 • 蒸気比重7.84と非常に重く、8℃で凍結					
危険性	• 摩擦、衝撃で容易に爆発し、爆発力が極めて大きい • 145℃で激しく分解し、220℃で爆発 • 燃焼により、有毒ガス(一酸化炭素、酸化窒素等)を生じる					
貯蔵又は取扱い上の注意	• オゾン、有機溶剤、過酸化物、酸等との混触を避ける • 高温を避けると同時に、凍結時の爆発を避けるため10℃以下の低温にならないように留意 • 屋内に貯蔵し、輸送は禁止 • 貯蔵中にニトログリセリンで床等が汚染された場合は、カセイソーダのアルコール溶液を注いで分解した後、布等でふきとる • 火気厳禁					
火災時の対応	• 燃焼には爆発を伴い、消火が困難 • 燃焼時の有毒ガス(酸化窒素)を吸入しないよう保護具等を利用して作業					

【第5類　自己反応性物質】
（第1種自己反応性物質 / 硝酸エステル類）

硝酸メチル；CH_3NO_3

形　状	液体（無色透明）				**指定数量**	10kg
物　性	**引火点**	**発火点**	**融点**	**沸点**	**比重**	**爆発限界**
	15℃	−	−83℃	66℃	1.22	−
用　途	医薬品原料					
性　状	• 水にほとんど溶けず、アルコールやジエチルエーテルに溶ける • 芳香と甘味がある • 蒸気比重2.65					
危険性	• 引火性で爆発しやすい • 酸化・分解が進むと自然発火の危険					
貯蔵又は取扱い上の注意	• 高温、直射日光を避け、密栓して冷暗所に保存 • 通風、換気に留意 • 火気厳禁 • 摩擦、衝撃、加熱を避ける					
火災時の対応	• 大量の水での冷却消火が有効 • いったん燃焼し始めると消火が困難 • 保護具等を利用して作業					

【第5類　自己反応性物質】

（第1種自己反応性物質 / 硝酸エステル類）

硝酸エチル;$C_2H_5NO_3$

形状	液体(無色透明)				指定数量	10kg
物性	引火点	発火点	融点	沸点	比重	爆発限界
	10℃	−	−	87.2℃	1.11	−
用途	医薬品原料					
性状	• 水にわずかに溶け、アルコールに溶ける • 芳香と甘味がある • 蒸気比重3.14					
危険性	• 引火性で爆発しやすい • 酸化・分解が進むと自然発火の危険					
貯蔵又は取扱い上の注意	• 高温、直射日光を避け、密栓して冷暗所に保存 • 通風、換気に留意 • 火気厳禁 • 摩擦、衝撃、加熱を避ける					
火災時の対応	• 大量の水での冷却消火が有効 • いったん燃焼し始めると消火が困難 • 保護具等を利用して作業					

【第5類　自己反応性物質】

（第1種自己反応性物質 / ニトロ化合物）

ピクリン酸(2,4,6-トリニトロフェノール)；$C_6H_2(NO_2)_3OH$

形　状	固体(黄色結晶)				指定数量	10kg
物　性	引火点	発火点	融点	沸点	比重	爆発限界
	207℃	320℃	122～123℃	255℃	1.8	—
用　途	火薬・花火・ニトロ染料の原料　医薬品原料					
性　状	• 水には溶けにくいが、熱湯に溶ける • アルコール、ジエチルエーテル、ベンゼン等に溶ける • 無臭苦味の有毒な固体で、蒸気比重7.9 • 加熱すれば、融点付近で昇華					
危険性	• 摩擦、衝撃、加熱で容易に爆発し、爆発力が極めて大きい • 特にアルコール、ガソリン、ヨウ素と混合すると激しく爆発のおそれがある • 銅、亜鉛、鉛、酸化鉄などの金属と作用して爆発性の金属塩ができる • 燃焼により、有毒ガス(一酸化炭素、酸化窒素等)を生じる					
貯蔵又は取扱い上の注意	• ポリ容器に入れ、屋内に貯蔵し、温度上昇を避ける • 有機物、酸化剤、金属類等との混触を避ける • 火気厳禁 • 乾燥すると危険性が増すので乾燥させない					
火災時の対応	• 消火剤は大量の水が適し、窒息消火は効果がない • 酸素を含有しているため燃焼は爆発的で、いったん火災になると消火は困難 • 燃焼時の有毒ガス(一酸化炭素、酸化窒素物)を吸入しないよう保護具等を利用して作業					

【第5類　自己反応性物質】

（第1種自己反応性物質 / ニトロ化合物）

トリニトロトルエン(TNT、トリニトロトリオール)；$C_6H_2(NO_2)_3CH_3$

形　状	固体（淡黄色結晶）				指定数量	10kg
物　性	引火点	発火点	融点	沸点	比重	爆発限界
	—	230℃	82℃	—	1.6	—
用　途	ダイナマイト等の爆薬の原料					
性　状	• 水に溶けない • アルコールには熱すると溶け、ジエチルエーテルにも溶ける • 無臭有毒 • 日光にあたると茶褐色に変色					
危険性	• 摩擦、衝撃、加熱で容易に爆発し、爆発力が極めて大きく、少量の爆発でも被害は大きい • 特に有機物、グリセリン、硫黄との混合で激しく爆発 • 燃焼により、有毒ガス（一酸化炭素、窒素酸化物等）を生じる • 溶解したものは固体よりも衝撃に対して敏感					
貯蔵又は取扱い上の注意	• ポリ容器に入れ、屋内に貯蔵し、温度上昇を避ける • 有機物、酸化剤、金属類等との混触を避ける • 火気厳禁					
火災時の対応	• 消火剤は大量の水が適し、窒息消火は効果がない • 酸素を含有しているため燃焼は爆発的で、いったん火災になると消火は困難 • 燃焼時の有毒ガス（一酸化炭素、酸化窒素物）を吸入しないよう保護具等を利用して作業					

【第5類　自己反応性物質】

（第1種自己反応性物質 / ニトロソ化合物）

ジニトロソペンタメチレンテトラミン；$C_5H_{10}N_6O_2$

<table>
<tr><th>形　状</th><td colspan="4">固体（淡黄色粉末）</td><th>指定数量</th><td>10kg</td></tr>
<tr><th rowspan="2">物　性</th><th>引火点</th><th>発火点</th><th>融点</th><th>沸点</th><th>比重</th><th>爆発限界</th></tr>
<tr><td>—</td><td>—</td><td>255℃</td><td>—</td><td>1.45</td><td>—</td></tr>
<tr><th>用　途</th><td colspan="6">天然ゴム、合成ゴム、合成樹脂の単独気泡発泡剤</td></tr>
<tr><th>性　状</th><td colspan="6">• 水、ベンゼン、アセトン、エタノールにはわずかに溶けるが、ベンジン、ガソリンには溶けない
• 203℃以上に加熱すると分解してホルムアルデヒド、アンモニア、窒素などを生じる
• 急激に加熱するか、強力な衝撃を加えると爆発的分解を起こす</td></tr>
<tr><th>危険性</th><td colspan="6">• 熱、火花及び火炎で発火するおそれがある
• 激しく加熱すると燃焼する
• 火災時に刺激性、腐食性及び毒性のガスを発生するおそれがある</td></tr>
<tr><th>貯蔵又は取扱い上の注意</th><td colspan="6">• 熱、火花、裸火、高温のもののような着火源から遠ざける
• 容器を密閉して冷乾所にて保存する
• 他の容器に移し替えない</td></tr>
<tr><th>火災時の対応</th><td colspan="6">• 水噴霧、泡消火剤、乾燥砂類で消火し、棒状放水、炭酸ガス、粉末消火剤、ハロゲン化物を使用してはならない
• 火災時に刺激性、腐食性及び毒性のガスを発生するおそれがあるので、適切な空気呼吸器、防護服（耐熱性）を着用する</td></tr>
</table>

【第5類　自己反応性物質】

（第1種自己反応性物質 / アゾ化合物）

アゾビスイソブチロニトリル(AIBN)；$[C(CH_3)_2CN]_2N_2$

<table>
<tr><th>形　状</th><td colspan="4">固体(白色)</td><th>指定数量</th><td>10kg</td></tr>
<tr><th rowspan="2">物　性</th><th>引火点</th><th>発火点</th><th>融点</th><th>沸点</th><th>比重</th><th>爆発限界</th></tr>
<tr><td>—</td><td>64℃</td><td>105℃</td><td>—</td><td>1.1</td><td>—</td></tr>
<tr><th>用　途</th><td colspan="6">ゴム・合成樹脂発泡剤　ラジカル重合の触媒</td></tr>
<tr><th>性　状</th><td colspan="6">• 水に溶けにくいが、エタノール、エーテルに溶ける
• 有毒
• 融点以上に加熱すると、窒素とシアンが発生し、分解</td></tr>
<tr><th>危険性</th><td colspan="6">• 燃焼により、有毒ガス(シアンガス)を生じる
• 自己反応性が強い</td></tr>
<tr><th>貯蔵又は取扱い上の注意</th><td colspan="6">• ポリ容器に入れ、通気のよい冷所に貯蔵
• 有機物、酸化剤等との混触を避ける
• 日光、摩擦、衝撃を避ける
• 火気厳禁</td></tr>
<tr><th>火災時の対応</th><td colspan="6">• 燃焼時には大量の水で冷却消火
• 保護具等を利用して作業し、シアンガス等の発生に注意</td></tr>
</table>

【第5類　自己反応性物質】
（第1種自己反応性物質／ジアゾ化合物）

ジアゾジニトロフェノール;$C_6H_2N_4O_5$

<table>
<tr><td>形　状</td><td colspan="4">固体（黄色不定形粉末）</td><td>指定数量</td><td>10kg</td></tr>
<tr><td rowspan="2">物　性</td><td>引火点</td><td>発火点</td><td>融点</td><td>沸点</td><td>比重</td><td>爆発限界</td></tr>
<tr><td>—</td><td>180℃</td><td>169℃</td><td>—</td><td>1.69</td><td>—</td></tr>
<tr><td>用　途</td><td colspan="6">雷管の起爆薬</td></tr>
<tr><td>性　状</td><td colspan="6">・水にはほとんど溶けないが、アセトンに溶ける
・光によって変色し、褐色になる</td></tr>
<tr><td>危険性</td><td colspan="6">・加熱、衝撃、摩擦により爆発
・燃焼現象は爆ごう（大きな音をともなった爆発）を起こしやすい</td></tr>
<tr><td>貯蔵又は取扱い上の注意</td><td colspan="6">・打撃、衝撃、摩擦を避ける
・火気を避ける
・水中、水、アルコール混合液の中で保存</td></tr>
<tr><td>火災時の対応</td><td colspan="6">・消火は困難
・大量の水で冷却
・窒息消火は不適</td></tr>
</table>

【第5類　自己反応性物質】

（第1種自己反応性物質 / 金属のアジ化物）

アジ化ナトリウム；NaN_3

<table>
<tr><td>形　状</td><td colspan="4">固体（無色板状結晶）</td><td>指定数量</td><td>10kg</td></tr>
<tr><td rowspan="2">物　性</td><td>引火点</td><td>発火点</td><td>融点</td><td>沸点</td><td>比重</td><td>爆発限界</td></tr>
<tr><td>－</td><td>－</td><td>300℃</td><td>－</td><td>1.8</td><td>－</td></tr>
<tr><td>用　途</td><td colspan="6">アジ化鉛の原料</td></tr>
<tr><td>性　状</td><td colspan="6">• 水に溶け、水溶液はアルカリ性を示す
• エタノールに少し溶け、エーテルに溶けない
• 加熱後300℃でナトリウムと窒素に分解</td></tr>
<tr><td>危険性</td><td colspan="6">• アジ化ナトリウム自体は爆発しないが、酸を加えると極めて爆発力のあるアジ化水素酸を発生
• 水を加えると、重金属との作用で爆発力のある塩を生じる</td></tr>
<tr><td>貯蔵又は取扱い上の注意</td><td colspan="6">• 直射日光を避けて、換気のよい冷所に保管
• 酸、重金属等との混触を避ける
• 火気厳禁</td></tr>
<tr><td>火災時の対応</td><td colspan="6">• 消火には乾燥砂、膨張真珠岩が適し、注水不可
• 二酸化炭素、ハロゲン化物、粉末は不適</td></tr>
</table>

【第5類　自己反応性物質】
（第2種自己反応性物質 / ヒドラジンの誘導体）

硫酸ヒドラジン；$NH_2NH_2 \cdot H_2SO_4$

形　状	固体（白色結晶）				指定数量	100kg
物　性	引火点	発火点	融点	沸点	比重	爆発限界
	—	—	254℃	—	1.37	—
用　途	プラスチック発泡剤原料　触媒					
性　状	•有毒で、冷水には溶けないが温水に溶けて酸性を示し、アルコールには溶けない •自己反応性が大きく、還元性が強い •融点以上の加熱で、アンモニア、硫化水素、硫黄、二硫化硫黄を生じる •アルカリとの接触でヒドラジンを遊離					
危険性	•酸化剤と激しく反応					
貯蔵又は取扱い上の注意	•ポリ容器に入れ、通気のよい冷所に貯蔵 •有機物、酸化剤、可燃物から遠ざける •火気、日光厳禁 •摩擦、衝撃、加熱を避ける					
火災時の対応	•燃焼時には大量の水で冷却消火 •消火時には保護具等を利用					

【第5類　自己反応性物質】

（第2種自己反応性物質 / ヒドロキシルアミン）

ヒドロキシルアミン；NH_2OH

形　状	固体（白色結晶）				指定数量	100kg
物　性	引火点	発火点	融点	沸点	比重	爆発限界
	100℃	130℃	33℃	57℃	1.2	－
用　途	農薬原料　半導体洗浄剤					
性　状	• 有毒で吸湿性があり、水、アルコールによく溶ける • 蒸気比重1.1で空気より重い					
危険性	• 高温物や裸火に触れると爆発の危険 • 水分、二酸化炭素の存在や加熱により激しく分解し、有毒窒素酸化物を生じる • 酸化剤、亜鉛、金属酸化物、硫酸銅(II)、リン塩化物と激しく反応し、火災や爆発の危険					
貯蔵又は取扱い上の注意	• 乾燥状態を保ち、通気のよい冷所に貯蔵 • 有機物、酸化剤等との混触を避ける • 火気厳禁、高温面との接触禁止					
火災時の対応	• 燃焼時には大量の水で冷却消火 • 泡、粉末も可 • 消火時には保護具等を利用					

【第5類　自己反応性物質】

（第2種自己反応性物質 / 硝酸グアニジン）

硝酸グアニジン；$CH_6N_4O_3$

<table>
<tr><th>形　状</th><td colspan="4">固体(白色結晶)</td><th>指定数量</th><td>100kg</td></tr>
<tr><th rowspan="2">物　性</th><th>引火点</th><th>発火点</th><th>融点</th><th>沸点</th><th>比重</th><th>爆発限界</th></tr>
<tr><td>—</td><td>—</td><td>215℃</td><td>—</td><td>1.44</td><td>—</td></tr>
<tr><th>用　途</th><td colspan="6">爆薬原料</td></tr>
<tr><th>性　状</th><td colspan="6">• 水、アルコールに溶け、蒸気は有毒</td></tr>
<tr><th>危険性</th><td colspan="6">• 酸化力が強く、爆発性がある
• 燃焼により、有毒ガス(硝酸、窒素酸化物)を生じる</td></tr>
<tr><th>貯蔵又は取扱い上の注意</th><td colspan="6">• ポリ容器に入れ、引火性物質とは隔離して貯蔵
• 可燃物、還元性物質、強酸化剤と混在させない
• 火気厳禁
• 加熱、摩擦、衝撃を避け、丁寧に取り扱う</td></tr>
<tr><th>火災時の対応</th><td colspan="6">• 燃焼時には大量の水で冷却消火
• 消火時には保護具等を利用</td></tr>
</table>

第６類

（酸化性液体）

第６類の危険物は、過塩素酸、過酸化水素、硝酸、ハロゲン間化合物などの不燃性の液体で、これらは一般に強酸あるいは強酸化剤として作用し、他の可燃物の燃焼を支える。

1. 基本的な性状等

- 一般に空気より重い無機化合物で発煙性のものが多く、自らは不燃性であるが、有機物と混ぜると、これを着火させることがある。
- 強い酸化力を持ち、アルカリ性物質や還元性物質と激しく反応する。ハロゲン間化合物は水とも激しく反応する。
- 腐食性があり、蒸気は有毒である。

2. 貯蔵又は取扱い上の注意

- 火気、衝撃、加熱、摩擦、直射日光等を避ける。
- 可燃性物質（特に第２類の危険物）や有機物、還元性物質との接触を避け、ハロゲン間化合物は水も避ける。
- 耐酸性容器に密栓し（過酸化水素は通気孔が必要）、整理整頓された通気のよい冷所で保管する。

3. 火災時の対応

- 酸化性液体自体が燃焼するのではないので、燃焼物に応じた消火を行う。
- 流出事故の際には、乾燥砂をかけるか中和剤による中和を行う。
- 一般に水、泡による冷却消火が基本で、二酸化炭素、ハロゲン化物、粉末等は不適（ハロゲン間化合物の消火には水を避け、粉末、乾燥砂を使用）。
- 皮膚付着や有毒ガスの吸入を避けるため、防護服、空気呼吸器等を着用。

【第6類　酸化性液体】

過塩素酸;$HClO_4$

形　状	液体(無色)				**指定数量**	300kg
物　性	**引火点**	**発火点**	**融点**	**沸点**	**比重**	**爆発限界**
	—	—	−112℃	39℃(56mmHg)	1.8	—
用　途	有機合成用触媒　過塩素酸塩の製造原料　金属・鉱石等の溶解剤					
性　状	• 水と混合する • 一般的に60～70%の水溶液であり、極めて不安定で、強酸化力を持つ • 水との接触で発熱し、空気に触れると白煙を生じる • 鉄、銅等の金属と激しく反応し、酸化物を生成					
危険性	• 燃焼により有毒ガス(塩化水素)を発生 • 有機物との混触で発熱、発火、爆発の危険 • 過塩素酸自体は不燃物であるが、加熱により容易に爆発					
貯蔵又は取扱い上の注意	• ポリエチレンやガラスなどの耐酸ビンに密栓し、換気のよい冷暗所に貯蔵。金属容器は不可 • 金属類、有機物、可燃物との混載を避ける • 火気厳禁					
火災時の対応	• 大量の噴霧注水での消火が有効 • 消火時に発生する塩化水素ガスを吸入しないよう空気呼吸器等を使用 • 保護具着用					

過酸化水素（オキシフル、オキシドール）；H_2O_2

<table>
<tr><td>形　状</td><td colspan="4">液体(無色)</td><td>指定数量</td><td>300kg</td></tr>
<tr><td rowspan="2">物　性</td><td>引火点</td><td>発火点</td><td>融点</td><td>沸点</td><td>比重</td><td>爆発限界</td></tr>
<tr><td>—</td><td>—</td><td>− 0.4℃</td><td>152℃</td><td>1.5</td><td>—</td></tr>
<tr><td>用　途</td><td colspan="6">漂白剤　殺菌剤　ロケット燃料　医薬品原料</td></tr>
<tr><td>性　状</td><td colspan="6">• 有毒で水によく溶ける弱酸性の物質で、通常は30～50％の水溶液
• 不安定で酸化力が強く、濃度50％以上では常温でも水と酸素に分解</td></tr>
<tr><td>危険性</td><td colspan="6">• 加熱、摩擦、衝撃で発火、爆発の危険
• 特に加熱時には、酸素を発生し、容易に爆発の危険
• アンモニアとの混触で発熱、発火、爆発の危険</td></tr>
<tr><td>貯蔵又は取扱い上の注意</td><td colspan="6">• アルミ製ドラム缶、ポリエチレンやガラスビン、各種タンクに収納し、換気のよい冷暗所に貯蔵
• 容器は密栓せずに通気孔をあけ、直射日光を避ける
• 金属類、有機物、炭素等との混触を避ける
• 火気厳禁</td></tr>
<tr><td>火災時の対応</td><td colspan="6">• 大量の噴霧注水での消火が有効で、水以外の消火剤は不可
• 消火時に過酸化水素水に触れないよう、保護具を着用</td></tr>
</table>

【第６類　酸化性液体】

硝酸；HNO_3

<table>
<tr><td>形　状</td><td colspan="3">液体（無色）</td><td colspan="2">指定数量</td><td>300kg</td></tr>
<tr><td rowspan="2">物　性</td><td>引火点</td><td>発火点</td><td>融点</td><td>沸点</td><td>比重</td><td>爆発限界</td></tr>
<tr><td>—</td><td>—</td><td>− 42℃</td><td>122℃</td><td>1.5</td><td>—</td></tr>
<tr><td>用　途</td><td colspan="6">爆薬原料　ニトロ化剤　医薬品原料</td></tr>
<tr><td>性　状</td><td colspan="6">• 水に溶ける
• 極めて有毒な強酸化性物質で、腐食性が強く、独特の臭気がある
• 空気に接触すると刺激性のある褐色の煙を生じる
• 98％以上のものを発煙硝酸といい、さらに酸化力が強い</td></tr>
<tr><td>危険性</td><td colspan="6">• 二硫化炭素、アミン類、ヒドラジン類等との混触で発熱、発火、爆発の危険
• 布、紙、鋸屑などの有機物との接触で発熱、発火の危険
• 加熱、日光により有毒ガス（窒素酸化物）と支燃性ガス（酸素）を生じる</td></tr>
<tr><td>貯蔵又は取扱い上の注意</td><td colspan="6">• アルミ製ドラム缶、耐酸ガラスビンに収納し、換気のよい冷暗所に貯蔵
• 容器は密栓し吸湿を防止し、直射日光を避ける
• 金属類、有機物、炭素等との混触を避け、室内は整理整頓する
• 火気厳禁、禁水</td></tr>
<tr><td>火災時の対応</td><td colspan="6">• 燃焼物に対応した消火剤を用いる
• 消火時に発生する窒素酸化物を吸入しないように留意
• 消火時に硝酸の液に触れないよう保護具を着用</td></tr>
</table>

【第6類　酸化性液体】
（ハロゲン間化合物）

五フッ化ヨウ素；IF_5

形　状	液体（無色）			指定数量	300kg

物　性	引火点	発火点	融点	沸点	比重	爆発限界
	—	—	9.4℃	100.5℃	3.19	—

用　途	フッ化剤
性　状	• 有毒な強酸化性物質で、腐食性が強い • 金属、非金属と反応しフッ化物を生成
危険性	• 水と激しく反応しフッ化水素、ヨウ素酸を発生
貯蔵又は取扱い上の注意	• 耐酸ガラスビンに密栓し、換気のよい冷暗所に貯蔵 • 火気厳禁、禁水 • 強酸化剤で、有機物、金属との混触禁止 • 摩擦、衝撃を避ける
火災時の対応	• 消火剤としては乾燥砂、粉末を使用 • 水、ハロゲン化物は不適 • 保護具を着用

【第6類　酸化性液体】

（ハロゲン間化合物）

三フッ化臭素；BrF_3

形　状	液体（無色）			指定数量	300kg	
物　性	引火点	発火点	融点	沸点	比重	爆発限界
	—	—	9℃	126℃	2.84	—
用　途	酸化剤					
性　状	• 有毒な強酸化性物質で、腐食性が強い • 金属、非金属と反応しフッ化物を生成					
危険性	• 水と激しく反応しフッ化水素、酸素を発生					
貯蔵又は取扱い上の注意	• 耐酸ガラスビンに密栓し、換気のよい冷暗所に貯蔵 • 火気厳禁、禁水 • 強酸化剤で、有機物、金属との混触禁止 • 摩擦、衝撃を避ける					
火災時の対応	• 消火剤としては乾燥砂、粉末を使用 • 水、ハロゲン化物は不可 • 保護具を着用					

【第6類　酸化性液体】

（ハロゲン間化合物）

五フッ化臭素；BrF_5

形　状	液体（無色）				指定数量	300kg
物　性	引火点	発火点	融点	沸点	比重	爆発限界
	－	－	－60℃	41℃	2.46	－
用　途	酸化剤					
性　状	• 有毒な強酸化性物質で、腐食性が強く、発煙する。蒸気比重6.1 • 三フッ化臭素より反応性があり、金属、非金属と反応しフッ化物を生成					
危険性	• 水と激しく反応しフッ化水素、$BrOF_3$（三フッ化一酸化臭素）を発生					
貯蔵又は取扱い上の注意	• 耐酸ガラスビンに密栓し、換気のよい冷暗所に貯蔵 • 火気厳禁・禁水 • 強酸化剤で、有機物、金属との混触禁止 • 摩擦、衝撃を避ける					
火災時の対応	• 消火剤としては乾燥砂、粉末を使用 • 水、ハロゲン化物は不可 • 保護具を着用					

模擬試験問題

[1回分]

制限時間　120分

解答用紙（マーク・カード）

法令	問1	問2	問3	問4	問5	問6	問7	問8	問9	問10	問11	問12	問13	問14	問15
	①	①	①	①	①	①	①	①	①	①	①	①	①	①	①
	②	②	②	②	②	②	②	②	②	②	②	②	②	②	②
	③	③	③	③	③	③	③	③	③	③	③	③	③	③	③
	④	④	④	④	④	④	④	④	④	④	④	④	④	④	④
	⑤	⑤	⑤	⑤	⑤	⑤	⑤	⑤	⑤	⑤	⑤	⑤	⑤	⑤	⑤

物理・化学	問16	問17	問18	問19	問20	問21	問22	問23	問24	問25
	①	①	①	①	①	①	①	①	①	①
	②	②	②	②	②	②	②	②	②	②
	③	③	③	③	③	③	③	③	③	③
	④	④	④	④	④	④	④	④	④	④
	⑤	⑤	⑤	⑤	⑤	⑤	⑤	⑤	⑤	⑤

性質・消火	問26	問27	問28	問29	問30	問31	問32	問33	問34	問35	問36	問37	問38	問39	問40	問41	問42	問43	問44	問45
	①	①	①	①	①	①	①	①	①	①	①	①	①	①	①	①	①	①	①	①
	②	②	②	②	②	②	②	②	②	②	②	②	②	②	②	②	②	②	②	②
	③	③	③	③	③	③	③	③	③	③	③	③	③	③	③	③	③	③	③	③
	④	④	④	④	④	④	④	④	④	④	④	④	④	④	④	④	④	④	④	④
	⑤	⑤	⑤	⑤	⑤	⑤	⑤	⑤	⑤	⑤	⑤	⑤	⑤	⑤	⑤	⑤	⑤	⑤	⑤	⑤

※コピーしてお使いください。
　この解答用紙(マーク・カード)は、実際の試験のものとは異なります。
　解答一覧は、P.399にあります。

危険物に関する法令

問 1　消防法（以下、法）別表第一の危険物の説明として、適切なものの組み合わせはどれか。

A　危険物は、法別表第一において製造所や保管場所の区分によって第一類から第六類までの 6 つの種類に分類されている。

B　特殊引火物やアルコール類は、第五類に分類される。

C　硫化リン、赤リン及びマグネシウムは第二類に分類され、カリウム、ナトリウム及び黄リンは、第三類に分類される。

D　第一類に分類される危険物は、酸化性固体の性質をもち、第六類に分類される危険物は、酸化性液体の性質をもつ。

E　第五類危険物は、自己反応性物質で、ニトログリセリン、硝酸等がある。

①A・B
②A・C
③C・D
④C・E
⑤D・E

問 2　次に挙げる危険物が同一の貯蔵所に貯蔵されている場合、その貯蔵所は指定数量の何倍の危険物を貯蔵していることになるか。

危険物	貯蔵量
ガソリン	1,600 L
エタノール	800 L
灯　油	3,000 L
ギヤー油	6,000 L

① 10 倍
② 12 倍
③ 14 倍
④ 16 倍
⑤ 18 倍

問3　危険物の規制に関する次の記述のうち、正しいものはどれか。

①予防規程を制定する必要のある製造所等が、予防規程を制定した場合には市町村長に対して認可申請をするが、変更した場合には認可申請は必要ない。

②指定数量の10万倍未満の第四類危険物を貯蔵し、又は取扱う事業所においては、人員3人と化学消防自動車1台の自衛消防組織を編成しなければならない。

③製造所等の位置、構造及び設備の基準に適合していないと認めるときには、市町村長等は製造所等の所有者等に対して、基準に適合するように修理、改造、移転をするよう命じることができる。

④ 1,000kL以上の危険物を貯蔵し、又は取扱う屋外タンク貯蔵所においては、定期保安検査の申請が必要となる。

⑤移動タンク貯蔵所の漏れの点検記録の保存期間は3年間である。

問4　製造所等の設備を変更する場合の手続きとして、正しいものは次のうちどれか。

①移送取扱所の設備を変更する場合は、市町村長の承認を得る。

②危険物施設の設備を変更する場合は、工事完了後に市町村長等に変更の届出を行う。

③製造所等の消火設備を変更する場合は、所轄の消防署長等に承認の申請を行う。

④指定数量以上の液体の危険物を貯蔵し、又は取扱うタンクを設置・変更する場合には、完成検査前検査を受けなければならない。

⑤２つの都道府県地域にまたがる移送取扱所の設備の変更工事は、工事部分を所轄する都道府県知事に許可の申請を行う。

問5　危険物取扱者に関する記述のうち、誤っているものはどれか。

①製造所等において、危険物の取扱作業に新たに従事することとなった日から1年以内に講習を受けなければならない。

②製造所等において、危険物の取扱作業に従事している者は、前回講習を受けた日以後における最初の4月1日から3年以内に講習を受けなければならない。

③危険物取扱者免状に記載されている氏名、本籍に変更が生じたときは、居住地又は勤務地を管轄する都道府県知事に書換えの申請を行わなければならない。

④危険物取扱者免状に添付されている写真が撮影から10年を経過したときは、居住地又は勤務地を管轄する都道府県知事に書換えの申請を行わなければならない。

⑤危険物取扱者免状を亡失して再交付を受けた者が、亡失した免状を発見した場合は、15日以内に再交付を受けた都道府県知事に亡失した免状を提出しなければならない。

問6　顧客に自ら給油等をさせる給油取扱所（セルフスタンド）の基準で、正しいものはいくつあるか。

A　設置する顧客用固定給油設備は、1回の連続した給油時間と給油量の上限を設定できる構造とする。

B　顧客用固定給油設備の周囲の地盤面には車両の停止位置を、顧客用注油設備の周囲の地盤面には詰替え容器の置き場所等を表示する。

C　軽油の固定給油設備は、青色に彩色する。

D　顧客用固定給油設備の給油ホースの先端部には、手動開閉装置を備えた給油ノズルを設ける。

E　第2種消火設備を設置する。

①1つ
②2つ
③3つ
④4つ
⑤5つ

問７　製造所位置、構造、設備に関する記述のうち、誤っているものはどれか。

①製造所は、学校、病院から 30m 以上の保安距離を確保しなければならない。

②指定数量の倍数が 10 を超える危険物を取扱う製造所は、保有空地の幅を５m 以上確保しなければならない。

③製造所の建築物は、地階を有しないものでなければならない。

④製造所の建築物の窓及び出入口には、防火設備を設けなければならない。

⑤指定数量の５倍以上の危険物を取扱う製造所には、避雷設備を設けなければならない。

問８　屋外タンク貯蔵所位置、構造、設備に関する記述のうち、正しいものはどれか。

①屋外タンク貯蔵所は、劇場、映画館から 10m 以上の保安距離を確保しなければならない。

②敷地内距離とは、敷地境界線から屋外貯蔵タンクの側板までに確保しなければならない距離である。

③指定数量の倍数の 4,000 倍を超える危険物を貯蔵する屋外タンク貯蔵所は、タンクの高さに等しい距離以上の保有空地の幅を確保しなければならない。

④屋外タンク貯蔵所の圧力タンクには、通気管を設けなければならない。

⑤屋外貯蔵タンクの周囲に設けた防油堤の容量は、タンク容量の 150％以上としなければならない。

問９　危険物保安監督者等に関する記述として、次のうち正しいものはどれか。

①危険物保安監督者は、取り扱う第四類の危険物の指定数量の倍数が 3,000 倍以上の製造所で選任しなければならない。

②危険物保安監督者の業務は、事業所全体における危険物施設の保安業務を統括的に管理し、安全の確保をすることである。

③危険物保安監督者は、甲種又は乙種危険物取扱者で６ヶ月以上の実務経験を有する者から選任しなければならない。

④危険物保安監督者を選任又は解任した場合は、遅滞なく都道府県知事に届け出なければならない。

⑤指定数量の 100 倍以上の危険物を貯蔵し、又は取扱う製造所と屋内貯蔵所では、原則として危険物施設保安員を定めなければならない。

問 10 製造所等の保安距離及び保有空地の確保義務の有無について、正しい組み合わせはどれか。

施　　設	保安距離	保有空地
①屋内タンク貯蔵所	有	有
②地下タンク貯蔵所	有	無
③屋内貯蔵所	有	無
④屋外貯蔵所	有	有
⑤給油取扱所	無	有

問 11 次の標識又は掲示板に関する記述のうち、正しいものはどれか。

①製造所等に設ける標識は、色についての指定はあるが、大きさについては特に指定がない。

②掲示板は、製造所等には必要であるが、給油取扱所には必要ない。

③第三類危険物の自然発火性物品を貯蔵している製造所等では、「禁水」と表示されている掲示板が必要である。

④第四類危険物の製造所等には、「禁水」、「火気注意」、「火気厳禁」の掲示板が必要である。

⑤消火器には、適応できる火災に対応して、適応識別の標識を付けなければならない。

問 12 次の消火設備に関する記述のうち、正しいものはどれか。

①消火設備の種類は、第一種から第五種までに区分され、小型消火器は第三種の消火設備に該当する。

②消火が困難と認められる製造所等に対しては、第三種、第四種及び第五種の消火設備をそれぞれ備えなければならない。

③屋内消火栓設備は、建築物の各階毎に、また、階の各部分からホースの接続口まで 40m 以下になるよう設置しなければならない。

④スプリンクラー消火設備は、第二種消火設備に該当し、著しく消火が困難と認められる製造所等には設置しなければならない。

⑤電気設備に対する消火設備は、電気設備のある場所の面積 200m^2 毎に１個以上設けなければならない。

問 13 次の製造所等に関する記述のうち、誤っているのはどれか。

①貯蔵所において危険物を貯蔵する場合、危険物以外の物品は原則として同時貯蔵はできない。
②類を異にする危険物は、原則として同時貯蔵できない。
③屋外貯蔵タンクの周囲に設ける防油堤の水抜口は、通常常時閉鎖しておく。
④危険物を廃棄する場合、海中や水中への流出や投下、土中への埋没はいかなるときもできない。
⑤ガソリンを貯蔵していた移動貯蔵タンクに灯油又は軽油を注入するときは、静電気の災害防止措置を講じる必要がある。

問 14 危険物の運搬と移送について、誤っているものはどれか。

①危険物を収納した運搬容器を車両に積み重ねて運搬する場合、その積み重ねる高さは、3m以下にしなければならない。
②移動タンク貯蔵所によって危険物を移送する場合、車両を運転する者は、必ず当該危険物の取扱者でなければならない。
③移動タンク貯蔵所には、常にその完成検査済証を備え付ける必要がある。
④危険物を移送する者は、移送の開始前に移動貯蔵タンクの底弁、マンホール及び注入口のふたの点検を行わなければならない。
⑤固体の危険物を運搬する場合、原則として運搬容器の収納率は95%以下としなければならない。

問 15 次の記述のうち、製造所等について市町村長等による設置許可の取消し事由に該当しないのはどれか。

①定期点検等の実施、記録の作成、保存がなされないとき。
②完成検査済証の交付前に使用したとき又は仮使用の承認を受けないで使用したとき。
③危険物等の貯蔵、取扱い基準等の遵守命令に違反したとき。
④位置、構造、設備に係わる措置命令に違反したとき。
⑤政令で定める屋外タンク貯蔵所又は移送取扱所の保安の検査を受けないとき。

基礎的な物理学及び基礎的な化学

問 16 物質の状態について正しいものはいくつあるか。

A 固体に熱を加え融点に達すると融解し始めるが、その後加熱してもその固体がすべて液体になるまでその物質の温度は上がらない。

B 沸点は加圧すると降下し、減圧すると上昇する。

C 固体から直接、気体になる状態変化を気化といい、気化するために必要な熱エネルギーを気化熱という。

D 固体が空気中の水分を吸収することにより湿って溶解する現象を風解という。

E 沸点は、外圧の大小により変化するが、外気の圧力とその液体の飽和蒸気圧が等しくなる温度がその液体の沸点となる。

① 1つ
② 2つ
③ 3つ
④ 4つ
⑤ 5つ

問 17 次の臨界温度及び臨界圧力の表について正しいものはどれか。

	アンモニア	空　気	二酸化炭素	水	メタン
臨界温度(℃)	132.4	−140.7	31.1	374.1	−82.5
臨界圧力(atm)	112	37.2	73.0	218.5	45.8

①メタンは、二酸化炭素より気化しにくい物質である。
② 40atmのとき、−130℃の空気はすべて気体状態になっている。
③ 0℃において、液体状態を維持できるのは空気、メタンだけである。
④圧力が150atmの場合、水はすべて蒸気になっている。
⑤アンモニアは、圧力を150atmに上げれば140℃で液体の場合もある。

問 18 化学反応の速さと化学平衡に関する記述のうち、正しいものはどれか。

①可逆反応において気体が化学平衡の状態にあるとき、圧力を高くすると、気体の分子数が増加する方向へ反応が進行して、新たな平衡状態になる。
②可逆反応において化学平衡の状態にあるとき、加熱すると、発熱する方向に反応が進み、新たな平衡状態になる。
③可逆反応において化学平衡の状態にあるときは、一時的に正反応も逆反応も行われていない状態になっている。
④化学反応の反応速度は、圧力が低いほど速くなる。
⑤化学反応の反応速度は、温度が高くなるほど速くなる。

問 19 静電気の発生に関する記述のうち、正しいものはどれか。

①綿は、ナイロン等の合成繊維よりも静電気が発生しやすい。
②静電気の発生を少なくするためには、室内湿度を高くするほうがよい。
③物質の絶縁抵抗が大きいものほど静電気の発生が小さい。
④蓄積した静電気による火花放電は、電気エネルギーが小さいので災害になることはない。
⑤静電気はガソリンや灯油をゴムホースで移すときに発生しやすいのでなるべく速く流したほうがよい。

問20 塩化カリウムの20℃飽和水溶液200ｇを80℃まで加熱した場合、その水溶液にさらに溶解させることができる塩化カリウムの量として正しいものはどれか。ただし、塩化カリウムの水100ｇにおける飽和量は、20℃で35ｇ、80℃で50ｇとする。

① 34g
② 30g
③ 22g
④ 17g
⑤ 15g

問 21 二硫化炭素の燃焼する際の熱化学方程式は

$CS_2 + 3O_2 = CO_2 + 2SO_2 + 1105.1kJ$

であり、炭素と硫黄の燃焼する際の熱化学方程式はそれぞれ次のとおりである。

$C + O_2 = CO_2 + 393.9kJ$
$S + O_2 = SO_2 + 296.8kJ$

以上より、二硫化炭素の生成熱として正しいものはどれか。

① −276.3kJ
② −117.6kJ
③ 470.5kJ
④ 418.6kJ
⑤ 276.3kJ

問 22 次の化学変化のうち置換にあたるものはどれか。

①水素と酸素が結合して水になる。
②水を分解すると水素と酸素になる。
③塩素酸カリウムを熱すると塩化カリウムと酸素になる。
④食塩に硫酸を加えると塩化水素を発生し硫酸ナトリウムができる。
⑤亜鉛に希硫酸を加えると水素と硫酸亜鉛ができる。

問 23 燃焼に関する記述のうち、正しいものはどれか。

①燃焼は炎と熱の発生を伴う酸化反応である。
②燃焼の三要素とは、可燃性物質、酸素供給体、燃焼の継続である。
③木炭やコークス等の燃焼は分解燃焼である。
④ガソリンや灯油等の燃焼は蒸発燃焼である。
⑤可燃性液体は発生した蒸気がそのまま燃焼するので内部（自己）燃焼である。

問 24 物質の危険性についての組み合わせのうち、正しいものはどれか。

	〔大きいほど危険〕	〔小さいほど危険〕
①	燃焼範囲	燃焼範囲の下限値
②	燃焼範囲	蒸気圧
③	沸点	蒸気圧
④	沸点	燃焼熱
⑤	燃焼速度	燃焼熱

問 25 消火器の消火薬剤に関する記述として、正しいのはどれか。

①炭酸水素ナトリウムの水溶液は、経年劣化がないので定期的な詰め替えの必要がない。
②炭酸カリウムの水溶液は、強酸性である。
③二酸化炭素は、電気の良導体なので電気火災には使用できない。
④ハロゲン化物は、窒息及び抑制作用により油火災に使用できる。
⑤リン酸アンモニウムは、サーモンピンクに着色された水溶液のため、油火災に適応しない。

危険物の性質並びにその火災予防及び消火の方法

問 26 危険物の火災予防及び消火方法に関する記述として次のうち正しいものはどれか。

①潮解性を有するものの容器は、通気性のよいものとする。
②引火性固体（固形アルコール、ゴムのり等）の消火は注水による冷却消火が有効である。
③カリウムの消火の方法は、乾燥砂等で覆い消火する。
④アルコール等を消火する場合は普通の泡消火剤を用いても効果がある。
⑤過酸化ベンゾイルを取扱う場合は、加熱、摩擦、衝撃等をさけ、乾燥した状態で取扱う。

問 27 次のAからEの危険物の類ごとの性質の記述のうち、誤っているものの組み合わせはどれか。

A　第一類の危険物と第六類の危険物は、一般に酸化力が強く不燃性である。
B　第一類の危険物と第五類の危険物には、金属と作用して爆発性の金属塩を形成するものがある。
C　第三類の危険物と第五類の危険物には、固体と液体の物質がある。
D　第四類の危険物と第五類の危険物は、一般に可燃性である。
E　第四類の危険物と第六類の危険物は、すべて引火性の性状を有している。

①A・B
②A・E
③B・C
④B・E
⑤D・E

問 28 混合した場合に発火及び爆発する危険がない組合せは次のうちどれか。

①塩素酸カリウムと硫黄
②赤リンと酸化剤
③酸化プロピレンと金属（銀、銅等）
④硫黄と二硫化炭素
⑤過塩素酸とアルコール等

問 29 可燃物の燃焼の難易について、次のうち誤っているものはどれか。

①空気との接触面積が大きいものほど燃えやすい。
②発熱量が大きいほど燃えやすい。
③熱伝導率が大きいものほど燃えやすい。
④乾燥度が高く、含有水分少ないものほど燃えやすい。
⑤酸化されやすいものほど燃えやすい。

問 30 消火に関する記述で次のうち誤っているものはどれか。

①塩素酸ナトリウムは注水による冷却消火がよい。
②三硫化リンは二酸化炭素又は乾燥砂で窒息消火する。
③ナトリウムの消火方法は水や泡消火剤による冷却消火が有効である。
④過塩素酸の消火は多量の水を注水して消火する。
⑤アジ化ナトリウムの消火には水は使用しない。

問 31 危険物の貯蔵及び取扱いの方法について、次のうち誤っているものはどれか。

①塩素酸カリウムを貯蔵する場合は、換気のよい冷所に貯蔵する。
②硫黄粉は粉じん爆発の危険性があるため、空気中に飛散しないようにする。
③マグネシウムを取扱う場合は、水分との接触をさける。
④カリウムを貯蔵する場合は、貯蔵する建物等の床面は地盤より低くする。
⑤黄リンを貯蔵する場合は空気に触れないように水中に貯蔵する。

問 32 第一類の危険物の共通する特性に関する記述として、次のうち誤っているものはどれか。

①第一類の危険物は、大部分の物質が無色の液体又は結晶である。
②分解等により自身がもつ酸素を遊離し、周囲の可燃物の燃焼を促進する。
③一般に可燃物、有機物その他の酸化されやすい物質との混合は、衝撃等により爆発する危険性がある。
④アルカリ金属の過酸化物は、水と反応して酸素と熱を発生する。
⑤潮解したものが紙等にしみこみ、これが乾燥した場合は爆発の危険がある。

問33 過マンガン酸塩類に関する記述として、次のうち誤っているものはどれか。

①過マンガン酸カリウムは、加熱すると約170℃で分解し酸素を発生する。
②過マンガン酸カリウムは、硫酸を加えると爆発の危険性がある。
③過マンガン酸ナトリウムは、潮解性が強い。
④過マンガン酸ナトリウムを取扱う場合は、酸と接触させないようにする。
⑤過マンガン酸塩類の消火は、注水による消火が有効である。

問34 第二類の危険物に関する記述として、次のうち誤っているものはどれか。

①一般に比重は1より大きく、水に溶けないものが多い。
②粉じん爆発のおそれのある場合は、粉じんを扱う装置類には不燃性ガスを封入する。
③低温で着火しやすく、燃焼速度は遅いが、燃焼のとき有毒ガスを発生するものがある。
④空気中の湿気により自然発火するものがある。
⑤第二類の危険物を貯蔵する場合は、防湿に注意し、容器は密封する。

問35 赤リンに関する記述として、次のうち誤っているものはどれか。

①赤リンは、赤褐色の粉末で水にも二硫化炭素にも溶けない。
②赤リンは、260℃で発火し五酸化リンとなる。
③赤リンは黄リンに比べて不安定であり、酸化剤と混ぜたものは摩擦熱でも発火することがある。
④赤リンと黄リンは同素体である。
⑤赤リンの消火方法は、注水して冷却消火が有効である。

問36 第三類の危険物についての記述として、次のうち誤っているものはどれか。

①第三類の危険物は、ほとんどのものは自然発火性及び禁水性の両方の危険性を有している。
②禁水性の物品は、炭酸水素塩類等を用いた粉末消火剤を用いて消火する。
③カリウムは、空気に触れると短時間で自然発火して燃焼する。
④ナトリウムは、融点以上に熱すると黄色い炎を出して燃える。
⑤ナトリウムを貯蔵する場合は、灯油や流動パラフィン等の保護液中に小分けして貯蔵する。

問 37 アルキルアルミニウムに関する記述として、次のうち誤っているものはどれか。

①アルキルアルミニウムを貯蔵する場合は、常に窒素等の不活性ガス中に貯蔵する。
②アルキルアルミニウムは、水と接触すると激しく反応する。
③アルキルアルミニウムの貯蔵容器は、耐圧性を有するものを用いる。
④アルキルアルミニウムの消火は、水、泡等の水系の消火薬剤は使用できない。
⑤アルキルアルミニウムの消火には、ハロゲン化物消火器が最も有効である。

問 38 特殊引火物に関する記述で、次のうち誤っているものはどれか。

①アセトアルデヒドは、酸化すると酢酸になる。
②ジエチルエーテルは、日光にさらしたり、空気と長く接触すると過酸化物を生じ、衝撃等により爆発の危険がある。
③酸化プロピレンを貯蔵する場合は、不活性ガスを封入する。
④二硫化炭素は揮発しやすく、その蒸気は麻酔性がある。
⑤二硫化炭素は、容器に収納して水没させて保管し、蒸気を抑制する。

問 39 第一石油類に関する記述で、次のうち誤っているものはどれか。

①ベンゼンは、引火点が－11℃と低いため、冬期固化したものであっても引火の危険がある。
②ベンゼンは、燃焼下限値が 1.3（容量％）であるため、わずかの蒸気でも引火する危険性がある。
③ガソリンの蒸気は、空気より軽いため、空気中に拡散しやすい。
④ガソリンの引火点は－40℃であるため、常温（20℃）では、常に可燃性蒸気を発生している。
⑤トルエンは、ベンゼンより毒性が少ない。

問 40 第二石油類に関する記述として、次のうち正しい組み合わせはどれか。

A　灯油の発火点は 40 ～ 60℃であるため、自然発火しやすい。
B　灯油及び軽油は電気の良導体であるため、静電気が発生しにくい。
C　酢酸の腐食性は、水溶液より高純度品のほうが強い。
D　クロロベンゼンは、加熱等により引火点以上に液温が上がったときは、ガソリンと同様な危険性がある。
E　キシレンの３つの異性体は、いずれも蒸気が空気より重い。

①A・C
②B・C
③B・D
④C・E
⑤D・E

問 41 第三石油類に関する記述として、次のうち正しいものはどれか。

①重油は、引火点が低く、常温（20℃）でも引火しやすい。
②重油の消火方法は、注水による冷却消火が有効である。
③クレオソート油は、加熱しないかぎり引火の危険性は少ない。
④クレオソート油は、水、アルコールには溶けないがベンゼンには溶ける。
⑤ニトロベンゼンは、爆発性があるため取扱いには注意が必要である。

問 42 第五類の危険物の共通する火災の予防又は消火方法として、次のうち誤っているものはどれか。

①第五類の危険物を貯蔵する場合は、通風のよい冷暗所に貯蔵する。
②第五類の危険物を取扱う場合は、衝撃、摩擦等をさける。
③第五類の危険物で分解しやすいものは、特に室温、湿気、通風に注意する。
④第五類の危険物の燃焼している量が多い場合は、消火が極めて困難である。
⑤第五類の危険物の消火は、二酸化炭素やハロゲン化物消火剤による窒息消火が効果的である。

問 43 第五類の危険物に関する記述として、次のうち正しいものはどれか。

①ニトログリセリンは、無色の油状液体のニトロ化合物で、甘味を有し、有毒である。

②ニトロセルロースは、水に溶けないが、アセトン、酢酸エチルによく溶ける。

③ピクリン酸は、水や熱湯には溶けず、アルコール、ベンゼン等に溶ける。

④トリニトロトルエンは、固体のほうが溶融したものよりも衝撃に対して敏感である。

⑤アジ化ナトリウムは、爆発性があるため衝撃等に注意する。

問 44 第六類の危険物の共通する消火方法に関する記述として、次のうち誤っているものはどれか。

①第六類の危険物の消火方法は、二酸化炭素やハロゲン化物を用いた窒息消火が有効である。

②注水により消火する場合は、危険物が飛散しないように注意する。

③第六類の危険物の流出事故の場合は、乾燥砂をかけるか中和剤で中和する。

④副次的な災害を防止するため防護マスク等を使用する。

⑤第六類の危険物は、それ自体は燃えないので燃焼物に対応した消火手段をとることとなる。

問 45 硝酸に関する記述で、次のうち正しいものはどれか。

①硝酸、硝酸蒸気及び分解して生ずる水素ガスはきわめて有毒である。

②硝酸自身は爆発性、燃焼性を有しており、二酸化炭素、アミン類等と混合するとさらに爆発性が増大する。

③硝酸は、紙、ぼろ布等に接触すると発火することがある。

④硝酸を貯蔵する場合の容器は、ステンレス鋼やアルミニウム製の容器は適さないので使用しない。

⑤鉄、ニッケル等は濃硝酸に激しくおかされるが希硝酸には不動態をつくりおかされない。

模擬試験問題
解答／解説

危険物に関する法令

問1　正答及び解説：③

A：**誤り**。危険物は、消防法別表において、化学的・物理的性質により、第一類から第六類までの６つに分類されている。

B：**誤り**。特殊引火物、アルコール類は第四類に分類される。

C：**正しい**。第二類は、可燃性固体の性質をもつ危険物で、硫化リン、赤リン、マグネシウムの他に、硫黄、鉄粉、金属粉等が分類される。第三類は、自然発火性物質及び禁水性物質の性質をもつ危険物で、カリウム、ナトリウム、黄リン等が分類される。

D：**正しい**。第一類は、酸化性固体の性質をもつ危険物で、塩素塩類、過塩素酸塩類及び無機か酸化物などが分類され、第六類は、酸化性液体の性質をもつ危険物で、過塩素酸、過酸化水素、硝酸等が分類される。

E：**誤り**。第五類危険物は自己反応性物質であり、ニトログリセリン、硝酸メチル、ピクリン酸等がある。硝酸は酸化性液体で、第六類危険物である。

問2　正答及び解説：③

ガソリン：第一石油類（非水溶性液体）：200L

エタノール：アルコール類：400L

灯油：第二石油類（非水溶性液体）：1,000L

ギヤー油：第四石油類：6,000L

$$倍数 = \frac{1,600}{200} + \frac{800}{400} + \frac{3,000}{1,000} + \frac{6,000}{6,000} = 14$$

問3　正答及び解説：③

①**誤り**。予防規程を変更した場合にも、新たに制定したときと同じように、市町村長に対して認可申請をする必要がある。

②**誤り**。指定数量が12万倍未満の第四類危険物を貯蔵し、又は取扱う事業所において必要な自衛消防組織の編成は、人員５人と化学消防自動車１台である。なお、第四類危険物を指定数量の12万倍以上24万倍未満では、人員10人と化学消防自動車２台、同じく24万倍以上48万倍未満では、人員15人と化学消防自動車３台、同じく48万倍以上では、人員20人と化学消防自動車４台の自衛消防組織を編成しなければならない。

③**正しい**。市町村長等が製造所等の所有者等に対して、修理、改造、移転の命令をした場合には、その旨の標識を設置するなどの方法で公示しなければならない。

④**誤り**。定期保安検査（原則として８年に１回）が必要となるのは、10,000kL以上の危険物を貯蔵し、又は取扱う屋外タンク貯蔵所である。1,000kL以上の危険物を貯蔵し、又は取扱う屋外タンク貯蔵所では、不等沈下等の事由が発生した場合に臨時保安検査が必要となる。

⑤**誤り**。移動タンク貯蔵所の漏れの点検記録の保存期間は10年間である。なお、地下貯蔵タンクの漏れの点検記録の保存期間は３年間である。

問4　正答及び解説：④

①**誤り。**消防本部及び消防署を設置している1つの市町村の区域のみに設置される移送取扱所は、その区域を管轄する市町村長の許可を受けなければならない。また、消防本部及び消防署を設置していない市町村の区域又は、2つ以上の市町村の区域にまたがって設置される移送取扱所は、その区域を管轄する都道府県知事の許可を受けなければならない。さらに、2つ以上の都道府県の区域にまたがって設置される移送取扱所は、総務大臣の許可を受けなければならない。

②**誤り。**製造所等の位置、構造又は設備を変更しようとする者は、市町村長等の許可を受けなければならない。

③**誤り。**解説②を参照。

④**正しい。**基準に適合していると認められれば、完成検査前検査後に完成検査前検査実施通知又はタンク検査済証の交付を受ける。

⑤**誤り。**解説①を参照。

問5　正答及び解説：⑤

①**正しい。**危険物の取扱作業に従事していなかった者が、新たに危険物の取扱作業に従事する場合は、その日から1年以内に講習を受けなければならない。

②**正しい。**継続して危険物の取扱作業に従事している者は、前回講習を受けた日以後における最初の4月1日から3年以内に講習を受けなければならない。

③**正しい。**免状に記載されている氏名、本籍等が変わったときは、書換えの事由を証明する書類等（戸籍抄本等）を添えて、居住地又は勤務地を管轄する都道府県知事に書換えの申請をする。

④**正しい。**免状に貼付されている写真が撮影から10年を経過したときは、書換え申請6ヶ月以内に撮影した写真を添えて、居住地又は勤務地を管轄する都道府県知事に書換えの申請をする。

⑤**誤り。**危険物取扱者免状を亡失して再交付を受けた者が、亡失した免状を発見した場合は、10日以内に再交付を受けた都道府県知事に亡失した免状を提出しなければならない。

問6　正答及び解説：③

A：**正しい。**顧客用固定給油設備は、あふれなどの事故を防ぐために、1回の連続した給油時間と給油量の上限を設定できる構造とする。顧客用固定注油設備においても同様に注油時間と注油量の上限を設定できる構造とする。

B：**正しい。**顧客用固定給油設備や顧客用固定注油設備を利用者に適切に使用させるために、車両の停車位置や詰替え容器の置き場所がわかるように、地盤面に表示する。なお、設備の使用方法や、品目についても給油ホース又は注油ホースの直近又は見やすい場所に表示する。

C：**誤り。**軽油の顧客用給油（注油）設備に施す色は、緑色である。なお、青色は灯油、赤色はレギュラーガソリン、黄色はハイオクガソリンの顧客用給油（注油）設備に施す。

D：**正しい。**顧客用固定給油設備の給油ホースの先端部には、手動開閉装置を備えた給油ノズルを設ける。また、給油ノズルが自動車等のタンク給油口から脱落した場合には、給油が自動的に停止する構造とする。

E：**誤り。**顧客に自ら給油等をさせる給油取扱所においては、第3種固定式泡消火設備を設ける。

以上より、正しいものは3つであるから、③が正答となる。

問7　正答及び解説：⑤

①**正しい。**製造所は、劇場、映画館、学校、病院、保護施設、児童福祉施設等から

30m以上の保安距離を確保しなければならない。

②**正しい**。指定数量の倍数が10を超える危険物を取扱い又は貯蔵する製造所は、保有空地の幅を5m以上確保しなければならず、指定数量の倍数が10以下の場合は3m以上確保しなければならない。

③**正しい**。製造所の建築物は、地階を有しないものであり、壁、柱、床、はり、及び階段は不燃材料としなければならない。

④**正しい**。製造所の建築物の出入口には、防火設備を設けなければならない。また、床は危険物が浸透しない構造とするとともに適当な勾配をつける。

⑤**誤り**。避雷設備を設けなければならない製造所は、指定数量の10倍以上を取扱う製造所である。

問8　正答及び解説：②

①**誤り**。屋外タンク貯蔵所は、劇場、映画館、学校、病院、保護施設児童福祉施設等から30m以上の保安距離を確保しなければならない。

②**正しい**。敷地内距離とは、屋外貯蔵タンクの火災による隣接施設への延焼を防止するため、タンク側板から敷地境界線まで確保しなければならない距離である。

③**誤り**。指定数量の倍数の4,000倍を超える危険物を貯蔵する屋外タンク貯蔵所の保有空地の幅は、タンクの直径又は高さのうち大きいものに等しい距離以上としなければならない。ただし、15m未満とすることはできない。

④**誤り**。屋外貯蔵タンクで通気管を設けなければならないのは、圧力タンク以外のタンクである。圧力タンクには安全装置を設ける。

⑤**誤り**。防油堤の容量は、タンクの容量の110%以上である。また、2以上タンクがある場合は最大であるタンクの容量の110%以上とする。

問9　正答及び解説：③

①**誤り**。製造所では、指定数量の倍数等に関係なくすべて選任が必要である。

②**誤り**。記述は、危険物保安統括管理者の業務である。

③**正しい**。危険物保安監督者は、製造所等において6ヶ月以上危険物取扱いの実務経験を有する、甲種又は乙種危険物取扱者から選任する。

④**誤り**。選任、解任時は、市町村長等に届け出る。

⑤**誤り**。危険物施設保安員を定めなければならないのは、指定数量の100倍以上の危険物を貯蔵し、又は取扱う製造所、一般取扱所とすべての移送取扱所である。

問10　正答及び解説：④

①**誤り**。無・無

②**誤り**。無・無

③**誤り**。有・有

④**正しい**。有・有　保安距離が必要な施設は、製造所、屋内貯蔵所、屋外タンク貯蔵所、屋外貯蔵所、一般取扱所である。また、保有空地が必要な施設は、製造所、屋内貯蔵所、屋外タンク貯蔵所、簡易タンク貯蔵所（屋外に設けるもの）、屋外貯蔵所、一般取扱所、移送取扱所（地上設置のもの）である。

⑤**誤り**。無・無

問11　正答及び解説：⑤

①**誤り**。製造所等の標識は、幅0.3m以上、長さ0.6m以上、色は地を白色、文字を黒色とし、製造所等（「危険物給油取扱所」）の名称を記載しなければならない。

②**誤り**。掲示板は、危険物の類、品名、貯蔵又は取扱最大数量、指定数量の倍数、危険物保安監督者の氏名又は職名を記載する。給油取扱所にあっては、「給油

中エンジン停止」と表示した掲示板を別に設けなければならない。

③誤り。「禁水」は、第一類のアルカリ金属過酸化物、第三類のカリウム、ナトリウム等禁水性物品、アルキルアルミニウム、アルキルリチウムの製造所等に設ける。第三類の自然発火性物品の製造所等では「火気注意」の掲示板を設ける。

④誤り。第四類危険物は、引火性液体であるから、地を赤色、文字を白色、幅0.3m以上、長さ0.6m以上の掲示板で、「火気厳禁」の掲示板を設ければよい。

⑤正しい。消火器には、火災の種別によって適応識別標識を付けなければならない。標識は、普通火災用は地が白色、文字が黒色、油火災用は地が黄色、文字が黒色、電気火災用は地が青色、文字が白色とする。

問12　正答及び解説：④

①誤り。第一種は屋内及び屋外消火栓設備、第二種はスプリンクラー設備、第三種は二酸化炭素、ハロゲン化物、泡、粉末、水噴霧消火設備等、第四種は大型消火器、第五種は小型消火器である。

②誤り。施設の規模、形態、危険物の種類、倍数等から消火の困難性に応じて必要な消火設備が決められており、消火が困難な製造所等には第四種及び第五種の消火設備、消火が著しく困難な製造所等には(第一種、第二種又は第三種)、第四種及び第五種の消火設備がそれぞれ必要である。

③誤り。消火設備の設置方法は、消火設備毎に決められており、屋内消火栓設備は建築物の各階毎に、また、階の各部分からホースの接続口まで25m以下になるよう設置しなければならない。

④正しい。スプリンクラー消火設備は、第二種消火設備に該当し、防護対象物の各部分から1のスプリンクラーヘッドまでが1.7m以下になるよう設置しなければならず、著しく消火が困難と認められる製造所等には必要である。

⑤誤り。電気設備に対する消火設備は、法令で例外的に定められており、電気設備のある場所の面積100m²毎に1個以上設けなければならない。また、地下タンク貯蔵所、移動タンク貯蔵所についても例外的に定められている。

問13　正答及び解説：④

①正しい。貯蔵所において危険物と危険物以外の物品を貯蔵した場合、発火危険、延焼拡大危険があることから原則として同時貯蔵はできない。ただし、法令で定める場合には、危険物と危険物以外の物品を同時貯蔵できる。

②正しい。異なる類の危険物は、その危険性が異なるため同一貯蔵した場合には災害発生危険を高め、災害の拡大を著しくする危険性が高く、また、消火方法も異なることから、法令により原則として同時貯蔵はできない。

③正しい。屋外貯蔵タンクの周囲に設ける防油堤の水抜口は、通常常時閉鎖しておき、防油堤内部に滞油し、又は滞水した場合は、すみやかに排出する。

④誤り。危険物を廃棄する場合、海中や水中に流出又は投下しないこと。また、埋没する場合は、その性質に応じ安全な場所で行わなければならない。その際に焼却する場合は、安全な場所で他に危害を及ぼさない方法で、必ず見張人をつけなければならない。

⑤正しい。ガソリンを貯蔵していた移動貯蔵タンクに灯油又は軽油を注入するとき、灯油又は軽油を貯蔵していた移動貯蔵タンクにガソリンを注入するときは、静電気等による災害を防止する措置を講ずる。

問14　正答及び解説：②

①**正しい。**危険物を収納した運搬容器の積み重ねる高さは、3m以下にしなければならないので、運搬する場合にも3m以下にしなければならない。また、運搬容器を積み重ねる場合、当該容器の上部にかかる荷重は、当該容器を3m以下の高さにしたときにかかる荷重以下にしなければならない。

②**誤り。**移動タンク貯蔵所によって危険物を移送する場合、当該危険物を取扱うことができる危険物取扱者を乗車させなければならないが必ずしも運転者が危険物取扱者である必要はない。

③**正しい。**移動タンク貯蔵所には、完成検査済証、定期点検記録、譲渡・引渡しの届出書及び品名・数量又は指定数量の倍数の変更の届出書を常に備え付けておく必要がある。

④**正しい。**危険物を移送する者は、移送の開始前に移動貯蔵タンクの底弁、マンホール及び注入口のふた、消火器等の点検を行うとともに、長距離移送の場合は、原則として2名以上の運転要員を確保しなければならない。

⑤**正しい。**危険物は運搬容器に収納して積載しなければならない。その場合、運搬容器の収納率は、固体の危険物では内容積の95％以下、液体の危険物では内容積の98％以下とすることが原則である。

問15　正答及び解説：③

消防法第12条の2第1項(製造所等の許可の取消し等の条項)によれば、次のとおりである。

①**該当する。**
②**該当する。**
③**該当しない。**
④**該当する。**
⑤**該当する。**

なお、取消し事由に該当しないが、使用停止命令に該当するものは次のとおりである。

・危険物の貯蔵、取扱基準の遵守命令に違反したとき。ただし、移動タンク貯蔵所については、市町村長の管轄区域において、その命令に違反したとき。
・危険物保安統括管理者を定めないとき又はその者に危険物の保安に関する業務を統括管理させていないとき。
・危険物保安監督者を定めないとき又はその者に危険物の取扱作業に関して保安の監督をさせていないとき。
・危険物保安統括管理者又は危険物保安監督者の解任命令に違反したとき。

基礎的な物理学及び基礎的な化学

問16　正答及び解説：②

A：**正しい。**固体がすべて液体になるまでの間は、熱エネルギーは固体が液体に変化するために使われるためである。その熱エネルギーを融解熱という。

B：**誤り。**沸点は加圧すれば上昇し、減圧すれば下降する。気圧の低い山頂では沸点は下がるため、高い山の上では100℃に達しなくても水が沸騰する。

C：**誤り。**気化とは、液体が気体になる変化のことで、そのために必要となる熱エネルギーが気化熱である。気化熱は蒸発熱ともいい、一定量の物質が液体から気体に状態変化する時に必要な熱量をいう。

D：**誤り。**風解とは、空気中に放置された結晶水を含む結晶又は水和物が結晶水を失う現象のことである。空気中の水分を吸収することによって湿って溶解する現象は潮解という。

E：**正しい。**液体内から蒸気が発生するには、その蒸気圧が液体表面に作用する外圧より大きいことが条件となる。このため、外圧の大小により液体の沸点も高くなったり、低くなったりする。蒸発した蒸気が占める空間の圧力と液体の蒸気圧が平衡状態にある時の蒸気の圧力を飽和蒸気圧という。そしてこの温度がこの圧力における沸点となる。

したがって、正しいものは2つであるから、②が正答となる。

問17　正答及び解説：②

気体が液体状態を示すことができる最高の温度を臨界温度といい、臨界温度以上では、圧力をどんなに上げても液化しない。臨界温度の時の圧力を臨界圧力といい、臨界温度及び臨界圧力以上の状態では気体はすべて気体状態である。

①**誤り。**メタンは臨界温度が二酸化炭素よりはるかに低い。常温常圧で気体である。

②**正しい。**空気の臨界温度は－140.7。この温度以上では液化しないため、すべて気体状態である。

③**誤り。**空気、メタンは0℃では、臨界温度以上のため気体状態である。

④**誤り。**水の臨界圧力より低い150atmではすべて気体(蒸気)ではない。

⑤**誤り。**臨界圧力及び臨界温度以上のため、すべて気体状態となり、液化はしない。

問18　正答及び解説：⑤

①**誤り。**平衡状態にある気体に圧力を加えると、密度が高くなるため、密度を低くする方向に反応が進む。したがって、分子数が減少して、やがて新たな平衡状態になる。

②**誤り。**加熱すると、温度を下げる反応(吸熱反応)の方向に反応が進行し、新たな平衡状態になる。

③**誤り。**化学平衡の状態は、正反応と逆反応の速度が同じであるために見かけ上、反応が進行していないだけで、反応が行われていないわけではない。

④**誤り。**化学反応の反応速度は、圧力が高くなると、物質内の粒子の密度が高くなり速くなる。

⑤**正しい。**温度が高くなると、粒子の熱運動が速くなるため、反応速度が速くなる。

問19　正答及び解説：②

①**誤り。**有機高分子材料や石油系の各種原料及び製品の大部分は電気絶縁性が大きく、したがってナイロン等の合成繊維は、綿に比べて静電気が発生しやすい。

②**正しい。**静電気は、湿度が高いと発生し

にくく、発生しても物体の表面の水分を通じて漏えいし、帯電しにくくなる。室内の湿度は約75%に保つようにする。

③**誤り**。静電気の発生は、物質の絶縁抵抗が大きいほど大きい。

④**誤り**。蓄積した静電気による火花放電のエネルギーは小さいが、付近に引火性蒸気や粉じん等が滞留していると引火または爆発し、静電気災害につながることがある。

⑤**誤り**。ガソリンや灯油をゴムホースで移すときには流動帯電が起こる。それを抑制するためには、流速を制御し、ゆっくり流すとよい。

問20　正答及び解説：③

まず、20℃飽和水溶液200g中に溶けている溶質(塩化カリウム)の量を求める。

20℃の水100gにおける塩化カリウムの飽和量は35gであるから、20℃飽和水溶液200g中に含まれる塩化カリウムの量を x とすると次の式が成り立つ。

$$\frac{\text{溶質の重さ}}{\text{水溶液の重さ}} = \frac{35}{100 + 35} = \frac{x}{200}$$

これを解くと、

$$x = \frac{35 \times 200}{135} = 51.85$$

となり、約51.85gということがわかる。

さらに、容媒(水)の重さは、

200 − 51.85 = 148.15g

となる。

溶質(水)の量は変化しないので、80℃に温度を上げたときの飽和量は、80℃の水148.15gの水に溶ける塩化カリウムの飽和量を求めればよい。

求める塩化カリウムの量を y とすると次の式が成り立つ。ここでは、溶質が増えることにより水溶液全体の量も増えることに注意する。

$$\frac{50}{100 + 50} = \frac{y}{148.15 + y}$$

これを解くと、

$y \times 150 = 50 \times (148.15 + y)$

$3y = 148.15 + y$

$2y = 148.15$

$y = 74.07$

これより、求める塩化カリウムの量は、

74.07 − 51.85 = 22.22g

となる。

以上より、80℃にした場合には、さらに22 gを溶解させることができるので、③が正答となる。

問21　正答及び解説：②

問題の反応式は、生成熱をQとすると、$C + 2S = CS_2 + Q$ だから、

$CS_2 + 3O_2 = CO_2 + 2SO_2 + 1105.1kJ$…①

$C + O_2 = CO_2 + 393.9kJ$ ……②

$S + O_2 = SO_2 + 296.8kJ$ ……③

とすると、②+③×2−①を計算すればよい。

　　$C + O_2 = CO_2 + 393.9kJ$ ……②

+) $2S + 2O_2 = 2SO_2 + 593.6kJ$……③×2

　　$C + 2S + 3O_2 = CO_2 2SO_2 + 987.5kJ$

−) $CS_2 + 3O_2 = CO_2 + 2SO_2 + 1105.1kJ$…①

以上の計算より、

$C + 2S - CS_2 = -117.6kJ$ となるから、

$C + 2S = CS_2 - 117.6kJ$

以上より、生成熱は−117.6kJとなり、②が正答となる。

問22　正答及び解説：⑤

置換とは、ある化合物中の原子又は原子

団が、他の原子又は原子団で置き換わる変化をいう。

①**誤り**。水素と酸素が結合して水になる変化は化合である。

②**誤り**。水が酸素と水素になる変化は分解である。

③**誤り**。塩素酸カリウムを熱すると塩化カリウムと酸素になる変化は分解である。

④**誤り**。食塩に硫酸を加えると塩化水素を発生して硫酸ナトリウムができる変化は複分解である。

⑤**正しい**。置換の化学反応式は、
$AB + C \rightarrow AC + B$となる。
設問の化学反応式は、
$H_2SO_4 + Zn \rightarrow ZnSO_4 + H_2\uparrow$である。

問23　正答及び解説：④

①**誤り**。一般に熱と光の発生を伴う酸化反応を燃焼という。
　鉄がさびるのは酸化反応であるが発光を伴わないため燃焼とはいわない。

②**誤り**。燃焼の三要素とは、可燃性物質、酸素供給体(空気等)と熱源(点火エネルギー)の３つである。これらに燃焼の継続を加えて燃焼の四要素ということもある。

③**誤り**。木炭やコークスの燃焼は、可燃性固体がその表面で熱分解も起こさず、また蒸発もしないで高温を保ちながら酸素と反応して燃焼するもので、表面燃焼という。

④**正しい**。ガソリンや灯油等の可燃性液体は、液体そのものが燃えるのではなく、液面から蒸発する可燃性蒸気が空気と混合し、なんらかの熱源により燃焼するもので、蒸発燃焼という。

⑤**誤り**。内部(自己)燃焼とは、固体の燃焼における分解燃焼のうち、その物質中に酸素を含有するものの燃焼をいう。セルロイド、ニトロセルロースの燃焼等がある。

問24　正答及び解説：①

　大きいものほど危険なものは、燃焼範囲(爆発範囲)、蒸気圧、燃焼速度、燃焼熱、火炎伝播速度であり、小さいものほど危険なものは、燃焼範囲の下限値、引火点、発火点、最小着火エネルギー、電気伝導度、沸点、比熱である。
　したがって、①が正答となる。

問25　正答及び解説：④

①**誤り**。炭酸水素ナトリウムの水溶液は経年劣化するので、定期的な詰替えが必要である。

②**誤り**。水溶液はアルカリ性。冷却作用と再燃防止作用により普通火災に適応する。霧状に放射するものは抑制作用により油火災にも適応する。

③**誤り**。二酸化炭素は、電気絶縁性に優れ、駐車場、通信機室、ボイラー室等の火災を有効に消火する。

④**正しい**。ハロゲン化物は、その蒸気で燃焼物を覆う窒息作用がある。また、ハロゲン元素が燃焼の連鎖反応機構における活性物質に作用してその活性を奪い、燃焼反応を遮断するので抑制作用も持つ。このため、油火災に適応する。また薬剤が電気の不良導体であるので電気火災にも適応する。

⑤**誤り**。リン酸アンモニウムは乾燥させて微粉末にした薬剤で、放射して燃焼面を被覆する窒息作用で消火するため、普通火災と油火災に適応する。薬剤が不良導体なので電気火災にも適応する。

危険物の性質並びに その火災予防及び消火の方法

問26　正答及び解説：③

①**誤り。**潮解性のある危険物を貯蔵する場合、容器の密栓、密封に注意しなければならない。

②**誤り。**固形アルコールやゴムのり等の引火性固体の消火方法は、泡、粉末、二酸化炭素による窒息消火が有効である。注水は適さない。

③**正しい。**カリウムの消火方法は、乾燥砂等で覆い消火する。水分と作用して発火するため注水は絶対に避ける。

④**誤り。**アルコール等の水溶性の液体は、水に溶けて泡が消滅しやすいため、普通の泡剤ではなく耐アルコール泡(水溶性液体用泡消火剤)を使用する。

⑤**誤り。**過酸化ベンゾイルを取扱う場合は、火気、加熱、摩擦、衝撃等を避け、乾燥した状態では取扱わない。また、容器は密封し、換気のよい冷所に貯蔵する。

問27　正答及び解説：④

A：**正しい。**第一類の危険物は、そのもの自体は燃焼しないが、他の物質を強く酸化させる性質を有する。第六類の危険物もそのもの自体は燃焼しないが、酸化力が強く有機物と混ぜるとこれを酸化させる。

B：**誤り。**第五類の危険物には、ピクリン酸のように金属と作用して爆発性の金属塩を形成するものがあるが、第一類の危険物にはない。

C：**正しい。**第三類の危険物は、自然発火性物質及び禁水性物質の性状を示す固体又は液体で、第五類の危険物は自己反応性の性状を示す固体もしくは液体である。

D：**正しい。**第四類の危険物は、可燃性で引火性を有する液体であり、第五類の危険物は可燃性の固体又は液体で燃えやすい物質である。

E：**誤り。**第四類の危険物は、いずれも引火性の液体であり、第六類の危険物はいずれも不燃性の液体である。

したがって、誤っているものの組合わせはB、Eであり、④が正答となる。

問28　正答及び解説：④

①**誤り。**塩素酸カリウムは、強い酸化剤。硫黄は酸化剤と混ざった場合、加熱・衝撃等で発火する。

②**誤り。**赤リンは、酸化されやすく、燃えやすい物質であり、一般に酸化剤との接触したり混合すると打撃等により爆発する危険がある。

③**誤り。**酸化プロピレンは、重合する性質があり、その際熱を発生し、火災、爆発の原因となる。また、銀、銅等の金属に触れると重合が促進されやすい。

④**正しい。**硫黄は二硫化炭素に溶ける。

⑤**誤り。**過塩素酸はアルコール等の可燃性物質と混合すると、急激に酸化を起こし発火又は爆発することがある。

問29　正答及び解説：③

可燃物が燃焼しやすいのは、燃焼熱が大きい、熱伝導率が小さい、酸素との接触面が大きい場合である。熱伝導率は小さいほど熱が放射せず温度が高くなるため燃えやすい。

問30　正答及び解説：③

①**正しい。**塩素酸ナトリウムの消火方法は、塩素酸カリウムと同様に注水による冷却消火が最適である。

②**正しい。**三硫化リンの消火方法は、乾燥砂又は二酸化炭素により窒息消火する。

③**誤り。**ナトリウムの消火方法は、乾燥砂等で覆い消火する。注水すると、水と

作用して発熱するため厳禁である。

④**正しい。**過塩素酸の消火方法は、多量の水を注水して消火することが最適である。

⑤**正しい。**アジ化ナトリウムは、水があれば重金属と作用してきわめて鋭敏なアジ化物をつくるため、注水は絶対禁止である。

問31　正答及び解説：④

①**正しい。**塩素酸カリウムを貯蔵する場合は、換気のよい冷暗所に容器を密栓して貯蔵する。

②**正しい。**硫黄粉は、空気中に飛散すると粉じん爆発を起こす危険性があるため、空気中に飛散しないように注意する。

③**正しい。**マグネシウムを取扱う場合は、水との接触、酸化剤との混合を避ける。

④**誤り。**カリウムを貯蔵する場合は、貯蔵する建物等の床面は地盤より高くし、水分との接触を避けて貯蔵する。

⑤**正しい。**黄リンを貯蔵する場合は、空気に触れないよう水中（保護液）に貯蔵する。また、保護液から露出しないよう注意する。

問32　正答及び解説：①

①**誤り。**第一類の危険物の大部分は、無色の結晶又は白色の粉末である。一部、過酸化カリウムのようにオレンジ色の粉末のものもある。

②**正しい。**一般に不燃性であるが、他の物質を酸化する酸素を含有しており、加熱、衝撃、摩擦等により分解して酸素を放出し、周囲の可燃物の燃焼を著しく促進する。

③**正しい。**一般に可燃物、有機物その他酸化されやすい物質との混合物は、加熱、衝撃、摩擦等により爆発する危険性がある。

④**正しい。**アルカリ金属の過酸化物及びこれらを含有するものは、水と反応して酸素と熱を発生する。

⑤**正しい。**潮解性を有するものにあっては、木材、紙等にしみ込み、乾燥した場合は爆発の危険がある。

問33　正答及び解説：①

①**誤り。**過マンガン酸カリウムは、加熱すると約200℃で分解し酸素を発生する。170℃で分解し酸素を発生するのは過マンガン酸ナトリウムである。

②**正しい。**過マンガン酸カリウムは、硫酸を加えると爆発の危険性がある。過マンガン酸ナトリウムも同様である。

③**正しい。**過マンガン酸ナトリウムは、水に溶けやすく潮解性が強い性質を有している。

④**正しい。**過マンガン酸ナトリウム及び過マンガン酸カリウムを取扱う場合は、酸、可燃物、有機物と接触しないようにする。

⑤**正しい。**過マンガン酸ナトリウム及び過マンガン酸カリウムの消火方法は、注水による消火が有効である。

問34　正答及び解説：③

①**正しい。**第二類の危険物は、いずれも可燃性の固体で、一般に比重は1より大きく、水に溶けない性質を有している。

②**正しい。**粉じん爆発のおそれがある場合には、火気を避け、換気を行い、静電気の蓄積を防ぐとともに、粉じんを扱う装置類に不燃性ガスを封入し、電気設備は防爆構造とする。

③**誤り。**第二類の危険物は、比較的低温で着火しやすい可燃性物質で、燃焼が速く、有毒なものあるいは燃焼のとき有毒ガスを発生するものがある。

④**正しい。**マグネシウム等のように空気中で吸湿すると発熱し自然発火するものがある。

⑤**正しい。**第二類の危険物を貯蔵する場合は、防湿に注意し、容器は密封して

冷所に貯蔵する。

問35　正答及び解説：③

①**正しい**。赤リンは、赤褐色の粉末で臭気や毒性はない。水にも二硫化炭素にも溶けない。

②**正しい**。赤リンの発火点は260℃であり、260℃で発火し五酸化リンとなる。また、常圧では約400℃で昇華する。

③**誤り**。赤リンは黄リンに比べ安定であるが、酸化剤と混ぜたものは摩擦熱でも発火することがある。また、粉じん爆発することもある。

④**正しい**。赤リンは黄リンと同素体で黄リンからつくられる。不良品には黄リンを含んだものがあり、その場合は自然発火の危険性がある。

⑤**正しい**。赤リンの消火方法は、注水による冷却消火が有効である。赤リン自体は無毒であるが、燃焼すると有毒な五酸化リンを発生する。

問36　正答及び解説：③

①**正しい**。黄リンやリチウムのような例外もあるが、第三類の危険物のほとんどのものは自然発火性及び禁水性の両方の危険性を有している。

②**正しい**。禁水性の物品の消火には、炭酸水素塩類等を用いた粉末消火剤、又はこれらの物品の消火のためにつくられた粉末消火剤を用い消火する。また、乾燥砂、膨張ひる石、膨張真珠岩も適している。

③**誤り**。カリウムは、長時間空気に触れると自然発火して燃焼し、火災を起こすおそれがある。

④**正しい**。ナトリウムは、融点(98℃)以上に熱すると、黄色い炎を出して燃える。

⑤**正しい**。ナトリウムを貯蔵する場合は、保護液(灯油、流動パラフィン等)中に小分けして貯蔵する。また、長時間空気に触れると自然発火するので容器の破損、保護液の量に注意する。

問37　正答及び解説：⑤

①**正しい**。アルキルアルミニウムは、空気に触れると酸化反応を起こし自然発火するので常に窒素等の不活性ガス中で貯蔵する。

②**正しい**。アルキルアルミニウムは、水と接触すると激しく反応し、ガスを発生する。

③**正しい**。アルキルアルミニウムの貯蔵容器は、耐圧性を有するものを用い、安全弁又は可溶栓をつける。

④**正しい**。アルキルアルミニウムは、水と接触すると激しく反応するため、水、泡等の水系の消火薬剤は使用できない。

⑤**誤り**。アルキルアルミニウムは、ハロン1301等のハロゲン化物と激しく反応し、有毒ガスを発生するため使用しない。消火剤としては、乾燥砂、膨張ひる石、膨張真珠岩を用いる。

問38　正答及び解説：④

①**正しい**。アセトアルデヒドは、酸化しやすい性質で、酸化すると酢酸になる。

②**正しい**。ジエチルエーテルは、燃焼範囲が広く、空気と接触し続けると過酸化物を発生し爆発の危険がある。

③**正しい**。酸化プロピレンは銅製のドラム缶・石油缶等に不活性ガスを封入して密栓し、直射日光を避けて冷暗所に保管する。

④**誤り**。二硫化炭素の蒸気は、揮発性でありその蒸気は有毒である。燃焼に際しては、有毒な亜硫酸ガスを発生する。蒸気が麻酔性なのは、ジエチルエーテルである。

⑤**正しい**。二硫化炭素は、水より重く水に溶けにくいため、水没させたタンクに貯蔵する。

問39　正答及び解説：③

①**正しい。**ベンゼンは、引火点が低いことに加え揮発性も高いので引火しやすい。

②**正しい。**ベンゼンは蒸気比重が2.8と大きいため蒸気が拡散せず、広範囲に流れ、風下の点火源からも引火するため、漏れに注意が必要。

③**誤り。**ガソリンの蒸気比重は３～４で、ガソリンの蒸気は空気より約３～４倍重いので低所に滞留しやすい。貯蔵し、又は取扱う場所では、通風、換気をよくし、特に室内に蒸気が滞留するおそれのある場合は、蒸気を室外に排出する必要がある。

④**正しい。**ベンゼンと同様に蒸気は広範囲に流れ、風下の点火源からも引火するため、漏れに注意が必要。

⑤**正しい。**トルエンは、ベンゼンと同様に、揮発しやすいが毒性はベンゼンより少ない。また、芳香臭がある。

問40　正答及び解説：⑤

A：**誤り。**灯油の発火点は220℃であるため、自然発火はしない。40～60℃は灯油の引火点である。

B：**誤り。**灯油及び軽油は電気の不良導体であり、流動等により静電気が発生しやすい。

C：**誤り。**酢酸は、腐食性の有機酸で、高純度品より水溶液のほうが腐食性が強い。

D：**正しい。**クロロベンゼンは、加熱等により液温が引火点（28℃）以上になると、引火危険はガソリンとほぼ同様となる。

E：**正しい。**キシレンの３つの異性体はいずれも蒸気比重が3.66であり、蒸気は空気より重い。

問41　正答及び解説：③

①**誤り。**重油の引火点は60～150℃であり、常温では引火の危険性が少ない。

②**誤り。**注水すると水が蒸発し重油が飛び散るため危険である。泡、ハロゲン化物、二酸化炭素、粉末による窒息消火が適している。

③**正しい。**クレオソート油の引火点は73.9℃と高いため、加熱しないかぎり引火の危険性は少ない。

④**誤り。**クレオソート油は水に溶けないが、アルコール、ベンゼンに溶ける。

⑤**誤り。**ニトロベンゼンは爆発性がない。加熱により発熱、発火する。

問42　正答及び解説：⑤

①**正しい。**第五類の危険物を貯蔵する場合は、整理整頓された通風のよい冷暗所に貯蔵する。

②**正しい。**第五類の危険物を取扱う場合は、衝撃、摩擦等により発火するものが多いため、衝撃や摩擦等を避ける。

③**正しい。**第五類の危険物を貯蔵する場合は、分解しやすいものについては、特に室温、湿気、通風に注意して貯蔵する。

④**正しい。**第五類の危険物は、一般に可燃物と酸素供給源とが共存している物質であるため、危険物の量が少ない場合で火災の初期段階では消火することができるが、危険物の量が多い場合には消火はきわめて困難である。

⑤**誤り。**第五類の危険物の消火は、自己燃焼するため大量の水により冷却するか、泡消火剤を用いて消火する。窒息消火は適さない。

問43　正答及び解説：②

①**誤り。**ニトログリセリンは、無色の油状液体で甘味を有し有毒である。しかし、ニトログリセリンは硝酸エステル類で、ニトロ化合物ではない。

②**正しい。**ニトロセルロースは、水、アルコール、エーテルには溶けないが、アセトン、酢酸エチルには溶ける。

③**誤り。**ピクリン酸は、水には溶けにくいが熱湯には溶ける。また、アルコール、

ジエチルエーテル、ベンゼン等にも溶ける。
④**誤り**。トリニトロトルエンは、溶融したもののほうが固体よりも衝撃に敏感である。
⑤**誤り**。アジ化ナトリウム自体は、爆発性はない。ただし、酸を加えると爆発性のあるアジ化水素酸を生じる。

問44　正答及び解説：①

①**誤り**。第六類の危険物の共通する消火方法は、一般には水や泡消火剤を用いた消火が適切で、二酸化炭素、ハロゲン化物を用いた消火設備等と、炭酸水素塩類が含まれている消火粉末は不適当であり、使用は避ける。
②**正しい**。状況により注水で多量の水を使用する場合は、危険物が飛散しないように注意する。
③**正しい**。第六類の危険物の流出事故の場合は、乾燥砂をかけるか、ソーダ灰、消石灰等の中和剤で中和する。
④**正しい**。消火活動を行う場合は、消火活動によって発生する副次的な災害を防止する必要がある。皮膚を保護したり、災害現場の風上に位置し、発生するガスを防ぐため防護マスクを使用することが必要である。
⑤**正しい**。第六類の危険物は不燃性であるが他の可燃物の燃焼を支える働きをする。その燃焼物に対応した消火方法をとることが必要である。

問45　正答及び解説：③

①**誤り**。硝酸、硝酸ガス及び分解して生ずる窒素酸化物のガスがきわめて有毒である。また、硝酸は腐食作用が強いため生体に対して有毒である。
②**誤り**。硝酸自身は、爆発性、燃焼性を有していないが、強い酸化性があるため二硫化炭素、アミン類、ヒドラジン類等と混合すると発火又は爆発する。
③**正しい**。硝酸は、かんなくず、紙、ぼろ布等の有機物と接触すると発火することがある。
④**誤り**。硝酸は金属を腐食させるため、貯蔵する場合は比較的安定なステンレス鋼、アルミニウム製の容器を用い貯蔵する。
⑤**誤り**。鉄、ニッケル、クロム、アルミニウム等は、希硝酸には激しくおかされ、濃硝酸には不動態をつくるためおかされない。

解答一覧

法令

問					
問1	1	2	**3**	4	5
問2	1	2	**3**	4	5
問3	1	2	**3**	4	5
問4	1	2	3	**4**	5
問5	1	2	3	4	**5**
問6	1	2	**3**	4	5
問7	1	2	3	4	**5**
問8	1	**2**	3	4	5
問9	1	2	**3**	4	5
問10	1	2	3	**4**	5
問11	1	2	3	4	**5**
問12	1	2	3	**4**	5
問13	1	2	3	**4**	5
問14	1	**2**	3	4	5
問15	1	2	**3**	4	5

物理・化学

問					
問16	1	**2**	3	4	5
問17	1	**2**	3	4	5
問18	1	2	3	4	**5**
問19	1	**2**	3	4	5
問20	1	2	**3**	4	5
問21	1	**2**	3	4	5
問22	1	2	3	4	**5**
問23	1	2	3	**4**	5
問24	**1**	2	3	4	5
問25	1	2	3	**4**	5

性質・消火

問					
問26	1	2	**3**	4	5
問27	1	2	3	**4**	5
問28	1	2	3	**4**	5
問29	1	2	**3**	4	5
問30	1	2	**3**	4	5
問31	1	2	3	**4**	5
問32	**1**	2	3	4	5
問33	**1**	2	3	4	5
問34	1	2	**3**	4	5
問35	1	2	**3**	4	5
問36	1	2	**3**	4	5
問37	1	2	3	4	**5**
問38	1	2	3	**4**	5
問39	1	2	**3**	4	5
問40	1	2	3	4	**5**
問41	1	2	**3**	4	5
問42	1	2	3	4	**5**
問43	1	**2**	3	4	5
問44	**1**	2	3	4	5
問45	1	2	**3**	4	5

●編著者紹介

L & L総合研究所

License & Learning総合研究所は、甲種危険物取扱者、弁護士、医師、公認会計士、税理士、1級建築士、福祉・介護専門職などをメンバーとする。資格を通して新しいライフスタイルを提唱するプロフェッショナル集団。各種資格試験、就職試験を中心とした分野で、書籍・雑誌、電子出版、WBTにおける企画・取材・調査・執筆・出版活動を行っている。

甲種危険物取扱者テキスト&問題集

2023年11月25日　初版発行

編著者　L & L 総合研究所
発行者　富永靖弘
印刷所　公和印刷株式会社

発行所　東京都台東区台東2丁目24　株式会社 新星出版社
〒110-0016 ☎03(3831)0743

ISBN978-4-405-03243-9